普通高等院校计算机类专业规划教材·精品系列

U0180528

实用数据结构基础

王中华　陈元春　编著

中国铁道出版社有限公司
CHINA RAILWAY PUBLISHING HOUSE CO., LTD.

内 容 简 介

本书对数据结构的概念和原理进行了阐述，对数据结构的基本运算进行了分析，并给出了详细的实现过程。全书共分 11 章，包括绪论、线性表、队列、栈、树和二叉树、图、查找、排序、串、多维数组和广义表、数据结构课程设计。

本书集教学内容、习题、实验和课程设计于一体，书中的重要算法均给出了完整的 C/C++语言源程序，并全部在 VC++环境中运行通过，一书在手就能方便地进行"数据结构"课程的理论学习和实验、课程设计等实践性环节的训练。

本书适合作为普通高等院校计算机类专业数据结构课程的教材，也可以作为成人教育、自学考试和从事计算机应用的工程技术人员的参考用书。

图书在版编目（CIP）数据

实用数据结构基础/王中华,陈元春编著 . —5 版 . —北京：
中国铁道出版社有限公司,2022.9 （2024.7重印）
普通高等院校计算机类专业规划教材 . 精品系列
ISBN 978-7-113-29577-6

Ⅰ.①实… Ⅱ.①王… ②陈… Ⅲ.①数据结构-高等学校-教材 Ⅳ.①TP311.12

中国版本图书馆 CIP 数据核字（2022）第 153656 号

书　　　名：**实用数据结构基础**
作　　　者：王中华　　陈元春

策　　　划：陆慧萍　　　　　　　　　　　　　　　　编辑部电话：（010）63549508
责任编辑：陆慧萍　彭立辉
封面设计：穆　丽
封面制作：刘　颖
责任校对：焦桂荣
责任印制：樊启鹏

出版发行：中国铁道出版社有限公司(100054,北京市西城区右安门西街 8 号)
网　　址：https://www.tdpress.com/51eds/
印　　刷：三河市宏盛印务有限公司
版　　次：2003 年 9 月第 1 版　2022 年 9 月第 5 版　2024 年 7 月第 2 次印刷
开　　本：787 mm×1 092 mm　1/16　印张：21.5　字数：495 千
书　　号：ISBN 978-7-113-29577-6
定　　价：58.00 元

本书在第四版的基础上进行了修订。修订后的内容仍由 11 章组成,但是章节的先后次序有所调整,部分章节的内容有所扩充。

第 1 章绪论介绍了数据结构与算法的基本概念;第 2 章 ~ 第 4 章依次介绍了线性表、队列、栈等线性结构;第 5 章和第 6 章分别介绍了树和图这两种非线性结构;第 7 章和第 8 章分别介绍了查找和排序算法的相关概念及一些经典算法的实现;第 9 章和第 10 章分别介绍了串、多维数组和广义表的基本概念、定义和实现;第 11 章仍是数据结构课程设计,课题列表略有更新。

由于生活中的队列比栈更显而易见,学生也更熟悉和易于理解,因此本次改版将队列放置在栈之前,更利于教学内容的承前启后和展开。因为章节内容重要性的不同,以及课时的限制等原因,串、多维数组和广义表等内容,部分学校可能不会安排相应的实验,因此将这些内容安排到了靠后的位置,可以保证学生进行重要内容的实验时,相关章节的理论内容已经讲解过。

本次改版,除了对各章的内容做了一些修订外,重点修改了以下几方面的内容:

(1)对书中所有的代码和伪代码,尽可能以纯 C 语言的语法形式进行描述,加强了本书与先行课程"C 语言程序设计"的过渡与衔接。

对于引用变量这种 C + +语法的使用,通过 1.5.1 节的内容进行了补充和说明。

针对部分同学 C 语言编程尚不熟练的情况,通过 1.5 节的实验预备知识,对 C 语言编程环境中可能会遇到的一些细节问题,以及后续实验的程序框架、数据来源等给予了说明。

书中可以直接运行的代码称为"程序",需要稍做修改才能运行的代码称为"伪代码"。虽然部分代码是伪代码,但是仅需通过简单的拼接和修改,即可形成完整的可以编译并运行的 C 语言程序。通过及时的编程实践加强对理论知识的理解,能有效降低学习难度,从而给数据结构课程的学习提供了一个相对更为平缓的坡度。

(2)新增的主要内容和章节如下:

● 1.5 节　实验预备知识。

- 4.3.3～4.3.5 节　非递归调用的分析及其与函数调用栈之间的关系。

- 7.4 节　平衡多路查找树。

- 8.6 节　线性时间排序算法。

- 8.7 节　通用类型数据的排序。

(3)对每章后面的实验题目和要求进行了修改。

(4)替换了每章后面的部分习题。

(5)使用 Visio 2019 重绘了全书几乎所有的插图,并新增了部分插图。

(6)在 Visual Studio 2017 编程环境中调试了所有代码并规范了所有标识符的命名。将所有常量名大写,类型名使用大驼峰命名法,其余的变量名、数组名、函数名等一律采用小驼峰命名法。

本次修订的全部内容由王中华负责,陈元春老师提供了宝贵的指导和审阅意见。

学习本课程的学生应具备 C 或 C＋＋的初步编程能力。本书集教学内容、习题、实验和课程设计于一体,使用本书,一书在手就能方便地进行数据结构课程的理论学习和实验、课程设计等实践性环节的训练。本书提供详细完善的配套电子教案、习题参考答案,以及所有的源代码;读者如有需要可访问 www.tdpress.com/51eds/获取。

由于编者水平有限,书中疏漏或不妥之处在所难免,恳请广大专家和读者不吝赐教,多提宝贵意见。联系方式:1908163832@qq.com,谢谢!

编　者

2022 年 5 月

目　录

绪　　论 ⋘

自从世界上第一台电子计算机诞生以来,计算机技术已成为现代化发展的重要支柱和标志,并逐步渗透到人类生活的各个领域。随着计算机硬件的发展,对计算机软件的发展也提出了越来越高的要求。由于软件的核心是算法,而算法实际上是对加工数据过程的描述,所以研究数据结构(包括数据的逻辑结构、存储结构及算法)对提高编程能力和设计高性能的算法是至关重要的。

1.1　数据结构概述

数据结构,其实是数据和结构这两个名词的组合。

1.1.1　数据结构研究的内容

所谓数据,这里指的是数据元素,主要描述的是现实世界中实体或个体的相关信息。例如:一本书的相关信息,就是一个数据元素;而一个学生的相关信息,也是一个数据元素。很明显,数据元素具有相应的数据类型。在 C 语言中,书籍元素可以定义为如下这种 Book 结构体类型。

```
typedef struct
{
    char  isbn[16];
    char  title[32];        // 暂不考虑书名长度超出的情况
    char  author[16];       // 暂不考虑多个作者的情况
    int   pages;
    double  price;
} Book;
```

而学生元素,则可以定义为如下这种 Student 结构体类型。

```
typedef struct
{
    char  stuId[16];
    char  name[16];
    char  gender;           // 男性用'M',女性用'F'
    int   age;
```

```
    double  score;
} Student;
```

上述 Book 和 Student 类型,可以根据需要修改其中的成员,这些成员又称为数据项。例如,可以在 Book 结构体中增加出版社、出版年份、版本号和印数等成员,可以在 Student 结构体中增加地址、联系方式等成员,也可以将成员 score 定义为数组,以便存储多门课程的成绩,还可以将成员 age 改名为 birthday,将其定义为日期类型等。总之,具体数据元素中所包含的数据项的个数和类型,可以根据实际需要来设置。

所谓结构,指的是数据元素之间的关系,如书与书之间的先后关系、人与人之间的辈分关系等,都属于结构的范畴。结构可进一步细分为逻辑结构和存储结构,存储结构又称为物理结构。

将数据按照一定的结构组合起来,不同的组织方式决定了能够进行的操作,这些操作就称为算法。例如:将一批书籍的信息用数组或单链表组合起来,然后按照价格进行排序的操作,就是排序算法;从一批书里确定某本书是否存在的操作,就是查找算法。

综上所述,数据结构课程主要研究的是数据和结构,以及经典的排序和查找算法。数据指的是数据元素,结构则包括逻辑结构和存储结构两方面,而算法的设计和实现则依赖于数据的结构。

1.1.2 典型数据结构举例

用计算机解决一个具体问题时,大致需要经过以下几个步骤:

(1)从具体问题抽象出适当的数学模型。

(2)设计求解数学模型的算法。

(3)编制、运行并调试程序,直到解决实际问题。

建立数学模型的实质是分析问题,从中提取研究对象,并找出这些对象之间的关系,然后用数学语言加以描述。

【例 1-1】学生入学情况登记表如表 1-1 所示。

表 1-1 学生入学情况登记表

学　号	姓　名	性　别	年　龄	入学总分
221003271001	张大伟	男	19	376
221003271002	丁毅	男	23	405
221003271003	李小美	女	18	528
221003271005	赵开鹏	男	21	330
221003271007	王欣怡	女	20	265
221003271013	孙智汇	男	19	87
221003271015	冯程	女	17	426
221003271016	郑月红	女	19	283
221003271018	刘霞	女	20	328

表 1-1 中除表头外,每行都是一个学生个体相关的信息,也就是一个数据元素。数据

元素俗称为结点(Node),也称为记录(Record),表中的学生元素由学号、姓名、性别、年龄、入学总分等数据项(Item)组成。每个学生元素的前面一行紧挨着它的那个元素,称为它的直接前驱,简称为前驱(Precursor);每个学生元素的后面一行紧挨着它的那个元素,称为它的直接后继,简称为后继(Next)。

表 1-1 中,第一条记录没有直接前驱,称为开始结点;最后一条记录没有直接后继,称为终端结点。除了开始结点和终端结点之外,其余的学生结点,都有且仅有一个直接前驱,并且有且仅有一个直接后继,因此这些结点之间存在着一个直接前驱对应一个直接后继的"一对一"的关系。

这些学生结点以及它们之间存在的这种一对一的关系,构成了"学生入学情况登记表"的逻辑结构。因为这种一个接一个的逻辑关系,可以将所有数据元素排列成一条直线,所以形象地称其为线性结构。

那么,"学生入学情况登记表"在计算机的存储器中是如何存储的呢?表中各元素在存储器中是占用连续的存储单元(顺序存储),还是用指针将各个数据元素链接起来,存储在不连续的存储单元(链式存储)呢?这个问题研究的就是学生数据的存储结构,即逻辑结构在物理存储器中的具体映射,因此存储结构也称为物理结构。

如何在"学生入学情况登记表"中查找、插入和删除指定的记录,以及如何对记录进行排序、统计和分析等操作,构成了数据的运算(或操作)集合。

【例 1-2】井字棋对弈问题。

图 1-1(a)所示为井字棋对弈过程中的一个格局,任何一方只要使相同的 3 个棋子连成一条直线(可以是一行、一列或一条对角线)即为胜方。如果下一步由"×"方下,可以派生出 5 个子格局,如图 1-1(b)所示;随后由"○"方接着下,对于每个子格局又可以派生出 4 个子格局。

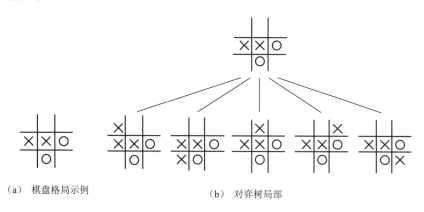

（a） 棋盘格局示例　　　　　　　　　　（b） 对弈树局部

图 1-1　井字棋对弈树

若将从对弈开始到结束的过程中所有可能的格局画在一张图上,即形成一棵倒挂的对弈"树"。"树根"是对弈开始时的第一步棋,而所有"叶子"便是可能出现的结局,对弈过程就是从树根沿树权到某个叶子的过程。在本例中,对弈开始之前的棋盘格局没有直接前驱,称为树根结点,简称为根结点或根,以后每走一步棋,都有多种应对的策略,即有多个直接后继。

除了根结点之外,该结构中的每个结点都有且仅有一个直接前驱,但可能有多个直接后继,因此结点之间存在着一个直接前驱对应多个直接后继的"一对多"的关系。这些棋盘格局结点,以及它们之间存在的这种一对多的关系,构成了描述对弈棋局变化过程的逻辑结构,即树形结构。

【例1-3】七桥问题。

位于俄罗斯境内的哥尼斯堡有一条小河叫勒格尔河,河有两条支流,一条叫新河,一条叫老河,它们在市中心汇合,在合流的地方中间有一座小岛,在小岛和两条支流上建有七座桥。于是哥尼斯堡可分为四块陆地,四周均为河流,四块陆地由七座桥相连。设四块陆地分别为A、B、C、D,可以用图1-2表示。

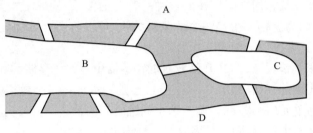

图1-2 七桥问题

哥尼斯堡的居民有个传统习惯,星期天沿着城市的河岸和小岛散步,总是试图找到一条可经过所有七座桥,但又不重复经过任意一座桥的路线,这就是著名的"七桥问题"。1736年,正在哥尼斯堡的瑞士数学家欧拉对"七桥问题"产生了兴趣。他化繁为简,把四块陆地和七座桥分别抽象为四个点和七条线(或边)组成的几何图形,如图1-3所示,这样"七桥问题"就成了数学上有名的欧拉回路问题。

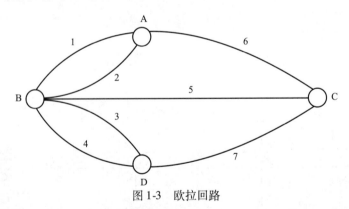

图1-3 欧拉回路

欧拉对"七桥问题"的结论是:"所有结点的度(一个点拥有的边数称为度)均为偶数时,原问题才有解。"换言之,"七桥问题"永远无解。在此,我们无意讨论数学证明问题,而仅对图1-3中每一个结点有多个直接前驱和多个直接后继这样一个结果产生兴趣,即这些结点之间存在"多对多"的关系,对于这样的逻辑结构,称为图形结构或网状结构,一般简称为图。

综上所述,非数值计算问题的数学模型不再是数学方程的问题,而是诸如上述的表(见例1-1)、树(见例1-2)、图(见例1-3)之类的数据结构。因此,本章的后续内容主要围绕这三方面进行展开。

1.2　数据的逻辑结构

数据元素之间的逻辑关系,称为数据的逻辑结构。

1.2.1　基本概念

1. 数据

数据(Data)是信息的载体,是对客观事物的符号表示。通俗地说,凡是能被计算机识别、存取和加工处理的符号、字符、图形、图像、声音、视频信号等一切信息都可以称为数据。

在计算机科学中,所谓数据就是计算机加工处理的对象,它可以是数值数据,也可以是非数值数据。数值数据包括整数、实数、浮点数或复数等,主要用于科学计算、金融、财会和商务处理等;非数值数据则包括文字、符号、图形、图像、动画、语音、视频信号等。随着多媒体技术的飞速发展,计算机中处理的非数值数据已越来越多。

2. 数据元素

数据元素(Data Element)是对现实世界中某个独立个体的数据描述,是数据的基本单位,常作为一个整体来处理。数据元素在 C 语言中一般用结构体来描述,每个数据项都是结构体中的一个成员。

3. 数据项

数据项(Data Item)是数据不可分割的、具有独立意义的最小数据单位,是对数据元素属性的描述。数据项也称为域或字段(Field)。

数据项一般有名称、类型、长度等属性。在 C 语言中数据的类型有整型、实型、浮点型、字符型、指针型等。

数据、数据元素、数据项反映了数据组织的三个层次,即数据可以由若干个数据元素组成,数据元素又由若干数据项组成。

4. 数据对象

数据对象(Data Object)是性质相同的数据元素的集合,是数据的一个子集。例如,在"学生入学情况登记简表"中,数据对象就是全体学生记录的集合。

5. 数据结构

数据结构(Data Structure)是相互之间存在一种或多种特定关系的数据元素的集合。

根据数据元素之间关系的不同特性,存在以下四种基本的数据结构:

(1)集合:结构中的数据元素之间除了"同属于一个集合"的关系之外,别无其他关系。例如,某些高级语言中同一个容器中的元素之间就是集合关系。

(2)线性结构:结构中的数据元素之间存在着"一对一"的关系。在线性结构中,集合中的元素,有且仅有一个开始结点和一个终端结点,除了开始结点和终端结点以外,其余结点都有且仅有一个直接前驱和一个直接后继。

(3)树形结构:结构中的数据元素之间存在着"一对多"的关系。在树形结构中,除了开始结点(即根结点)之外,其余所有结点都有唯一的直接前驱;所有结点都有零个或多个直接后继。

(4)图形结构:结构中的数据元素之间存在着"多对多"的关系。在图形结构中,每个数据元素都可以有多个直接前驱和多个直接后继。

图 1-4 所示为四种基本数据结构的示意图,其中的每个小圆圈为一个数据元素,而圆圈之间的连线为数据元素之间的关系。

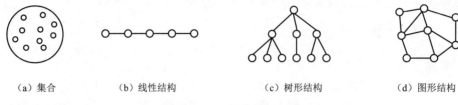

（a）集合　　　　　（b）线性结构　　　　　（c）树形结构　　　　　（d）图形结构

图 1-4　四类基本数据结构的示意图

1.2.2　逻辑结构的描述

一个数据的逻辑结构 G 可以用二元组来表示:

$$G = (D, R)$$

其中,D 是数据元素的集合;R 是 D 上所有数据元素之间关系的有限集合(反映了各元素的前驱、后继关系)。下面看几个实例。

【例 1-4】一种数据结构 Line $= (D, R)$,其中:

$D = \{01, 02, 03, 04, 05, 06, 07, 08, 09, 10\}$

$R = \{ <05, 01>, <01, 03>, <03, 08>, <08, 02>, <02, 07>, <07, 04>, <04, 06>, <06, 09>, <09, 10> \}$

尖括号表示的关系是有方向的,如 $<05, 01>$ 表示的关系为从元素 05 指向元素 01,结点 05 和 01 的位置不能交换。该结构的特点是除了第一个结点 05 和最后的结点 10 以外,其余结点都有且仅有一个直接前驱和一个直接后继,即数据元素之间存在着一对一的关系。通常把具有这种特点的数据结构称为线性结构,如图 1-5 所示。

图 1-5　线性结构

【例 1-5】一种数据结构 Tree $= (D, R)$,其中:

$D = \{01, 02, 03, 04, 05, 06, 07, 08, 09, 10\}$

$R = \{ <01, 02>, <01, 03>, <01, 04>, <02, 05>, <02, 06>, <02, 07>, <03, 08>, <03, 09>, <04, 10> \}$

这种数据结构的特点是除了结点 01 无直接前驱(称为根)以外,其余结点都只有一个直接前驱,但每个结点都可以有零个或多个直接后继,即元素之间存在着一对多的关系,如图 1-6 所示。通常把具有这种特点的数据结构称为树形结构(或树结构),简称树。

树形结构反映了元素之间的一种层次关系,从根结点开始的有向箭头体现了结点之间的从属关系。但为了画图方便,在不会引起误解的前提下,本书以后所画的大部分树形结构图,都会忽略箭头,只画直线。

【例 1-6】一种数据结构 Graph $= (D, R)$,其中:

$D = \{a, b, c, d, e\}$

$$R = \{(a,b),(a,d),(b,d),(b,c),(b,e),(c,d),(d,e)\}$$

圆括号表示的关系是无向的,如 (a,b) 表示从 a 到 b 之间的边是双向的。其特点是各个结点之间都存在着多对多($M:N$)的关系,即每个结点都可以有多个直接前驱或多个直接后继,如图 1-7 所示。通常把具有这种特点的数据结构称为图形结构,简称图。

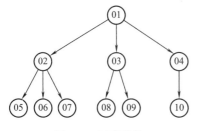

图 1-6　树形结构

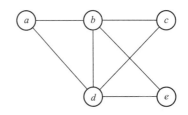

图 1-7　图形结构

由上述三种结构的描述可知,树形结构是图形结构的特殊情况(当 $M=1$ 时),而线性结构则是树形结构的特殊情况(当 $M=N=1$ 时)。为了区别于数据元素之间存在一对一关系的线性结构,我们把数据元素之间存在一对多关系的树形结构和数据元素之间存在多对多关系的图形结构统称为非线性结构。

1.3　数据的存储结构

数据的存储结构是数据元素及其关系在计算机存储器内的表示,又称数据的物理结构。数据元素在计算机中主要有以下四种不同的存储结构。

1. 顺序存储

顺序存储结构的特点是借助元素在存储器中的相对位置表示数据元素之间的逻辑关系。因此,顺序存储结构中一般只需要存储数据元素的值,数据元素之间的逻辑关系往往通过它们在存储器中的相对位置隐含表示。

在 C 语言中,一般用一维数组来实现顺序存储,从数组的 0 号或 1 号单元开始,按照数据元素之间的逻辑关系,依次存储所有数据元素。因为 C 语言中的数据元素大多数情况下都是结构体,所以顺序存储结构的核心经常是一个结构体数组。

2. 链式存储

链式存储结构的特点是借助指示元素存储地址的指针(Pointer)来表示数据元素之间的逻辑关系。因此,链式存储结构中不仅需要存储数据元素的值,而且需要存储表示元素之间逻辑关系的指针。

用指针实现链式存储时,数据元素不要求保存在一组地址连续的存储单元,需要重点关注的是一般存储结构示意图中的指针箭头表示的是元素之间的逻辑关系,而不是每个数据元素的具体存储位置。

3. 索引存储

索引存储是在原有存储结构的基础上,附加建立一个索引表,通过索引表反映所有数据元素按某一个关键字递增或递减排列的逻辑次序,从而提高查找效率的一种存储结构。

其实我们查阅汉语词典时,无论是按拼音查字法还是按部首查字法,首先查询的都是索引表,然后根据索引表中指示的汉字页码,很容易就能找到对应汉字的详细解释页。

4. 散列存储

散列存储又称哈希(Hash)存储,是通过构造散列函数(或称哈希函数)来确定数据存储地址的一种存储结构。

采取索引存储和散列存储的主要目的,是为了提高数据的检索速度。这两种存储结构的构造和操作方法,将在本书第7章查找的相关章节具体介绍。

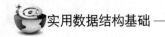

1.4 算法和算法的效率

算法与数据结构的关系紧密,在设计算法时首先要确定相应的数据结构,而在讨论某一种数据结构时也必然会涉及相应的算法。任何一个算法的设计都取决于数据的逻辑结构;而算法的实现则依赖于数据所采用的存储结构。

1.4.1 算 法

算法(Algorithm)是对特定问题求解步骤的一种描述,是指令的有限序列。其中每一条指令表示一个或多个操作。

在计算机领域,一个算法实质上是针对所处理问题的需要,在数据的逻辑结构和存储结构的基础上施加的一种运算。由于数据的逻辑结构和存储结构不是唯一的,所以处理同一个问题的算法也不是唯一的;即使对于具有相同逻辑结构和存储结构的问题而言,由于设计思想和设计技巧不同,编写出来的算法也大不相同。学习数据结构这门课的目的,就是要学会根据实际问题的需要,为数据选择合适的逻辑结构和存储结构,进而设计出合理和实用的算法。

1. 算法的特性

(1)有穷性:算法必须在有限步之后结束,并且每一步应该在有限时间内完成。

(2)确定性:算法的每一条指令必须有确切的定义,无二义性。

(3)可行性:算法所描述的操作可以通过有限次基本运算来实现,并得到正确的结果。

(4)输入:算法具有零个或多个输入。

(5)输出:算法具有一个或多个输出。

2. 算法与程序的关系

(1)一个算法必须在有穷步之后结束;一个程序不一定满足有穷性。

(2)程序中的指令必须是机器可执行的,而算法中的指令则无此限制。

(3)算法代表了对问题的求解过程,而程序则是算法在计算机上的实现。算法用特定的程序设计语言来描述,就成了程序。

(4)算法与数据结构是相辅相成的。

3. 一个好算法应该达到的目标

(1)正确性:算法的执行结果应当满足预先设定的功能和要求。

(2)可读性:一个算法应当思路清晰、层次分明、易读易懂。

(3)健壮性:当发生误操作或输入非法数据时,应能做适当的反应和处理,不至于引起莫名其妙的后果。健壮性通常也称为鲁棒性(为 Robust 的音译)。

(4)高效性:对同一个问题,执行时间越短,算法的效率就越高。

(5)低存储量:完成相同的功能,执行算法时所占用的附加存储空间应尽可能少。

实际上,一个算法很难做到十全十美,原因是上述要求有时会相互抵触。例如:要节约算法的执行时间,往往要以牺牲一定存储空间为代价;而为了节省存储空间,就可能需要耗费更多的计算时间。所以,实际操作中应以算法正确性为前提,根据具体情况而有所侧重。

若一个程序使用次数较少,一般要求简明易懂即可;对于需要反复多次使用的程序,应尽可能选用快速的算法;若待解决的问题数据量极大,而机器的存储空间又相对较小,则主要考虑的是如何节约存储空间的问题。

1.4.2 算法的效率

算法执行时间需要根据该算法编制的程序在计算机上的执行时间来定。度量一个程序的执行时间通常有两种方法。

1.事后统计法

事后统计法可通过计算机内部计时功能来统计,但缺点是:

(1)必须先运行按照算法编写的程序。

(2)运行时间的统计依赖于计算机的软硬件环境,容易掩盖算法本身的优劣。

2.事先估算法

将一个算法转换成程序并在计算机上运行时,其所需的时间取决于下列因素:

(1)使用何种程序设计语言。

(2)采取怎样的算法策略。

(3)算法涉及问题的规模。

(4)编译程序产生的目标代码的质量。

(5)机器执行指令的速度。

显然,在各种因素不确定的情况下,使用执行算法的绝对时间来衡量算法的效率是不合适的。在上述各种与计算机相关的软、硬件因素确定以后,一个特定算法的运行工作量的大小就只依赖于问题的规模(通常用正整数 n 表示)。

1.4.3 算法效率的评价

算法的效率通常用时间复杂度与空间复杂度来评价。

1.时间复杂度

通常把算法中所包含简单操作次数的多少,称为算法的时间复杂度(Time Complexity)。但是,当一个算法比较复杂时,其时间复杂度的计算会变得相当困难。实际上,没有必要精确地计算出算法的时间复杂度,只要大致计算出相应的数量级即可。

一般情况下,算法中需要执行的语句条数是规模 n 的某个函数 $f(n)$,算法的时间复杂度 $T(n)$ 的数量级可记作:$T(n) = O(f(n))$。

它表示随着问题规模的扩大,算法执行时间的增长率和 $f(n)$ 的增长率相同,称为算法的渐近时间复杂度,简称时间复杂度。

【例1-7】执行时间与问题规模无关的例子(交换变量 a 和 b 的值)。

```
t = a;
a = b;
b = t;
```

三条语句的执行频度均为1,执行时间是与问题规模 n 无关的常数,算法的时间复杂度为常数阶,即 $T(n) = O(1)$。

【例1-8】交换变量 a 和 b 的值的另一种方法。

```
a = a + b;
h = a - b;
a = a - b;
```

例1-8 中的三条语句实现了变量 a 和 b 值的交换,虽然这种交换数据的方式不太直观,并且需要花费比例1-7更多的执行时间,但是和例1-7中交换数据采用的算法相比,例1-8 中交换数据的方法节省了临时变量 t 所需的内存空间。

其实很多实现同样功能的算法都具有这样一个特点:算法 A 如果在执行时间上优于算法 B,那么算法 B 一般会在执行所需的内存空间方面优于算法 A,有时很难找到一种在时间和空间效率上都很优的算法。在算法设计过程中,往往要根据实际需要来决定是用时间换空间,还是用空间换时间。

【例1-9】执行时间与问题规模相关的例子。

```
x = 0;                    //执行 1 次
y = 0;                    //执行 1 次
for(k = 1;k < = n;k + +)
    x + +;               //执行 n 次
for(i = 1;i < = n;i + +)
    for(j = 1;j < = n;j + +)
        y + +;           //执行 n² 次
```

以上所有语句的执行次数之和为: $T(n) = n^2 + n + 2$。

时间多项式 $T(n)$,当 $n \to \infty$ 时,显然有:

$$\lim_{n \to \infty} \frac{T(n)}{n^2} = \lim_{n \to \infty} \frac{(n^2 + n + 2)}{n^2} = 1$$

所以,$T(n) = O(n^2)$。

常见的时间复杂度函数曲线如图1-8所示,其中横轴 n 为问题规模,纵轴为算法需要执行的语句条数。通常用 $O(1)$ 表示常数阶的计算时间,即算法的执行时间与问题规模 n 无关,不会随着问题规模 n 的增长而增长。当 n 很大时,其关系如下:

$$O(1) < O(\log_2 n) < O(n) < O(n \log_2 n) < O(n^2) < O(n^3) < O(2^n)$$

2. 空间复杂度

程序的空间复杂度(Space Complexity)是指程序运行从开始到结束所需要的存储空间。类似于算法的时间复杂度,把算法所需存储空间的量度记作:$S(n) = O(f(n))$。

其中,n 为问题的规模。一个程序执行时,除了需要存储空间来存放本身所用的指令、常数、变量和输入数据外,还需要一些对数据进行操作的工作单元和实现算法所必需的辅助空间。进行空间复杂度分析时,如果所占空间依赖于特定的输入,一般都按最坏情况来分析。

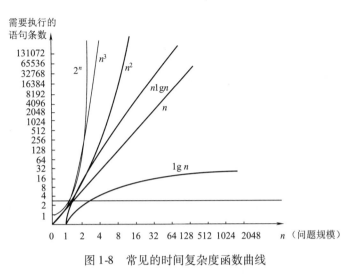

图 1-8　常见的时间复杂度函数曲线

1.5　实验预备知识

1.5.1　C++中的引用变量

本书的程序或伪代码,主要基于 C 语言的语法规则。由于数据结构部分算法的实现,其函数参数的双向传递可能涉及多级指针,如果函数和指针的相关知识掌握得不够熟练,算法实现时将遇到困难。

C 语言函数之间的参数传递,通常有传值方式(也称为单向传递)和传地址方式(也称为双向传递)两种,为了简化算法实现的难度,使读者的注意力尽可能集中于算法的策略和思想,本书的部分程序或伪代码使用了 C++中的引用变量。

虽然 C++完全兼容 C 语言的语法规则,但是一般不建议将 C 语言和 C++的语法规则混用。因此,本书只是在函数参数需要双向传递的地方,使用了引用变量作为函数参数。建议所有源代码文件的扩展名均用.cpp(C++源文件的扩展名),最好不要用.c,否则涉及引用参数的语法,编译器将无法识别。

下面将对 C++中引用类型的变量做一些简单介绍。

程序 1-1　引用变量举例	
1	// Program1-1.cpp
2	#include <stdio.h>
3	int main()
4	{
5	int a=3, b=5;
6	int m=a, &n=b;

```
7        printf("a = %3d, m = %3d, b = %3d, n = %3d\n", a, m, b, n);
8        a = 33, b = 55;
9        printf("a = %3d, m = %3d, b = %3d, n = %3d\n", a, m, b, n);
10       m = 333, n = 555;
11       printf("a = %3d, m = %3d, b = %3d, n = %3d\n", a, m, b, n);
12       return 0;
13   }
```

程序运行结果：

a = 3, m = 3, b = 5, n = 5

a = 33, m = 3, b = 55, n = 55

a = 33, m = 333, b = 555, n = 555

对比输出结果中变量 a 和 m 的值，不难发现 a 和 m 的初始值虽然一样，但是当变量 a 或 m 发生改变时，另一个变量的值并不会随之变化。相比之下，变量 b 和 n 的值却会始终同步变化。

变量 n 在定义时，前面加了一个 &，就成了引用类型。将变量 b 赋值给 n，变量 n 就引用了变量 b 的空间，引用变量 n 就成了变量 b 的别名。此后引用变量 n 和它所引用的变量 b，标记的是同一块内存空间，它们的内存地址也相同。

这就好比有个人，小时候取了个小名叫"小伟"，后来又取了一个学名叫"张大伟"，这两个名字虽然看起来不同，但是不管用哪个名字，指的都是同一个人。

在同一个作用域中，给变量取别名的意义不大，通过引用变量取别名的最大用处是作为函数的参数，此时称其为引用参数。这就好比在家庭这个范围里，我们经常称呼"小伟"这个小名，但是到了学校或工作的范围，我们可能不得不改用"张大伟"这个大名或别名。

C++ 不仅能够沿用 C 语言传递指针类型参数的机制，同时还提供了传递引用类型参数的方式。引用参数和指针参数要达到的目标是一样的，都是为了实现参数的"双向传递"，只不过引用方式的语法，比指针方式要更简洁、更直观，也更方便。

程序 1-2   用指针参数和引用参数两种方法，交换变量 a 和 b 的值

```
1    // Program1-2.cpp
2    #include <stdio.h>
3    void swapByValue(int a, int b)
4    {
5        int tmp = a;
6        a = b;
7        b = tmp;
8    }
9    void swapByPoint(int *a, int *b)
10   {
11       int tmp = *a;
12       *a = *b;
13       *b = tmp;
```

```
14      }
15      void swapByRef(int &a, int &b)
16      {
17          int tmp = a;
18          a = b;
19          b = tmp;
20      }
21      int main()
22      {
23          int x = 6, y = 8;
24          printf("x = %d, y = %d\n", x, y);
25          swapByPoint(&x, &y);
26          printf("x = %d, y = %d\n", x, y);
27          swapByRef(x, y);
28          printf("x = %d, y = %d\n", x, y);
29          swapByValue(x, y);
30          printf("x = %d, y = %d\n", x, y);
31          return 0;
32      }
```

程序运行结果：

x = 6, y = 8

x = 8, y = 6

x = 6, y = 8

x = 6, y = 8

上述运行结果表明,指针变量作参数的函数 swapByPoint(&x,&y)和引用变量作参数的函数 swapByRef(x,y),都能交换两个实参变量 x 和 y 的值。但是,swapByRef(x,y)函数和实现单向值传递的 swapByValue(x,y)函数,不仅调用形式一致,而且只需在需要实现双向传递的形参变量名之前,加上引用参数的标志 & 即可。引用参数的这些优点,是指针参数无法比拟的。

如果遇到主调函数中的实参 x 和 y 本身就是指针类型的情况,如果采用指针参数来实现双向传递,此时的实参 &x 和 &y 就会变成指针的指针,此时被调函数中的形参就要使用二级指针,程序实现的复杂度还会进一步增大。

除此之外,使用引用参数时的程序执行效率往往也是高于指针作函数参数的。

使用引用变量时,需要注意如下几点：

（1）C++中不存在空引用。引用变量在声明时就必须初始化,不能先声明,再赋值。也就是说,引用变量在声明时就必须指定它引用的是哪个变量。

（2）引用变量一旦被初始化,就不能再引用其他别的变量。

（3）对引用变量无论是赋值还是传递参数,都不能使用常量,也就是说引用变量只能引用其他变量的内存空间。C++中的右值引用、返回引用变量的值等语法规则,不在本书的讨论范围之内。

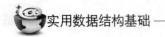

1.5.2 中文乱码问题的解决

与 C 语言的实验相比,数据结构的实验程序不仅源代码更长,而且程序的逻辑也越来越复杂。为便于理解,有时需要在程序中添加一些中文的注释和输入/输出提示。大多数同学目前使用的 Windows7/10 系统以及各种不同的 C 语言编程环境,其中的中文字符正处于从 GB(国标码)系列编码向 Unicode 编码过渡的阶段。如果源代码、数据文件和输入/输出控制台中的中文编码不一致,则会出现中文乱码的情况。因此,在此对中文乱码的情况做一些简单的介绍。

在计算机本土化的发展过程中,很多国家或地区都推出了各自的编码标准。以 GBK 为代表的 GB 系列编码,是中国的区域性编码,基本上只在中国使用,其中并没有对其他国家或民族的文字进行编码。这些区域性编码互不兼容,非常不利于全球化的发展,后来国际组织发布了一个全球统一的编码表,把全球各国文字都统一在一个名为 Unicode 的编码标准里。以 UTF-8 为代表的 Unicode 编码作为各种文本的统一编码是大势所趋,将源代码、数据文件和控制台的编码统一设置为 UTF-8,可以有效避免出现乱码的情况。

特别是当程序需要和服务器进行数据交换,或者需要将程序移植到 Linux 系统中编译和运行时,因为服务器端和 Linux 系统中默认的字符编码一般为 UTF-8,将本地文本文件的编码统一设置为 UTF-8,可能会省去后续的很多麻烦。

图 1-9 所示的文本文件 stu. txt,其中各列之间的分隔符为【Tab】键(即制表符'\t'),该文件中字符的编码为 UTF-8(图 1-9 的右下角有编码指示)。如果该文件的编码不是 UTF-8,可以通过记事本程序的"另存为"命令修改。如图 1-10 所示,"编码"后面下拉列表框中的 ANSI 指的就是国标码 GBK,可以通过在下拉列表框选择

221003271001	张大伟	男	19	440
221003271002	丁毅	男	20	435
221003271005	李小美	女	18	438
221003271005	赵开鹏	男	21	430
221003271007	王欣怡	女	20	445
221003271013	孙智汇	男	19	437
221003271015	冯程	男	17	426
221003271016	郑月红	女	19	425

图 1-9　学生信息文件 stu. txt

UTF-8,然后单击"保存"按钮,即可设置文件的编码为 UTF-8。也可以使用 UltraEdit、Notepad++ 或 EditPlus 等功能更强的文本编辑程序来修改文件的编码。

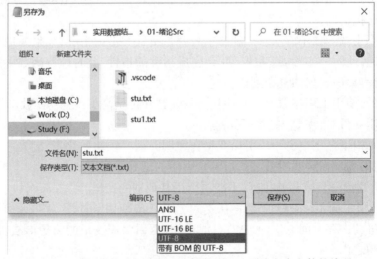

图 1-10　通过记事本程序的"另存为"窗口,更改文本文件的编码

程序 1-3　读取如图 1-9 所示的 stu. txt 文件的内容并输出

```cpp
//Program1 - 3.cpp
#include <stdio.h>
#include <string.h>
#include <stdlib.h>
#define N 40
typedef struct
{
    char stuId[16];
    char name[16];
    char gender;                      // 男性用'M',女性用'F'
    int age;
    double score;
} Student;
int main()
{
    Student data[N], stu;
    char gender[8];                   // 汉字占多个字节,读入的性别为字符串要转换
    int len, i;
    FILE * fp;
    system("color f0");               // 设置控制台为白底黑字
    system("chcp 65001");             // 设置控制台的字符编码为 UTF - 8
    fp = fopen("stu.txt", "r");
    if (fp == NULL)
    {
        printf("File open failed! \n");
        exit(0);
    }
    i = 0;
    while (!feof(fp))
    {
        int num = fscanf (fp, "%s \t%s \t%s \t%d \t%lf",
                        stu.stuId, stu.name,
                        gender, &stu.age, &stu.score);

        if (num == -1)                // 未能读到数据时,停止循环
            break;

        if (strcmp(gender, "男") == 0) // 如果性别为男
            stu.gender = 'M';
        else
            stu.gender = 'F';

        data[i ++] = stu;
    }
```

45	`len = i;`
46	`for (i = 0; i < len; i ++)`
47	`{`
48	`    printf ("%s\t%s\t%c\t%d\t%.2f\n",`
49	`            data[i].stuId, data[i].name,`
50	`            data[i].gender, data[i].age, data[i].score);`
51	`}`
52	`fclose(fp);`
53	`return 0;`
54	`}`

程序 1-3 以 UTF-8 字符编码存储时,需要编译器的支持才能打开。较新的 Visual Studio 2017 或 Dev C ++6.3 及以上版本、VSCode 等均支持 UTF-8 编码的源代码。但是 Dev C ++5.11 等较早版本的 C 语言编程环境,只能支持 GB 系列编码的源代码。

通过程序 1-3 第 21 行的 system("chcp 65001");语句,可以设置控制台的字符编码为 UTF-8;命令 chcp 的意思是 change code page,其参数 65001 则是 UTF-8 编码的代号。右击图 1-11 所示的控制台窗口的标题栏,选择"属性"命令,可查看当前控制台的字符编码,结果如图 1-12 所示。

```
Active code page: 65001
221003271001      张大伟      M      19      440.00
221003271002      丁毅        M      20      435.00
221003271003      李小美      F      18      438.00
221003271005      赵开鹏      M      21      430.00
221003271007      王欣怡      F      20      445.00
221003271013      孙智汇      M      19      437.00
221003271015      冯程        F      17      426.00
221003271016      郑月红      F      19      425.00
-------------------------------------------
Process exited after 0.2529 seconds with return value 0
Press any key to continue . . .
```

图 1-11 查看控制台上字符编码的方法

图 1-12 查看控制台上的字符编码

需要注意的是,部分操作系统自带的记事本程序,将文件另存为 UTF-8 编码时,可能没有明确指明文件有无 BOM 头,即只能选择"UTF-8"或"UTF8",没有提供"UTF-8 with BOM"或者"UTF-8 without BOM"等选项。

所谓 BOM 头(Byte Order Mark),即字节顺序标记,它是插入到以 UTF-8、UTF16 或 UTF-32 编码等 Unicode 文件开头的几个字节的特殊标记,用来识别 Unicode 文件的编码类型。对于以 UTF-8 编码的文本文件来说,BOM 头并不是必需的。

UTF-8 编码文件如果有 BOM 头,则其值依次为 0xEF、0xBB、0xBF,用记事本打开文件时,这三个字节并不可见,需要用二进制编辑器(如 UltraEdit 等)打开才能看到。

因此,如果程序 1-3 第 31 行的 fscanf( )函数读取失败,除了要检查 stu.txt 文件的数据格式,还要考虑使用 UltraEdit、Notepad++ 或 EditPlus 等软件将 stu.txt 文件保存为无 BOM 头的 UTF-8 编码格式,也就是说,部分系统提供的 fscanf( )函数可能无法识别数据文件 stu.txt 中的 BOM 头。

此外,还应对编译器在编译和连接过程中的编码进行设置。以 Visual Studio 2017 为例,具体的设置过程有如下两步:

(1)创建解决方案后,选定此方案。然后依次选择:"项目"→"属性"(最好选择所有配置、所有平台)→"配置属性"→"常规"→"字符集"→"使用多字节字符集",如图 1-13 所示。

图 1-13　设置 VS 编译器在编译和连接时的字符集

(2)在创建源文件后,会出现 C/C++ 配置栏。选定解决方案,参考上一步,依次选择:"项目"→"属性"→"配置属性"→"C/C++"→"命令行"→"其他选项",在该框中输入 /utf-8 并确定,如图1-14所示。

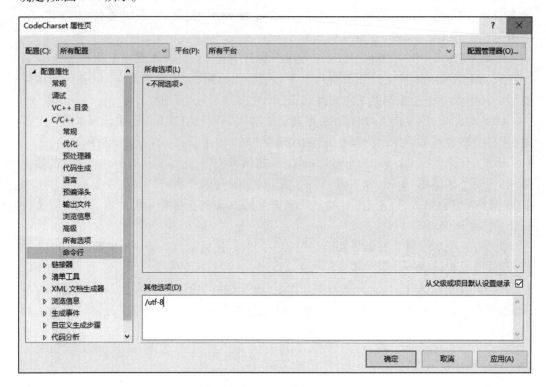

图1-14　设置VS编译器在编译命令行中的字符编码选项

1.5.3　不安全的C语言函数

　　C语言的历史悠久,其原始函数虽然经典,但是大多没有充分考虑安全性。虽然大部分C语言教材目前讲授的仍是老版本的经典函数,但是这些函数的使用可能会导致程序出现内存泄漏等问题。因此,在较新的Visual Studio等环境中使用gets( )、strcpy( )或scanf( )等不安全的函数时,可能会出现警告或错误而导致编译无法通过。

　　此时有两种常见的解决方案:

　　(1)在每个源文件的开头添加如下宏定义命令行(只会在该文件里起作用)。

```
#define _CRT_SECURE_NO_WARNINGS
```

　　(2)在项目属性中,依次选择:"属性"→"配置属性"→"C/C++"→"预处理器"→"预处理器定义"→"编辑",在最下面加上如下命令(此时不需要#define)。

```
_CRT_SECURE_NO_WARNINGS
```

　　(3)在源代码中改用gets( )、strcpy( )或scanf( )等函数的安全版本,函数名分别更新为gets_s( )、strcpy_s( )或scanf_s( )等。

　　当然,对于某些不安全的函数,也可使用其他功能类似的函数来替代。例如,gets( )函数从键盘输入字符串的功能,就可以使用fgets( )函数来替代。

　　请看下面的字符串输入语句:

```
char str[64];
gets(str);
```

其替代形式如下:

```
char str[64];
fgets(str, 64, stdin);
if (str[strlen(str) - 1] == '\n')
    str[strlen(str) - 1] = '\0';
```

其中,fgets( )是用于从文件中读取字符串的函数,参数 stdin 表示标准输入设备文件,一般指键盘。fgets( ) 函数的第 2 个参数 64,则规定了第一个参数 str 中最多能够存储的字符个数,输入时若超出该长度,则输入字符串将被截断,使得 str 数组不会越界,从而保证其安全性。

但是,当输入的字符串并没有被截断时,字符串末尾的结束标记'\0'之前会有一个'\n'。这一细节和 gets( ) 函数的输入略有差异,可以通过随后的 if 结构将其最后的'\n'去除。

1.5.4 获取数据元素并设置菜单

在很多数据结构书籍中,都是将数据元素的类型定义为抽象数据类型(Abstract Data Type,ADT),用 DataType 或 ElemType 来表示,相应的算法均用伪代码来描述。

如果对数据结构实验使用的编程语言足够熟练,伪代码的确是描述数据结构及其算法的最佳方式。因为抽象数据类型和伪代码不会拘泥于实际数据类型和具体编程语言的语法细节,可以专注于元素之间的关系和算法的思想。但是,对于编程语言基础比较薄弱的同学来说,根据伪代码来编写和调试数据结构的实验程序就有些困难。

本书涉及的数据元素主要有整型、字符型,以及 1.1.1 节中展示的 Student 和 Book 等具体类型,并且尽可能让所给代码符合 C/C + + 语言程序的实现细节,以便初学者能够较为容易地将演示程序调试通过,然后在此基础上举一反三。为了清楚地表明哪些代码可以直接运行,哪些代码只是为了描述存储结构或算法思路,本书中的代码分为程序(Program)和伪代码(Pseudocode)两种。其中,程序是可以直接在编程环境中运行的源代码,而绝大部分伪代码也基本符合 C/C + + 语言程序的实现细节,只要嵌入到正确的程序框架中,也可以直接运行。

如前所述,数据结构主要研究的是数据元素,以及数据元素之间的相互关系。在数据结构的实验程序中,首先需要获取到一批数据元素,然后才能研究它们之间的相互关系。这一批数据元素,是有一定数据量的,假设有 5 ~ 10 个 Student 或者 Book 元素,运行程序时先从键盘输入,如果输入时不小心出错,或者输入完程序运行出错,则意味着要重新运行并再次输入,多次重复性地输入批量数据将浪费大量时间。

因此,强烈建议首先熟练掌握用文件保存所有数据元素,并学会从文件加载数据到内存的方法,这样在后面各种算法的操作过程中就不需要从键盘输入大量的数据。

假设数据元素为一批学生,可以先建立一个无 BOM 头 UTF-8 编码的记事本文件(如stu. txt),然后将学生数据输入或从 Excel 粘贴到该文件中,参见图 1-9。注意,各列学生数据中尽量不要出现空格或其他特殊字符,各列数据的分隔可以使用逗号、空格或跳格(即'\t',对应着键盘上的【Tab】键),但是要注意程序中对分隔符的处理,一定要和文件中使用的分隔符保持一致。

可以将程序 1-3 中文件数据的读取,以及学生数据的显示等功能独立为函数,并添加按顺序获取一个学生信息的函数 getAStuCyclic( ),以及随机获取一个学生信息的函数 getAStuRand( ),这些函数在后续章节中仍将被使用。

随着程序功能的增强,功能函数的个数会增多,经常需要根据用户的需求来选择执行特定的功能函数。为使程序的结构清晰,并便于扩展,程序需要以菜单的形式,罗列出用户可以调用的所有功能。

将功能独立为函数,并为它们建立菜单之后的程序,如程序 1-4 所示。

程序 1-4　读取如图 1-9 所示的 stu. txt 文件的内容并输出

```
1    //Program1 - 4.cpp
2    #include < stdio.h >
3    #include < string.h >
4    #include < stdlib.h >
5    #include < time.h >
6    #define N 40
7    typedef struct
8    {
9        char stuId[16];
10       char name[16];
11       char gender;              // 男性用'M',女性用'F'
12       int age;
13       double score;
14   } Student;
15
16   //加载(读取)stu.txt 文件中的所有学生信息
17   int loadStuData(Student data[])
18   {
19       Student stu;
20       char gender[8];           // 汉字占多个字节,读取的性别应看作字符串
21       int i;
22       FILE * fp;
23       fp = fopen("stu.txt", "r");
24       if (fp == NULL)
25       {
26           printf("File open failed! \n");
27           exit(0);
28       }
29       i = 0;
30       while (!feof(fp))
31       {
32           int num = fscanf(fp, "%s \t%s \t%s \t%d \t%lf",
```

```
33                          stu.stuId, stu.name,
34                          gender, &stu.age, &stu.score);
35
36          if (num == -1)                // 未能读到数据时,停止循环
37              break;
38
39          if (strcmp(gender, "男") ==0)   // 如果性别为男
40              stu.gender = 'M';
41          else
42              stu.gender = 'F';
43
44          data[i ++] = stu;
45      }
46      fclose(fp);
47      return i;                          // 返回读到的学生人数
48  }
49
50  //显示一个学生的信息
51  void showAStu(Student s)
52  {
53      printf("%s\t%s\t%c\t%d\t%.2f\n",
54              s.stuId, s.name,
55              s.gender, s.age, s.score);
56  }
57
58  //显示 data 数组中的 n 个学生的信息
59  void showAllStu(Student data[], int n)
60  {
61      int i;
62      for (i =0; i < n; i ++)
63          showAStu(data[i]);
64  }
65
66  //从 data 数组中按顺序获取一个学生的信息
67  Student getAStuCyclic(Student data[], int n)
68  {
69      static int idx = -1;
70      idx++;
71      if (idx >=n)
72          idx =0;
73      return data[idx];
74  }
75
76  //从 data 数组中随机获取一个学生的信息
77  Student getAStuRand(Student data[], int n)
```

```
78   {
79       int idx;
80       srand(time(NULL));
81       idx = rand() % n;
82       return data[idx];
83   }
84
85   int menu()
86   {
87       int item;
88       printf("\n\t1 - 显示所有学生的信息 \n");
89       printf("\t2 - 按顺序选择一个学生并输出 \n");
90       printf("\t3 - 随机选中一个学生并输出 \n");
91       printf("\t0 - 退出程序 \n");
92       printf("\t 请选择一个菜单项:");
93       scanf("%d", &item);
94       return item;
95   }
96
97   int main()
98   {
99       Student data[N], stu;
100      int num, i;
101      char c;
102      system("color f0");           // 设置控制台为白底黑字
103      system("chcp 65001");         // 设置控制台的字符编码为 UTF-8
104      //加载(读取)stu.txt 文件中的所有学生数据到 data 数组,并返回读到的学生人数
105      num = loadStuData(data);
106      //显示菜单,并执行用户选择的操作
107      while (1)
108      {
109          int item = menu();
110          switch (item)
111          {
112          case 1:
113              showAllStu(data, num);
114              break;
115          case 2:
116              //从读到的数据中,按顺序选中一个学生的信息并输出
117              stu = getAStuCyclic(data, num);
118              showAStu(stu);
119              break;
120          case 3:
121              //从读到的数据中,随机选中一个学生的信息并输出
122              stu = getAStuRand(data, num);
```

```
123              showAStu(stu);
124              break;
125          case 0:
126              exit(0);
127          default:
128              //输入的菜单项错误或有不合法的非数值,则清空缓冲区
129              while ((c = getchar())! = '\n' && c! = EOF);
130              printf("\t您选择的菜单项错误,请重新选择! \n");
131          }
132          //操作结束,将 item 赋值为不存在的菜单项
133          item = -1;
134      }
135      return 0;
136  }
```

注意:

(1)程序第 129 行的功能为清空内存输入缓冲区,该行不断使用 getchar( )获取缓冲区中的字符,直到获取的字符是换行符'\n'或者文件结尾符 EOF 为止。这个方法可以完美清空输入缓冲区,并且具备可移植性。

(2)若使用的是 Windows 系统,第 129 行可以用 fflush(stdin);语句替换。

fflush( )函数的原型为:

```
int fflush(FILE* stream)
```

其中,参数 stream 为文件指针。在 C 语言中,为了便于操作,键盘和显示器也被看作是文件(一般称为设备文件),这样对硬件的操作就等同于对文件的操作。键盘称为标准输入文件(stdin),显示器称为标准输出文件(stdout)。

fflush(stdin)直接将键盘输入缓冲区中的数据丢弃,是初学者常用的清空输入缓冲区的方法,它在 Windows 下一般是有效的,但在 Linux GCC 下可能无效。因为 C 语言标准规定:对于以 stdin 为参数的 fflush( )函数,它的行为是不确定的,fflush( )是 Windows 对标准 C 语言函数的扩充。

(3)此外,程序的第 129 行也可以替换为如下语句:

```
scanf("%*[^\n]%*c");
```

其中,%*[^\n]将逐个读取缓冲区中'\n'字符之前的字符,% 后面的 * 表示将读取的字符丢弃,遇到'\n'时停止读取。此时,缓冲区中尚有一个'\n'遗留,所以后面的%*c 将读取并丢弃这个遗留的换行符'\n',这里的星号和前面的星号作用相同。由于所有从键盘的输入都是以回车结束的,而回车会产生一个'\n'字符,所以将'\n'连同它之前的字符全部读取并丢弃,也就相当于清空了输入缓冲区。

小 结

(1)数据结构是研究数据的逻辑结构、存储结构和运算方法的学科。

（2）数据的逻辑结构包括：集合结构、线性结构、树形结构、图形结构4种。

（3）除了同属于一个集合之外，集合结构中的数据元素之间不存在其他关系；线性结构的元素之间存在一对一的关系；树形结构的元素之间存在一对多的关系；图形结构的元素之间存在多对多的关系。具有一对多或多对多关系的结构又称为非线性结构。

（4）数据的存储结构包括：顺序存储、链式存储、索引存储、散列存储。

（5）顺序存储可以采用一维数组来存储；链式存储可以采用链表来存储；索引存储则在原有存储结构的基础上，附加建立一个索引表来实现，主要作用是为了提高数据的检索速度；而散列存储则是通过构造散列函数来确定数据存储地址或查找地址。

（6）算法是对特定问题求解步骤的一种描述，是指令的有限序列。算法的特性包括：有穷性、确定性、可行性、零个或多个输入、一个或多个输出等。

（7）一个好的算法应该达到运算结果正确，可读性好、不易崩溃和出错、时间效率高和低存储量等目标。

（8）算法的效率常用时间复杂度与空间复杂度来评价，应该逐步掌握其基本分析方法。

（9）通常把算法中包含简单操作次数的多少当作算法的时间复杂度。一般只要大致计算出相应的数量级即可；一个程序的空间复杂度是指程序运行从开始到结束所需的存储量。

（10）一个算法的时间和空间复杂度越好，则算法的效率就越高。

实　　验

【实验名称】　学生成绩分析程序

1. 实验目的

（1）复习C语言程序设计的基本方法。

（2）熟练掌握数组、函数、指针、结构体和文件的用法。

（3）提高运用C语言解决实际问题的能力。

2. 实验内容

一个班有若干个学生，假设每个学生有学号、姓名、年龄，以及数学、物理、英语等三门课的成绩。编写函数以实现如下功能要求：

（1）求所有学生数学成绩的平均分。

（2）对于有课程不及格的学生，输出他们的学号、姓名、所有不及格的课程及对应的分数。

（3）输出成绩优良的学生（平均分在85分以上或全部单科分数都在80分以上）的学号、各门课成绩和平均分。

（4）将所有学生按总分排序后输出。

3. 实验要求

（1）用C或C++语言完成程序设计。

（2）以数字菜单的形式列出程序的主要功能。

（3）从文件输入学生的学号和三门课的成绩，检验程序运行的正确性。

（4）所有单科成绩均为百分制整数，所有平均分的输出结果均保留2位小数。

习 题

一、填空题

1. 数据结构被定义为 (D,R)，D 是数据元素的有限集合，R 是 D 上的 _____ 的有限集合。

2. 数据有逻辑结构和 _____ 两种结构。

3. 数据的逻辑结构除了集合以外，还包括线性结构、树形结构和 _____。

4. 数据结构按逻辑结构可分为两大类，分别是线性结构和 _____。

5. 图形结构和 _____ 合称为非线性结构。

6. 在树形结构中，除了根结点以外，其余每个结点有且仅有 _____ 个直接前驱结点。

7. 在图形结构中，每个结点的直接前驱结点数和直接后继结点数可以 _____。

8. 数据的存储结构又称 _____。

9. 数据的存储结构形式包括顺序存储、链式存储、索引存储和 _____。

10. 树形结构中的元素之间存在 _____ 的关系。

11. 图形结构的元素之间存在 _____ 的关系。

12. 数据结构主要研究数据的逻辑结构、存储结构和 _____ 三方面的内容。

13. 一维数组中有 n 个数组元素，则读取第 i 个元素的时间复杂度为 _____。

14. 算法是对特定问题 _____ 的描述。

15. 算法效率的度量可以分为事先估算法和 _____。

16. 一个算法的时间复杂度是算法 _____ 的函数。

17. 算法的空间复杂度是指该算法所耗费的 _____，它是该算法求解问题规模 n 的函数。

18. 若一个算法中含有 10 万条基本语句，无论问题的规模如何每次都需执行这 10 万条语句，则该算法的时间复杂度为 _____。

19. 若算法中需要执行的语句条数之和为 $T(n)=6n+3n\log_2 n+1$，则该算法的时间复杂度为 _____。

20. 若算法中需要执行的语句条数之和为 $T(n)=3n+n\log_2 n+n^2$，则该算法的时间复杂度为 _____。

二、选择题

1. 数据结构是具有( )的数据元素的集合。

    A. 相同性质　　　　B. 相互关系　　　　C. 相同运算　　　　D. 数据项

2. 数据在计算机存储器内表示时，元素的物理顺序和逻辑顺序相同，并且物理地址是连续的结构，称之为( )。

    A. 存储结构　　　　B. 逻辑结构　　　　C. 顺序存储结构　　　D. 链式存储结构

3. 链式存储结构所占存储空间( )。

    A. 分两部分，一部分存放结点的值，另一部分存放表示结点间关系的指针

    B. 只有一部分，存放结点的值

C. 只有一部分,存储表示结点间关系的指针

D. 分两部分,一部分存放结点的值,另一部分存放结点所占的元素

4. 下面不属于数据的存储结构的是(　　)。

  A. 散列存储　　　　　B. 链式存储　　　　　C. 索引存储　　　　　D. 压缩存储

5. 不能独立于计算机的是(　　)。

  A. 数据的逻辑结构　　　　　　　　　　　B. 数据的存储结构

  C. 算法的设计和分析　　　　　　　　　　D. 抽象数据类型

6. (　　)是数据的基本单位。

  A. 数据结构　　　　　B. 数据元素　　　　　C. 数据项　　　　　D. 文件

7. 每个结点只含有一个数据元素,所有存储结点相继存放在一个连续的存储空间,这种存储结构称为(　　)结构。

  A. 顺序存储　　　　　B. 链式存储　　　　　C. 索引存储　　　　　D. 散列存储

8. 每个结点不仅含有一个数据元素,还包含一组指针,该存储方式是(　　)存储。

  A. 顺序　　　　　B. 链式　　　　　C. 索引　　　　　D. 散列

9. 以下任何两个结点之间都没有逻辑关系的是(　　)。

  A. 图形结构　　　　　B. 线性结构　　　　　C. 树形结构　　　　　D. 集合

10. 在数据结构中,与所使用的计算机无关的是(　　)。

  A. 物理结构　　　　　　　　　　　　　　B. 存储结构

  C. 逻辑结构　　　　　　　　　　　　　　D. 逻辑和存储结构

11. 下列 4 种基本逻辑结构中,数据元素之间关系最弱的是(　　)。

  A. 集合　　　　　　　　　　　　　　　　B. 线性结构

  C. 树形结构　　　　　　　　　　　　　　D. 图形结构

12. 每一个存储结点只含有一个数据元素,存储结点存放在连续的存储空间,另外有一组指明结点存储位置的表,该存储方式是(　　)存储方式。

  A. 顺序　　　　　B. 链式　　　　　C. 索引　　　　　D. 散列

13. 计算机算法必须具备输入、输出和(　　)。

  A. 计算方法　　　　　　　　　　　　　　B. 排序方法

  C. 解决问题的有限运算步骤　　　　　　　D. 程序设计方法

14. 算法分析的两个主要方面是(　　)。

  A. 空间复杂度和时间复杂度　　　　　　　B. 正确性和简明性

  C. 可读性和文档性　　　　　　　　　　　D. 数据复杂性和程序复杂性

15. 算法的执行时间取决于(　　)。

  A. 问题的规模　　　　　　　　　　　　　B. 语句的条数

  C. 输入实例的初始状态　　　　　　　　　D. A 和 C

16. 算法的计算量大小称为算法的(　　)。

  A. 现实性　　　　　B. 难度　　　　　C. 效率　　　　　D. 时间复杂度

17. 算法在发生非法操作时可以做出相应处理的特性称为算法的(　　)。

  A. 正确性　　　　　B. 易读性　　　　　C. 健壮性　　　　　D. 高效性

18. 若 $T(n) = n^{\sin(n)}$,则用大 O 记号可表示为(　　)。

A. $T(n) = O(n-1)$ B. $T(n) = O(1)$

C. $T(n) = O(n)$ D. 不确定

19. 下列时间复杂度中,最坏的是( )。

     A. $O(1)$ B. $O(2^n)$ C. $O(\log_2 n)$ D. $O(n^2)$

20. 某程序的时间复杂度为 $10n + n\log_2 n + 2n^2 + 36$,则其数量级表示为( )。

     A. $O(n)$ B. $O(n\log_2 n)$ C. $O(\log_2 n)$ D. $O(n^2)$

三、分析下面各程序段的时间复杂度

1. 下列程序段的时间复杂度分别为( )、( )。

```
int i =1;                    s = i = 0;
while(i < =n)                while(s < n)
    i = i*3;                 {   i ++;
                                 s = s + i;
                             }
```

2. 下列程序段的时间复杂度分别为( )、( )。

```
i =1;                        int i = 0, s = 0;
while (i < n*n)              while(s < n*n)
    i = i*2;                 {   i ++;
                                 s = s + i;
                             }
```

3. 下列程序段的时间复杂度分别为( )、( )。

```
i =1;                        m = 0;
m =0;                        for(i =1; i < =n; i ++)
while(m < n)                     for(j =i; j < =n; j ++)
{   i = i*2;                         m += i + j;
    m += i
}
```

4. 下列程序段的时间复杂度分别为( )、( )。

```
i =m =0;                     m = 0;
while (m <n)                 for(i =1; i < =n; i ++)
{   i ++;                        for(j =2*i; j < =n; j ++)
    m += i;                          m ++;
}
```

5. 下列程序段的时间复杂度分别为( )、( )。

```
i =1;                        int s = 0;
while (i < =n*n)             for(i =0; i <n; i ++)
    i = i + i;                   for(j =0; j <n; j ++)
                                     s += B[i][j];
                             sum = s;
```

四、根据二元组关系画出逻辑图形,并指出它们属于哪种数据结构

1. 请画出 A 的逻辑图形,并指出它属于哪种结构。

$A = (D,R)$,其中:

$D = \{a,b,c,d,e\}$

$R = \{\quad\}$

2. 请画出 B 的逻辑图形,并指出它属于哪种结构。

$B = (D,R)$,其中:

$D = \{a,b,c,d,e,f\}$

$R = \{<a,b>,<b,c>,<c,d>,<d,e>,<e,f>\}$

尖括号表示结点之间关系是有向的。

3. 请画出 C 的逻辑图形,并指出它属于哪种结构。

$C = (D,R)$,其中:

$D = \{1,2,3,4,5,6\}$

$R = \{(1,2),(2,3),(2,4),(3,4),(3,5),(3,6),(4,5),(4,6)\}$

圆括号表示结点之间关系是无向的。

4. 请画出 E 的逻辑图形,并指出它属于哪种结构。

$E = (D,R)$,其中:

$D = \{a,b,c,d,e,f,g,h\}$

$R = \{<d,b>,<d,g>,<d,a>,<b,c>,<g,e>,<g,h>,<e,f>\}$

5. 请画出 F 的逻辑图形,并指出它属于哪种结构。

$F = (D,R)$,其中:

$D = \{50,25,64,57,82,36,75,55\}$

$R = \{<50,25>,<50,64>,<25,36>,<64,57>,<64,82>,<57,55>,<57,75>\}$

第2章

线　性　表 ⋘

　　线性表是一种最简单、最基本、也是最常用的数据结构,线性表上的插入、删除操作不受限制。本章主要介绍线性表的逻辑结构定义、线性表的顺序存储和链式存储结构,以及线性表的基本操作。

2.1　线性表的定义与操作

　　本节先给出线性表的定义,然后介绍线性表的基本运算。

2.1.1　线性表的定义

　　线性表(Linear List)是一种线性的数据结构,其特点是数据元素之间存在着"一对一"的关系。

　　线性表的前提是所有的数据元素属于同一类型。在一个线性表中,每个数据元素的类型都是相同的,但是各个元素的值一般不同。

1.线性表的定义

　　线性表是具有相同数据类型的 $n(n \geqslant 0)$ 个数据元素的有限序列,通常记为

$$(a_1, a_2, a_3, \cdots, a_{i-1}, a_i, a_{i+1}, \cdots, a_n)$$

其中,n 为表长,$n=0$ 时称为空表。

　　在线性表中相邻元素之间存在着顺序关系。对于元素 a_i 而言,a_{i-1} 称为 a_i 的直接前驱,a_{i+1} 称为 a_i 的直接后继。也就是说:

　　(1)有且仅有一个开始结点(a_1),它没有直接前驱。

　　(2)有且仅有一个终端结点(a_n),它没有直接后继。

　　(3)除了开始结点和终端结点之外,其余所有结点都有且仅有一个直接前驱和一个直接后继。

　　因为线性表中的每个中间结点都有且仅有一个直接前驱和一个直接后继,所以称这些数据元素之间为"一对一"的关系,即"一"个直接前驱"对"应着"一"个直接后继。

　　需要说明的是:a_i 是序号为 i 的数据元素($i=1,2,\cdots,n$),通常将它的数据类型抽象为 ElemType 或 DataType,ElemType 或 DataType 需要根据具体问题来确定。

2.线性表举例

　　第1章1.1.2节中的"学生入学情况登记表"就是一个线性表。在线性表中,每个数据元素一般由若干个数据项(Item)组成,常把数据元素称为结点(Node)或记录(Re-

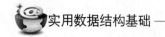

cord)。由于线性表的各元素之间存在"一对一"的关系,因此表中所有元素在逻辑上可以一个接一个地拉成一条直线。

3. 线性表的二元组表示

线性表的相邻数据元素之间存在着序偶关系,若线性表为$(a_1, a_2, a_3, \cdots, a_{i-1}, a_i, a_{i+1}, \cdots, a_n)$,可以用二元组进行描述。

$$LinearList = (D, R)$$

数据对象:$D = \{a_i \mid 1 \leqslant i \leqslant n, n \geqslant 0\}$

数据元素之间关系的集合:$R = \{<a_{i-1}, a_i> \mid a_{i-1}, a_i \in D, 2 \leqslant i \leqslant n\}$

关系$<a_{i-1}, a_i>$是一个序偶,表示线性表中数据元素的相邻关系,即a_{i-1}领先a_i,a_i领先a_{i+1}。

2.1.2 线性表的基本操作

操作即运算,由于数据结构的运算定义在其逻辑结构上,而运算的具体实现则建立在其存储结构上。下面定义的线性表的基本操作,作为其逻辑结构的一部分,每个操作的具体实现,只有在确定了线性表的存储结构之后才能完成。

线性表上的基本操作如下:

(1)创建线性表:createList( )。

初始条件:表不存在。

操作结果:构造一个空的线性表。

(2)求线性表的长度:int getListLength(L)。

初始条件:表 L 存在。

操作结果:返回线性表 L 中所含元素的个数,即线性表的长度。

(3)按值查找:searchList(L, x)。

初始条件:线性表 L 存在,x 是给定的待查数据元素或者其属性值(数据项的值)。

操作结果:在表 L 中查找值为 x 或某属性的值为 x 的数据元素,返回在 L 中首次出现的满足条件的那个元素的序号、下标或地址,称为查找成功;若在 L 中未找到指定值的数据元素,则返回一个特殊值表示查找失败。

(4)插入操作:insertElem(&L, i, x)。

初始条件:线性表 L 存在,插入位置 i 正确($1 \leqslant i \leqslant n+1$,n 为插入前的表长)。

操作结果:在线性表 L 的第 i 个位置插入一个值为 x 的新元素,这样使原序号为 i,i+1,$\cdots$,n 的数据元素的序号依次变为 i+1,i+2,$\cdots$,n+1;插入后,表的长度增加 1。

(5)删除操作:deleteElem(&L, i, &x)。

初始条件:线性表 L 存在,删除位置 i 正确($1 \leqslant i \leqslant n$,n 为删除前的表长)。

操作结果:在线性表 L 中删除序号为 i 的元素,删除后序号为 i+1,i+2,$\cdots$,n 的元素依次变为序号为 i,i+1,$\cdots$,n-1;删除后,表的长度减少 1,并可以通过参数 x 带回被删除元素的值。

(6)显示操作:showList(L)。

初始条件:线性表 L 存在,且非空。

操作结果:显示线性表 L 中的所有元素。

2.2 线性表的顺序存储

线性表的顺序存储包括顺序表的定义和初始化,以及顺序表的基本操作两部分。

2.2.1 顺序表的定义和初始化

线性表的顺序存储是用一组地址连续的存储单元,依次存储线性表的数据元素,通常把用这种形式存储的线性表称为顺序表。顺序表中各个元素的物理(存储)顺序和逻辑顺序是一致的,如图 2-1 所示。

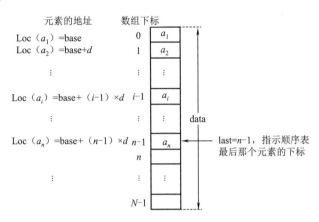

图 2-1 线性表顺序存储各元素的数组

假设数据元素 a_1 的存储地址 $\mathrm{Loc}(a_1)$ 为 base,每个元素占 d 个字节,则第 i 个数据元素的存储地址为

$$\mathrm{Loc}(a_i) = \mathrm{Loc}(a_1) + (i-1) \times d \qquad 1 \leqslant i \leqslant n$$

即
$$\mathrm{Loc}(a_i) = \mathrm{base} + (i-1) \times d \qquad 1 \leqslant i \leqslant n$$

只要知道顺序表的首地址 base,和每个数据元素所占存储单元的字节数 d,就可以求出第 i 个数据元素的存储地址 $\mathrm{Loc}(a_i)$。因此,顺序表具有按数据元素的序号(或下标)随机存取的特点。

C 语言中,一维数组在内存中占用的存储空间,就是一组地址连续的存储单元,因此,用一维数组作为顺序表的存储空间是最合适的。假设用 N 个单元的 data 数组来存放所有数据元素,则 N 是一个根据表中最多可能存放的元素个数估算的足够大的整型常量。若表中的元素个数无法估算,则应该用 malloc() 函数动态分配 data 数组的空间,数组空间不够时再用 realloc() 函数动态扩充。在 C 语言中,顺序表中的数据一般从 data[0]开始按逻辑顺序依次存放,最多可以到 data[N-1]。

此外,考虑到线性表有插入、删除等运算,某个时刻顺序表中实际存放的元素个数(即顺序表的长度)是可变的。除了存储数据元素的 data 数组之外,还需要另外定义一个整型变量 length 用于记录表长(或者给变量取名为 last,用于记录最后那个数据元素的下标)。

如果定义 length 记录表长,即当前表中的元素个数,其初始值一般为 0;如果定义 last 记录当前表中最后那个元素的下标,则其初始值一般为 −1。变量定义为 length 或者 last

均可,这两者之间并没有本质的区别(事实上 last + 1 就是表长 length),只是后续算法实现时的语法细节会有些差异,但变量名和其初始值一定要尽量对应,做到见名知意。

从作为一个有机整体的结构上考虑,通常将 data 和 last 封装在一个结构体中作为顺序表的类型。伪代码 2-1 给出了顺序表的第 1 种定义和初始化方式。

伪代码 2-1	顺序表的第 1 种定义和初始化方式
1	#define N 40
2	typedef struct
3	{
4	// DataType 应改为数据元素的实际类型,比如 Student 或 Book 等
5	DataType data[N];
6	// 第 1 个元素存储在 data[0],last 记录最后那个元素的下标
7	int last;
8	} SeqList; // 定义顺序表类型 SeqList
9	void init(SeqList &list) // list 为引用参数,引用 seqList 的空间
10	{
11	list.last = -1; // list.last 即为 seqList.last,初始化表为空
12	}
13	int main()
14	{
15	SeqList seqList; // 顺序表 seqList 为局部变量,存放于栈内存区
16	init(seqList); // 初始化顺序表 seqList 为空
17	// … // 后续操作
18	return 0;
19	}

伪代码 2-1 中所示的顺序表位于栈内存区,其存储结构如图 2-2 所示,所有数据元素依次存放在 seqList. data[0...last],顺序表的初始长度为 0。

注意:seqList. data 数组的长度(即数组单元的个数)是 N,和顺序表的长度(即表中元素个数)seqList. last + 1 是不同的概念。

伪代码 2-2 给出了顺序表的第 2 种定义和初始化方式,该顺序表位于堆内存区,此时的内存布局如图 2-3 所示。

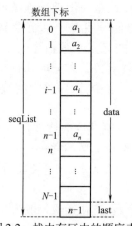

图 2-2　栈内存区中的顺序表

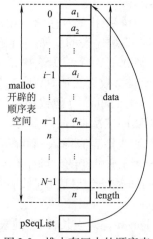

图 2-3　堆内存区中的顺序表

	伪代码 2-2 顺序表的第 2 种定义和初始化方式
1	#include < stdlib.h >
2	#define N 40
3	typedef struct
4	{
5	// ElemType 和伪代码 2-1 中的 DataType 含义一样,都是元素类型
6	// 为了让大家熟悉不同教材中的不同写法,故意将其写作 ElemType
7	// 实际使用时 ElemType 需要改为 Student 或 Book 之类的实际类型
8	ElemType data[N]; // Student data[N]; 或 Book data[N];
9	// 第 1 个元素存储在 data[0],length 记录数组中的元素个数
10	int length;
11	} SeqList; // 定义顺序表类型 SeqList
12	void init(SeqList * &pList) // pList 为 SeqList * 类型的引用参数
13	{
14	pList = (SeqList *)malloc(sizeof(SeqList));
15	pList-> length = 0; // 将顺序表的长度设置为 0,表示表为空
16	}
17	int main()
18	{
19	SeqList *pSeqList; // 定义一个指向顺序表的指针变量 pSeqList
20	// 给 pSeqList 所指的顺序表开辟空间,并将其初始化为空
21	init(pSeqList);
22	// … // 后续操作
23	return 0;
24	}

注意:

(1)伪代码 2-1 中定义的顺序表变量 seqList,以及伪代码 2-2 中定义的指向顺序表的指针变量 pSeqList,都是局部变量,均位于栈内存区,而 pList 所指的用 malloc()函数开辟的空间,则位于堆内存区。

(2)伪代码 2-2 中的 ElemType 的意思和前面使用的 DataType 含义完全相同,都是指数据元素的类型,其他书籍中数据元素的类型可能会使用类似的名字。其实 ElemType 和 DataType 都是抽象的描述,实际使用时,需要将 ElemType 或 DataType 换成自己需要的数据元素类型名。例如,如果数据元素为书籍,就换成 Book 类型;如果数据元素为学生,则要换成 Student 类型等。

(3)上面这两种形式的顺序表,init()函数都使用了引用参数,引用参数的使用请参考前面 1.5.1 节的介绍。这两种顺序表都能正确使用,但是要注意它们在内存布局和算法实现细节上的差异。

(4)伪代码 2-2 第 12 行中 pList 前面的 * 和 & 都不能去掉, * 表明参数 pList 是指针类型, & 表明指针类型的参数 pList 是引用变量。可能有人会认为,既然 pList 已经是指针了,指针不是可以实现双向传递了吗?为什么还要用引用呢?

因为要在 init()中改变主函数中 pSeqList 变量的值,所以 init()函数要么引用 pSeqList 变量,要么获取 pSeqList 变量的地址。由于 pSeqList 本身是个指针变量,如果实参用 &pSeqList,则形参的类型就要求为 SeqList**,这样就出现了二级指针。正是因为考虑到部分同学尚未扎实地掌握各种指针的运用,所以此处才用 C++ 的引用变量作为函数参数,以此来简化 C 语言中指针的使用。

有兴趣的同学可以将伪代码 2-2 中的 init( ) 函数,改成用二级指针作函数参数的形式予以实现,此时需将第 21 行改为 init(&pSeqList)。如果不使用 C++ 的引用参数,则可以将源文件的扩展名由.cpp 改为.c。

伪代码 2-1 和伪代码 2-2 所示的顺序表中,数组 data 的单元个数,都在定义时固定为常量 N,后续使用时无法扩充其空间。如果希望数组单元个数能够动态调整,可以使用伪代码 2-3 所示的顺序表的第 3 种定义和初始化方式。

伪代码 2-3 顺序表的第 3 种定义和初始化方式

```
1    #include <stdlib.h>
2    #define N 40
3    typedef struct
4    {
5        ElemType *pData;          // 存放动态数组的起始地址,单元个数可以扩充
6        int listSize;             // pData 所指空间中数组单元的个数
7        int length;               // 表中元素的个数(肯定小于单元的个数)
8    } SeqList;
9    void init(SeqList &list)      // list 为 seqList 的引用
10   {
11       // 给顺序表 seqList 的 pData 开辟 N 个单元的初始空间
12       list.pData = (ElemType *)malloc(N * sizeof(ElemType));
13       list.listSize = N;        // 记录顺序表中数组单元的个数为 N
14       list.length = 0;          // 将顺序表的长度设置为 0,表示表为空
15   }
16   int main()
17   {
18       SeqList seqList;          // 定义一个顺序表 seqList
19       init(seqList);
20       // …                      // 后续操作
21       return 0;
22   }
```

伪代码 2-3 的第 12 行,用 malloc( ) 函数给 pData 分配了所指的空间,当 N 个单元不够时,可以调用 realloc( ) 函数将 pData 所指的空间扩充若干个单元。需要注意的是,realloc( ) 函数很可能不是原位扩充,而是会重新分配一块内存,把 pData 之前所指空间中的数据复制到新的内存空间,然后将原空间回收。

该过程中的内存布局及其变化如图 2-4 所示,其中 pData 的虚线所指为原空间,实线所指为新空间。

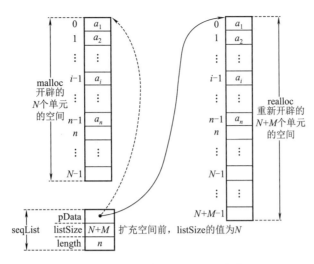

图2-4 可扩充数组空间的顺序表

realloc( )的函数原型如下：

```
void *realloc( void *ptr, size_t new_size );
```

其中,size_t 为 unsigned int 类型的别名,该名字来源于 size type,即尺寸的类型,或大小的类型；参数 ptr 为原空间的起始地址,new_size 为扩充之后新空间的字节数,realloc( )函数的返回值为新空间的起始地址。

给顺序表中 pData 所指的动态数组增加 M 个单元的操作如下：

```
seqList.pData = (ElemType *)realloc(seqList.pData,
                  (seqList.listSize +M) * sizeof(ElemType));
seqList.listSize +=M;  // 顺序表中 pData 所指单元的个数增加了 M 个
```

以上定义和初始化顺序表的3种方式,可以根据实际情况来选用。如果数据元素的个数不多,并且数据元素最多时的个数也容易估算出来,可以选用第1种方式。由于栈内存区的容量有限,如果将大量的数据元素存放于栈内存区,可能会引起栈内存溢出,因此如果顺序表中数据元素占用的存储空间可能超过1MB,则应考虑采用第2种方式。如果顺序表中数据元素最多时的个数无法估算,则最好使用第3种方式,这样可以根据表中数据元素的实际个数,动态分配顺序表中的数组大小。

2.2.2 顺序表的基本操作

1.插入运算

线性表的插入是指在表的第 i 个位置,插入一个值为 x 的新元素,插入后使原长度为 n 的线性表,成为表长为 $n+1$ 的线性表。

顺序表插入结点运算的步骤如下：

(1)将 $a_n \sim a_i$ 之间的所有结点依次后移,为新元素让出第 i 个位置。

(2)将新结点 x 插入到第 i 个位置。

(3)表长 length 增加1(或者指示最后那个元素位置的 last 增加1)。

在伪代码 2-2 的基础上,添加如伪代码 2-4 所示的 insert( )函数,可以实现在顺序表

的指定位置 i，插入元素 x。插入前后的对比如图 2-5 所示。

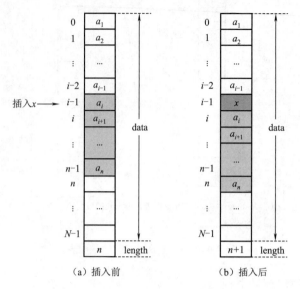

图 2-5　顺序表中插入元素 x

伪代码 2-4　在顺序表的第 i 个位置，插入元素 x

```
1    int insert(SeqList *pList, int i, ElemType x)    // i 为序号
2    {
3        int j;
4        if (pList->length == N)
5        {
6            printf("顺序表已满!");
7            return 0;                              // 顺序表已满，不能插入
8        }
9        if (i < 1 || i > pList->length + 1)         // 检查插入位置的正确性
10       {
11           printf("插入位置出错!");
12           return 0;
13       }
14       for (j = pList->length - 1; j >= i - 1; j--)   // 元素后移
15           pList->data[j + 1] = pList->data[j];
16       pList->data[i - 1] = x;                     // 新元素插入
17       pList->length++;                           // 表中元素个数，即表长，增加 1
18       return 1;                                  // 插入成功，返回
19   }
```

注意：

（1）顺序表中 data 数组的单元个数为 N，在插入前应先检查顺序表是否已满，在表满的情况下不能插入，否则将导致数组越界。

（2）插入前还应检查插入位置 i 的有效性，i 的有效范围是：$1 \leqslant i \leqslant n+1$，其中 n 为顺

序表的表长。

（3）数据元素的移动，必须从顺序表的最后那个元素（a_n）开始依次往后移动。

插入算法的时间性能分析如下：

顺序表上的插入运算，时间主要消耗在数据的移动上，在第 i 个位置插入 x，从 a_n 到 a_i 都要向下移动一个位置，共需要移动 $n-i+1$ 个元素，而 i 的取值范围为 $1 \leqslant i \leqslant n+1$，即有 $n+1$ 个位置可以插入。

设在第 i 个位置上做插入的概率为 p_i，则平均移动数据元素的次数：

$$E_{\mathrm{in}} = \sum_{i=1}^{n+1} p_i(n-i+1)$$

设 $p_i = \dfrac{1}{n+1}$，即在等概率情况下，则

$$E_{\mathrm{in}} = \sum_{i=1}^{n+1} p_i(n-i+1) = \frac{1}{n+1} \sum_{i=1}^{n+1}(n-i+1) = \frac{n}{2}$$

这说明：在顺序表上做插入操作，平均下来需要移动表中一半的数据元素，显然其时间复杂度为 $O(n)$。

2. 删除运算

线性表的删除运算是指将表中第 i 个元素从线性表中去掉，删除后使原来长度为 n 的线性表 $(a_1, a_2, a_3, \cdots, a_{i-1}, a_i, a_{i+1}, \cdots, a_n)$ 变为长度为 $n-1$ 的线性表 $(a_1, a_2, a_3, \cdots, a_{i-1}, a_{i+1}, \cdots, a_n)$。

从顺序表中删除结点的步骤如下：

（1）将 $a_{i+1} \sim a_n$ 之间的结点，依次向前移动一个单元。

（2）表长 length 减小 1（或者指示最后那个元素位置的 last 减小 1）。

在伪代码 2-2 的基础上，删除元素 a_i 前后的顺序表对比如图 2-6 所示，具体实现过程如伪代码 2-5 所示。

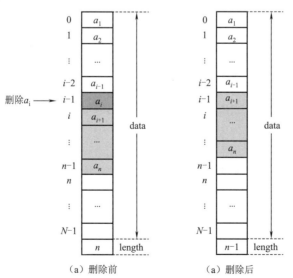

图 2-6 顺序表中删除结点 a_i

伪代码2-5　删除顺序表中第 i 个位置的元素

```
1    int del(SeqList * &pList, int i)
2    {
3        int j;
4        if (i < 1 || i > pList->length)         // 检查删除位置的合法性
5        {
6            printf("不存在第%d个元素。", i);
7            return 0;                           // 删除失败
8        }
9        for (j = i; j < pList->length; j++)     // 部分元素依次前移
10           pList->data[j - 1] = pList->data[j];
11       pList->length--;                        // 表长减1
12       return 1;                               // 删除成功
13   }
```

注意：

（1）删除顺序表中第 i 个位置的元素，首先应检查删除位置的有效性，i 的有效取值范围为 $1 \leqslant i \leqslant n$，其中 n 为顺序表的表长。

（2）表为空时不能进行删除操作；当表为空时 pList->length 的值为 0，此时无论 i 取何值，if 条件（$i < 1 || i > $ pList->length）均不成立，因此该条件已包括了对表空的检查。

（3）删除 a_i 之后，该元素将不再存在，如果需要，必须先取出 a_i 后，再将其删除。

删除算法的时间复杂度分析：

与插入运算相同，其时间主要消耗在了移动表中的元素上，删除第 i 个元素时，其后面的元素 $a_{i+1} \sim a_n$ 都要向上移动一个位置，共移动了 $n - i$ 个元素，所以平均移动数据元素的次数：

$$E_{de} = \sum_{i=1}^{n} p_i (n - i)$$

在等概率情况下，$p_i = \dfrac{1}{n}$，则

$$E_{de} = \sum_{i=1}^{n} p_i (n - i) = \frac{1}{n} \sum_{i=1}^{n} (n - i) = \frac{n - 1}{2}$$

这说明：在顺序表上做删除运算时，大约需要移动表中一半的元素，显然该算法的时间复杂度为 $O(n)$。

3. 按值查找

线性表的按值查找，是指在线性表中查找与给定元素值或者给定属性值相等的数据元素。在顺序表中完成该运算，最简单的方法是：从第一个元素 a_1 起，依次和给定值比较，如果找到一个与给定值相等的数据元素，则返回它在顺序表中的下标或序号；如果比较完整个表都没有找到与给定值相等的元素，则返回 -1。

需要注意的是，数据元素的类型 DataType 或 ElemType 为结构体，而 C 语言中结构体类型的数据，不能用关系运算符来直接判断整个结构体是否相等。因此，算法实现时需根据数据元素和数据项的具体类型来确定代码的实现细节。后续所有算法中的查找或

比较操作,也是如此。

在伪代码 2-2 的基础上,假设数据元素的类型 ElemType 为 1.1.1 节中定义的 Student。如果通过年龄 age 来确定学生的存储位置,实现过程如伪代码 2-6 所示。

伪代码 2-6 按年龄查找顺序表中的指定学生	
1	`int locateByAge(SeqList *pList, int age)`
2	`{`
3	`    int i = 0;`
4	`    while (i < pList->length && pList->data[i].age != age)`
5	`        i++;`
6	`    if (i >= pList->length)`
7	`        return -1;        // 定位失败`
8	`    else`
9	`        return i;        // 定位成功,返回存储单元的下标`
10	`}`

如果通过学号 stuId 来确定学生的存储位置,由于学号是字符串,需要用字符串比较函数 strcmp( ) 来判断是否相等,实现过程如伪代码 2-7 所示。

伪代码 2-7 按学号查找顺序表中的指定学生	
1	`int locateByStuId(SeqList *pList, char stuId[])`
2	`{`
3	`    int i = 0;`
4	`    while (i < pList->length &&`
5	`        strcmp(pList->data[i].stuId, stuId) != 0)`
6	`        i++;`
7	`    if (i >= pList->length)`
8	`        return -1;        // 定位失败`
9	`    else`
10	`        return i;        // 定位成功,返回存储单元的下标`
11	`}`

上述算法的主要操作是比较,算法所需的比较次数显然与待查元素在表中的位置和表的长度 n 有关。当 a_1 的值为给定值时,比较一次就能成功;如果一直比较到 a_n 才发现其值为给定值,则需要比较 n 次才能成功。由于平均的比较次数为 $\dfrac{n+1}{2}$,因此算法的时间复杂度为 $O(n)$。

2.3 线性表的链式存储

通过上一节的学习,可以看到顺序存储的优缺点:

1. 顺序存储的优点——随机存取

由于顺序表要求逻辑上相邻的两个元素在物理位置上也相邻,因此,顺序表可以随机存取表中的任意元素,第 i 个元素的存储位置可以用公式 base $+(i-1)\times d$ 计算。

2. 顺序存储的缺点

(1)对顺序表进行插入、删除时可能需要移动大量数据元素,会影响运行效率。

(2)给顺序表的数组分配空间时,必须估算最多时的元素个数,并按最大空间分配,存储空间得不到充分的利用;即使动态扩充空间,也有一定的开销。

本节介绍线性表的链式存储结构,它不需要用地址连续的存储单元来实现,因为它不要求逻辑上相邻的两个元素物理上也相邻,而是通过"链",建立数据元素之间的逻辑关系。链式存储的线性表对于插入、删除操作不再需要移动数据元素,但它也失去了顺序表随机存取的优点。

如 1.1.2 节所述,数据元素俗称结点。但在链式结构中,结点中除了要存储数据元素的信息之外,还必须存放指向其他结点的指针,即其他结点的地址。一个线性链表由若干个结点组成,每个结点一般至少含有两个域,数据域 data 用来存储数据元素的信息,指针域 next 用来存储下一个结点的指针。

线性表的链式存储结构中,最简单也最常用的是单向链表,简称单链表。

2.3.1 单向链表的结构

1. 单向链表存储结构的特点

(1)单链表通过一组存储单元来存储线性表中的数据元素。存储单元的地址可以是连续的,也可以是不连续的。

(2)单链表的每个结点,都由一个数据域 data 和一个指针域 next 组成。

由于每个结点中只有一个指向其直接后继结点的指针,遍历链表时只能从前往后按顺序依次访问各个结点,即遍历指针只能从前往后单向移动,所以称其为单向链表(或单链表),其结点结构如图 2-7 所示。

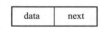

图 2-7　单向链表的结点结构

(3)单链表的存取必须从头指针开始。

例如,线性表 $(a_1,a_2,a_3,a_4,a_5,a_6,a_7,a_8)$ 对应的单链表存储结构示意图,如图 2-8 所示。

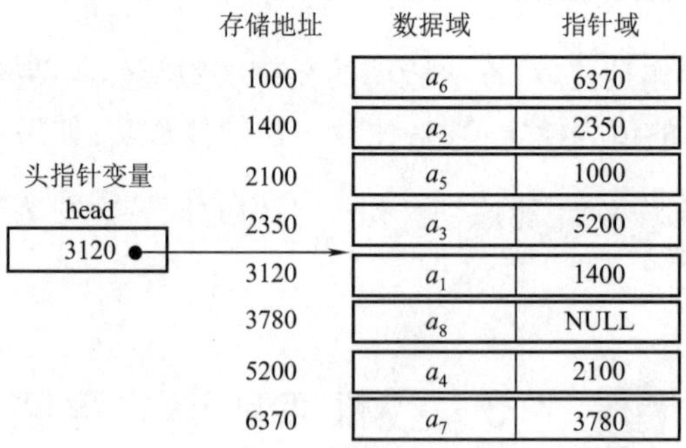

存储地址	数据域	指针域
1000	a_6	6370
1400	a_2	2350
2100	a_5	1000
2350	a_3	5200
3120	a_1	1400
3780	a_8	NULL
5200	a_4	2100
6370	a_7	3780

头指针变量 head　3120

图 2-8　单链表的存储结构示意图

首先,必须将第一个结点的地址 3120 存放到头指针变量(如 head),并将每个结点的地址存放到其直接前驱的指针域。由于最后那个结点没有直接后继,其指针域需要置空

（用 NULL 表示），表明单链表到此结束。这样就能从第一个结点开始，顺着各个结点的指针域依次访问到每个结点。

作为线性表的一种存储结构，我们主要考虑的是结点间的逻辑结构，对每个结点的实际地址并不关心，为了简便，示意图中的空指针 NULL 一般用符号"∧"表示，所以单链表通常用图 2-9 所示的形式表示。

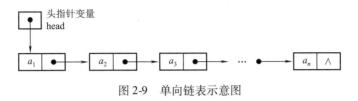

图 2-9   单向链表示意图

更进一步，头指针变量 head 的存储单元也可以省略不画，如图 2-10 所示。

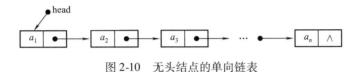

图 2-10   无头结点的单向链表

为了方便操作，还可以在第一个数据结点之前附加一个头结点，头结点的数据域并不存储任何有效数据，如图 2-11 所示。

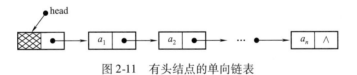

图 2-11   有头结点的单向链表

2. 关于第一个数据结点、头结点、第一个结点、头指针

（1）第一个数据结点：在链表中，存储第一个数据元素 a_1 的结点。

（2）头结点：为方便操作，在第一个数据结点之前，附加的一个不存储任何有效数据的结点。头结点是可有可无的，如果有头结点，需要在链表初始化时生成，并且头结点始终只能在链表的最前面，就算链表为空时也依然存在。销毁链表时，需要将头结点的空间也释放。

（3）第一个结点：有头结点时，头结点为链表的第一个结点；无头结点时，链表的第一个结点就是第一个数据结点，即存储第一个数据元素 a_1 的结点。

（4）头指针：指向链表中第一个结点的指针变量（变量和结点是不同的概念）；有头结点时，头指针指向头结点；无头结点时，头指针指向第一个数据结点。

通常用"头指针"变量来代表链表，例如链表 head、链表 H、链表 first 等，意思是该链表第一个结点的地址存放在指针变量 head、H 或 first 中。对于无头结点的链表，头指针为 NULL 则表示链表为空；对于有头结点的链表，因为头结点始终存在，头指针肯定不会为空（除非尚未初始化，或者已经销毁了该链表），因此用头结点的指针域为空表示链表为空。

3. 单链表的定义及初始化

单链表由一个接一个的结点构成,C 语言中的结点可以用动态开辟的结构体空间来描述。单链表的结点类型 LinkNode,以及指向单链表结点的指针类型 LinkList,其定义形式如代码 2-8 的第 1 ~ 6 行所示。

无头结点单链表的结点类型定义,及单链表的初始化,如伪代码 2-8 所示。

伪代码 2-8   无头结点单链表的定义和初始化

```
1    typedef struct _LinkNode            // 定义单链表结点的结构体
2    {
3        ElemType data;                  // 数据域
4        struct _LinkNode *next;         // 指针域
5    } LinkNode, *LinkList;              // 定义结点类型 LinkNode
6                                        //和结点指针类型 LinkList
7    int main()
8    {
9        LinkNode *head;                 // 定义头指针变量 head
10       head = NULL;                    // 设置无头结点的单链表为空表
11       //…                            //在此进行后续的查找、插入和删除等操作
12       return 0;
13   }
```

LinkList head 和 LinkNode *head 都是定义头指针变量 head,当 head 的值为 NULL 时,表示链表为空;否则 head 的值应为第一个结点的地址。链表的后续操作中,通常会用如下语句给新结点开辟空间。

```
LinkNode *p;                                    // 定义一个指针变量 p
p = (LinkNode *)malloc(sizeof(LinkNode));       // 给新结点开辟空间
```

上述语句完成了申请一块 LinkNode 类型存储空间的操作,并将申请空间的起始地址赋值给变量 p,如图 2-12 所示。

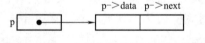

图 2-12   开辟一个结点的空间,并用 p 指向

p 所指的结点为 * p,* p 的类型为 LinkNode,所以该结点的数据域为(* p). data 或 p- > data,指针域为(* p). next 或 p- > next。

使用结束后,必须用 free(p) 释放 p 所指的结点空间,否则容易引起内存泄漏。

2.3.2   单链表的基本操作

1. 插入结点建立单链表

(1)从表头插入结点建立单链表

单链表与顺序表不同,它是一种动态的存储结构,单链表中每个结点的存储空间不是预先分配,而是运行时根据需要生成的。因此,建立链表是从空表开始,每次先将待插

入的数据元素构造为一个结点,然后再将其插入到链表的头部。图 2-13 所示为线性表
(25,45,18,66,24)的单向链表存储结构的建立过程,因为总是在链表的头部插入,所以
单链表中元素的先后顺序与线性表中的逻辑顺序正好是相反的。

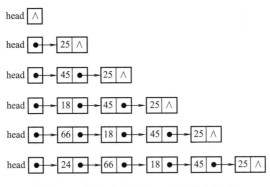

图 2-13　从表头插入结点建立单向链表

(2)从表尾插入结点建立单链表。

从表头插入结点到单链表时,不需要寻找插入位置,但生成链表中元素的顺序与插
入顺序是相反的。若希望生成链表中元素的顺序与插入顺序一致,可以采用从表尾插入
的方法。

如果经常需要将新结点插入到表尾,可以设一个尾指针变量 p 用来指向单链表的尾
结点。若不设尾指针,则每次从表尾插入时都要从头指针开始,先遍历整个链表,找到尾
结点之后,才能插入新结点到表尾。总是从表尾插入结点建立单链表的过程,如图 2-14
所示。

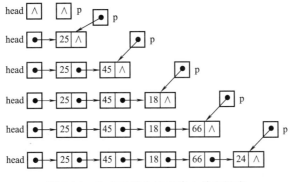

图 2-14　从表尾插入结点建立单向链表

算法思路:初始状态下头指针 head 和尾指针 p 均为 NULL,将线性表中的元素依次
插入到单链表。每次先给新结点开辟空间,再将待插入的数据元素存放到新结点的数据
域中,然后将新结点插入到 p 所指结点的后面,最后更新尾指针 p 使其指向新结点。

(3)在单链表的第 i 个位置插入结点。

通过从表尾插入结点的过程可知,在单链表中插入结点时,首先要找到插入位置的
直接前驱。在单链表的第 i 个位置插入结点,当 i==1 时,新结点将插入在表头,插入的
新结点没有直接前驱,构造结点并插入后,需将新结点的地址赋值给头指针。当 i==n +

1时(n为当前表长),新结点将插入在表尾。如果 i < 1 或 i > n + 1,则插入位置不合法,无法插入。

算法描述如下:

① 先判断 i = = 1 是否成立,若成立则构造新结点并插入到表头,然后结束;否则执行第②步。

② 从头指针开始寻找插入位置的直接前驱,即链表中的第 i – 1 个结点,若找到则用指针 p 指向;否则设置 p 的值为 NULL。

③ 若 p! = NULL,则开辟一个新结点空间用 s 指向,并将待插入的元素赋值给 s - > data,然后将新结点 s 插入到 p 所指结点之后,参见图 2-15。若 p = = NULL,则给出插入位置不合法的提示。

因为寻找插入位置的直接前驱可能要遍历整个单链表,不难分析得出,该算法的时间复杂度为 $O(n)$。

(4)在指针 p 所指结点之后,插入指针 s 所指的新结点。

设 p 指向单链表中的结点 C,s 指向待插入新结点 x,将 * s 插入到 * p 的后面的插入示意图,如图 2-15 所示。

图 2-15 所示插入过程的操作语句如下:

① s - > next = p - > next;

② p - > next = s;

注意:这两条语句的顺序不能交换,当链接第②条链时,第③条链将断开,如果没有先建立第①条链,则 D 结点将丢失。

因为该操作为固定的两条语句,所以其时间复杂度为 $O(1)$。

(5)在指针 p 所指结点之前,插入 s 所指的新结点。

假设指针 p 指向单链表中的结点 C,指针 s 指向待插入的新结点 x,则将 * s 插入到 * p 前面的操作,如图 2-16 所示。与图 2-15 不同的是:因为要修改结点 B 的指针域,所以要先找到 * p 的直接前驱并用指针 q 指向,然后才能在 * p 之前插入 * s。

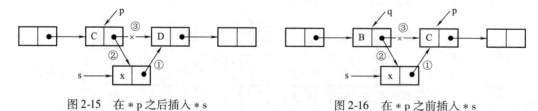

图 2-15 在 * p 之后插入 * s   图 2-16 在 * p 之前插入 * s

若单链表的头指针为 head,则该插入操作的实现过程如下:

```
q = head;
while (q - > next! = p)
    q = q - > next;                // 找 * p 的直接前驱 * q
s - > next = q - > next;
q - > next = s;
```

如上实现方法只是一个简化版,因为实际上还必须考虑 * p 的直接前驱不存在的情况。因为寻找 * q 时可能要遍历整个单链表,所以该算法的时间复杂度为 $O(n)$。其实我们关心的是数据元素之间的逻辑关系,因此可以先将 *s 先插入到 *p 的后面,然后再将 p->data 与 s->data 的值交换。这样既满足了插入后的逻辑关系,也将算法的时间复杂度提升为 $O(1)$。

　　假定数据元素为 Student 类型,程序 2-1 展示了无头结点单链表的定义、初始化,以及从链表头部、尾部或指定位置插入数据元素、求表长,以及显示单链表中的所有元素等操作。其中第 24 ~ 37 行 loadStuData( )、showAStu( )、showAllStu( )、getAStuCyclic( ) 和 getAStuRand( )等 5 个函数的定义只给出了框架,这些函数的具体实现请参考 1.5.4 节程序 1-4 的第 16 ~ 83 行。

程序 2-1　无头结点单链表的插入等基本操作

```
1   //Program2-1.cpp
2   #define _CRT_SECURE_NO_WARNINGS
3   #include <stdio.h>
4   #include <string.h>
5   #include <stdlib.h>
6   #include <time.h>
7   #define N 40
8   typedef struct
9   {
10      char stuId[16];
11      char name[16];
12      char gender;                    // 男性用'M',女性用'F'
13      int age;
14      double score;
15  } Student;                          // 定义数据元素的结构体类型 Student
16
17  typedef struct _LinkNode            // 定义单链表结点的结构体
18  {
19      Student data;                   // 数据域
20      struct _LinkNode *next;         // 指针域
21  } LinkNode, *LinkList;              // 定义结点类型 LinkNode
22                                      //和结点指针类型 LinkList
23
24  //加载(读取)stu.txt 文件中的所有学生信息
25  int loadStuData(Student data[]){}
26
27  //显示一个学生的信息
28  void showAStu(Student s){}
29
30  //显示 data 数组中的 n 个学生的信息
31  void showAllStu(Student data[], int n){}
32
33  //从 data 数组中按顺序获取一个学生的信息
34  Student getAStuCyclic(Student data[], int n){}
```

```
35
36      //从 data 数组中随机获取一个学生的信息
37      Student getAStuRand(Student data[], int n){}
38
39      int getLength(LinkNode *h)                    // 求单链表的长度,即结点数
40      {
41          LinkNode *p = h;
42          int n = 0;
43          while (p! = NULL)
44          {
45              n ++ ;
46              p = p- > next;
47          }
48          return n;
49      }
50
51      //插入元素 x 到单链表的第 i 个位置,i≥1
52      // int insert(LinkList &h, int i, Student x)
53      int insert(LinkNode * &h, int i, Student x)
54      {
55          LinkNode *pNew, *p = h;
56          int j = 2;
57          if (i == 1)                               // 如果要在单链表的最前面插入
58          {
59              //给待插入的新结点开辟空间
60              pNew = (LinkNode *)malloc(sizeof(LinkNode));
61              pNew- > data = x;                     // 构造新结点
62              pNew- > next = h;                     // 设置新结点的指针域
63              h = pNew;                             // 头指针指向新结点
64              return 1;                             // 插入成功
65          }
66
67          // p 应指向新结点的直接前驱
68          //如果 i==2,指针 p 不用后移,因此 j 的初始值为 2
69          while (p! = NULL && j < i) // 寻找插入位置 i
70          {
71              j ++ ;
72              p = p- > next;                        // 指针 p 后移,使其指向下一个结点
73          }
74
75          if (p! = NULL)
76          {
77              //给待插入的新结点开辟空间
78              pNew = (LinkNode *)malloc(sizeof(LinkNode));
79              pNew- > data = x;                     // 构造结点
```

```
80
81          pNew->next = p->next;              // 将新结点插入到 p 所指结点之后
82          p->next = pNew;
83          return 1;                          // 插入成功
84      }
85      else
86      {
87          printf("插入位置不合法！\n");
88          return 0;                          // 插入失败
89      }
90  }
91
92  //插入元素 x 到单链表的表头
93  LinkNode *insertFromHeader(LinkNode *h, Student x)
94  {
95      LinkNode *pNew;
96      //给待插入的新结点开辟空间
97      pNew = (LinkNode *)malloc(sizeof(LinkNode));
98      pNew->data = x;                        // 构造新结点
99      pNew->next = h;                        // 将新结点插入到 h 所指结点之前
100     h = pNew;                              // 新结点成为单链表的第 1 个结点
101     return h;                              // 单链表的头指针发生改变，需返回
102 }
103
104 //插入元素 x 到单链表的表尾
105 void insertFromFooter(LinkNode **ph, Student x)
106 {
107     LinkNode *pNew, *p;
108     //给待插入的新结点开辟空间
109     pNew = (LinkNode *)malloc(sizeof(LinkNode));
110     pNew->data = x;                        // 构造新结点
111     pNew->next = NULL;                     // 设置新结点的指针域为空
112
113     if (*ph == NULL)                       // 如果单链表为空
114     {
115         *ph = pNew;                        // 新结点成为单链表的第 1 个结点
116         return;
117     }
118
119     //由于链表没有设置尾指针，每次必须通过循环先找到尾结点
120     p = *ph;                               // p 先指向第 1 个结点
121     while (p! = NULL)
122     {
123         if (p->next == NULL)               // 如果 p 指向最后那个结点
124             break;
```

```
125        p = p- > next;                        // p指向下一个结点
126    }
127    p- > next = pNew;                        // 将新结点插入到 p 所指结点之后
128 }
129
130 //显示当前单链表中所有学生的信息
131 void showLinkList(LinkNode * h)
132 {
133    LinkNode * p;
134    if (h == NULL)
135    {
136        printf("当前单链表为空！\n");
137        return;
138    }
139    for (p = h; p! = NULL; p = p- > next)
140    {
141        printf("%s\t%s\t%c\t%d\t%.2f\n",
142                p- > data.stuId, p- > data.name,
143                p- > data.gender, p- > data.age, p- > data.score);
144    }
145 }
146
147 int menu()
148 {
149    int item;
150    printf("\n\t1 - 显示当前单链表中所有学生的信息\n");
151    printf("\t2 - 按顺序选择一个学生插入单链表\n");
152    printf("\t3 - 随机选中一个学生并从头部插入单链表\n");
153    printf("\t4 - 随机选中一个学生并从尾部插入单链表\n");
154    printf("\t0 - 退出程序\n");
155    printf("\t请选择一个菜单项:");
156    scanf("%d", &item);
157    return item;
158 }
159
160 int main()
161 {
162    Student data[N], stu;
163    int num, pos;
164    int n, isSucc, item;
165    char c;
166    LinkNode * head;                        // 定义头指针变量 head
167    head = NULL;                            // 设置无头结点的单链表为空表
168    system("chcp 65001");                   // 设置控制台的字符编码为 UTF - 8
169    //加载(读取) stu.txt 文件中的所有学生信息并输出
```

```
170        num = loadStuData(data);
171        //显示菜单,并执行用户选择的操作
172        while (1)
173        {
174            item = menu();
175            switch (item)
176            {
177            case 1:
178                showLinkList(head);
179                break;
180            case 2:
181                n = getLength(head);          // 求单链表的长度
182                //输入插入位置
183                printf("请输入一个插入位置[1,%d]:", n + 1);
184                scanf("%d", &pos);
185                if (pos < 1 || pos > n + 1)
186                    printf("插入位置不合法! \n");
187                else
188                {
189                    //按顺序选中一个学生的信息
190                    stu = getAStuCyclic(data, num);
191                    //将选中的学生,插入到单链表的第 pos 个位置
192                    isSucc = insert(head, pos, stu);
193                    if (isSucc == 1)
194                        printf("%s %s 已经成功插入! \n",
195                                stu.stuId, stu.name);
196                    else
197                        printf("%s %s 插入失败! \n",
198                                stu.stuId, stu.name);
199                }
200                break;
201            case 3:
202                //随机选中一个学生的信息
203                stu = getAStuRand(data, num);
204                //将选中的学生,插入到单链表的最前面
205                head = insertFromHeader(head, stu);
206                printf("%s%s 已经成功插入! \n",
207                        stu.stuId, stu.name);
208                break;
209            case 4:
210                //随机选中一个学生的信息
211                stu = getAStuRand(data, num);
212                //将选中的学生,插入到单链表的最后面
213                insertFromFooter(&head, stu);
214                printf("%s%s 已经成功插入! \n",
```

```
215                    stu.stuId, stu.name);
216            break;
217        case 0:
218            exit(0);
219        default:
220            //输入的菜单项错误或有不合法的值,则清空缓冲区
221            while ((c = getchar()) != '\n' && c != EOF)
222                ;
223            printf("\t您选择的菜单项错误,请重新选择! \n");
224        }
225        //操作结束,将 item 赋值为不存在的菜单项
226        item = -1;
227    }
228    return 0;
229 }
```

注意:

(1)因为 LinkList 完全等价于 LinkNode *,程序 2-1 的第 53 行可以替换为第 52 行注释之前的形式。

(2)程序 2-1 运行时,需要读取如图 1-9 所示的 stu. txt 文件。在编程环境中运行时,需要将 stu. txt 放在源代码文件同一目录下;如果直接运行生成的 . exe 文件,则需要将 stu. txt 放在 . exe 文件的同一目录下。

(3)在无头结点的单链表中插入或删除结点后,可能导致第 1 个结点发生变化,因此操作时需要对头指针进行双向传递。程序 2-1 的第 53 行、第 93 行和第 105 行,分别代表了在主调函数和被调函数之间进行双向传递的 3 种方式。

其中第 53 行采用了最方便的引用参数,对应的函数调用在第 192 行;第 93 行采用了将操作之后的头指针进行返回的形式,对应的函数调用在第 205 行,调用之后要将函数的返回值赋值给 head;第 105 行采用了二级指针的形式,对应的函数调用在第 213 行,此时的实参必须用头指针变量的地址,即 &head。

由于引用参数是 C ++ 的语法规则,扩展名为 . c 时无法使用;而函数只能有一个返回值,只能保证一个数据的返回。因此,若只能使用 C 语言的语法规则,并且如果函数的多个指针参数都有双向传递的需求,就必须直接或间接地使用多级指针。

程序 2-1 展示的 3 种插入方式,关键是第一个结点的处理与其他结点是不同的。如果在表头插入或者插入的是第一个结点,插入结点是没有直接前驱的,并且其地址需要存入链表的头指针,也就是说,插入后头指针的值会变。如果不是在表头插入或插入的不是第一个结点,插入结点都是有直接前驱的,插入结点的地址应存入其直接前驱的指针域,也就是说,插入后头指针的值不会变。

这样的问题在很多操作中都会遇到,例如,在链表中删除结点时,删除第一个数据结点和删除其他数据结点的处理也是不同的。因此,需要对是否在表头插入或删除,按不同情况分别进行处理。

为了操作方便,有时会在链表的表头添加一个头结点,头结点的类型与数据结点的

类型一致,但其数据域并不存储任何有效数据,其指针域中存放第一个数据结点的地址。头指针变量 head 中存放头结点的地址,即使是空表,头指针变量 head 也不为空。因为头结点自建立后其地址就不再改变,所以头指针 head 自初始化后也不再改变(除非销毁整个单链表),因此头指针不再需要双向传递。

2. 有头结点的单链表

头结点的加入完全是为了操作方便。表为空时,头结点的指针域为空,如图 2-17(a)所示;有头结点的非空单链表如图 2-17(b)所示。

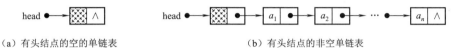

(a)有头结点的空的单链表   (b)有头结点的非空单链表

图 2-17 有头结点的单链表

伪代码 2-9 为有头结点单链表的定义和初始化,注意与伪代码 2-8 的区别。

	伪代码 2-9　有头结点单链表的定义和初始化
1	typedef struct _LinkNode　　　　　// 定义单链表结点的结构体
2	{
3	ElemType data;　　　　　　　　// 数据域
4	struct _LinkNode * next;　　　　// 指针域
5	} LinkNode, * LinkList;　　　　　　// 定义结点类型 LinkNode
6	// 和结点指针类型 LinkList
7	int main()
8	{
9	LinkNode * head;　　　　　　　// 定义头指针变量 head
10	//给头结点开辟空间
11	head = (LinkNode *)malloc(sizeof(LinkNode));
12	//设置有头结点的单链表为空表,即头结点的指针域为空
13	head-> next = NULL;
14	// …　　　　　　　　　　　　// 后续的查找、插入和删除等操作
15	return 0;
16	}

有头结点单链表的插入、删除、查找、求表长、输出等基本操作,虽然与无头结点单链表的基本操作大体一致,但是两者在细节上会有些差异。

3. 求单链表的表长

无头结点单链表的求表长操作,如程序 2-1 的第 39～49 行所示。如果是有头结点的单链表,对应操作应该将第 41 行改为如下形式:

```
LinkNode * p = h-> next;
```

因为线性表的长度并不包括单链表中附加的头结点,因此 p 的初始值不再是头指针 h,而应该是头结点的指针域 h-> next。

这两种情况下算法的时间复杂度均为 $O(n)$。

4. 输出表中所有元素

无头结点单链表的输出操作,如程序 2-1 的第 130～145 行所示。如果是有头结点的单链表,对应的操作中应该将第 134 行改为如下形式:

```
if (h->next==NULL)
```

因为单链表有头结点时,头指针 h 始终指向头结点,头结点的指针域 h->next 为空时,单链表为空。

同时,还应将第 139 行中 p 的初始值,由 h 改为 h->next。头结点的数据域中并不存储任何有效数据,元素值的输出应从第 2 个结点(即第 1 个数据结点)开始。无论有无头结点,该算法的时间复杂度均为 $O(n)$。

5. 删除指定元素

以程序 2-1 中实现的无头结点的单链表为基础,从链表中删除指定学号学生的操作如伪代码 2-10 所示。

算法思路:先判断单链表是否为空,以及待删除的是否是第 1 个结点,对这两种特殊情况先进行排除或处理,如伪代码 2-10 的第 5～14 行所示。如果不是上述两种特殊情况,则让 pre 指向第 1 个结点,p 指向第 2 个结点,然后依次判断 p 所指的结点是否为待删除的结点。如果是,则执行删除操作后返回;若为否,则让指针 pre 和 p 一起同步往后移动,直到 p 所指结点不存在(即 p==NULL),或者找到并删除 p 所指结点为止。具体实现如伪代码 2-10 的第 15～29 行所示。

设 p 已指向单链表中的待删除结点,则删除结点 *p 的操作示意图如图 2-18 所示。

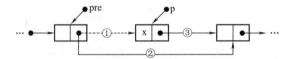

图 2-18　删除单链表中指针 p 所指的结点

由图 2-18 可见,要实现对结点 *p 的删除,首先要找到 *p 的直接前驱结点 *pre,再执行 pre->next=p->next 建立第②条链,最后执行 free(p)释放待删除结点。

需要注意的是,如果单链表中有多个满足条件的待删除结点,伪代码 2-10 只会删除其中的第一个。若要将所有满足条件的结点全部删除,需要多次调用 del() 函数,或者对 del() 函数进行改写。具体的改写方法,请自行思考并尝试。

伪代码 2-10　无头结点单链表的删除操作

```
1    //删除学号为 stuId 的元素
2    int del(LinkNode *&h, char stuId[])
3    {
4        LinkNode *pre, *p;
5        if (h==NULL)                        // 如果单链表为空
6            return 0;                       // 删除失败
7        //如果删除的是第 1 个结点
8        if (strcmp(h->data.stuId, stuId)==0)
9        {
```

10	p = h;	// p 指向待删除结点
11	h = h- > next;	// 头指针指向新的第 1 个结点
12	free (p);	// 释放被删除结点
13	return 1;	// 删除成功
14	}	
15	//查找待删除结点的直接前驱,用 pre 指向	
16	pre = h;	// pre 指向第 1 个结点
17	p = pre- > next;	// p 指向第 2 个结点
18	while (p! = NULL)	
19	{	
20	//如果 p 指向了待删除的结点	
21	if (strcmp(p- > data.stuId, stuId) ==0)	
22	{	
23	pre- > next = p- > next;	// 从链表中断开待删除的结点
24	free (p);	// 释放被删除结点
25	return 1;	// 删除成功
26	}	
27	pre = p;	
28	p = p- > next;	// p 指向下一个结点
29	}	
30	return 0;	// 删除失败
31	}	

注意:delete 是 C ++ 的关键字,伪代码 2-10 中的函数名 del 不能改为 delete。

如果是有头结点的单链表,删除指定学号学生的操作过程,如伪代码 2-11 所示。

伪代码 2-11	有头结点单链表的删除操作	
1	//删除学号为 stuId 的元素	
2	int del(LinkNode *h, char stuId[])	
3	{	
4	LinkNode *pre, *p;	
5	//查找待删除结点的直接前驱,用 pre 指向	
6	pre = h;	// pre 指向头结点
7	p = pre- > next;	// p 指向第 1 个数据结点
8	while (p! = NULL)	
9	{	
10	//如果 p 指向了待删除的结点	
11	if (strcmp(p- > data.stuId, stuId) ==0)	
12	{	
13	pre- > next = p- > next;	// 从链表中断开待删除的结点
14	free (p);	// 释放被删除结点
15	return 1;	// 删除成功
16	}	
17	pre = p;	
18	p = p- > next;	// p 指向下一个结点

19	}	
20	return 0;	// 未找到指定结点, 删除失败
21	}	

比较伪代码 2-10 和伪代码 2-11, 可见有头结点的单链表, 不仅删除时头指针无须双向传递, 而且对第 1 个数据结点的删除, 也无须单独处理。请参照程序 2-1 的第 51 ~ 128 行, 自行完成有头结点单链表的插入操作。

6. 查找特定元素

算法思路: 从单链表的第一个数据结点开始, 判断当前结点中指定数据项的值是否等于给定值。若是, 则通过参数带回该结点中的元素值并返回 1, 表示查找成功; 否则继续查看下一个结点, 直到链表结束, 若链表结束, 仍未找到给定值对应的数据元素, 则返回 0, 表示查找失败。无头结点单链表的查找操作如伪代码 2-12 所示。

伪代码 2-12　无头结点单链表的查找操作

```
1   //查找学号为 stuId 的元素, 并通过引用参数 x 带回其元素值
2   int search(LinkNode *h, char stuId[], Student &x)
3   {
4       LinkNode *p = h;
5       while (p! = NULL)
6       {
7           //如果 p 指向了待查找的结点
8           if (strcmp(p- > data.stuId, stuId) == 0)
9           {
10              x = p- > data;              // 通过 x 带回所查结点的元素值
11              return 1;                    // 查找成功
12          }
13          p = p- > next;                   // p 指向下一个结点
14      }
15      return 0;                            // 查找失败
16  }
```

如果是有头结点的单链表, 因为头指针 h 指向头结点, 而头结点的数据域中并不存储任何有效数据, 因此需将伪代码 2-12 第 4 行中 p 的初始值由 h 改为 h- > next。无论有无头结点, 该算法的时间复杂度均为 $O(n)$。

通过上面的学习可知:

(1) 在单链表中插入或删除结点时, 都必须知道其直接前驱结点的指针。

(2) 单链表不能按序号随机存取数据元素, 在单链表中存取第 i 个元素, 或查找某个特定元素时, 只能从头指针开始按顺序进行计数或比较, 其时间复杂度为 $O(n)$。

2.3.3　循环链表

1. 特点

如果将单链表中最后一个结点的指针域指向第一个结点, 整个单链表将首尾相连形

成一个环,就构成了单向循环链表,或称循环单链表,如图 2-19 所示。

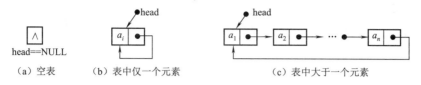

图 2-19　无头结点的单向循环链表

单向循环链表也可以带有头结点,有头结点的单向循环链表如图 2-20 所示。

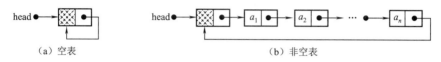

图 2-20　有头结点的单向循环链表

2. 单向循环链表上的操作

单向循环链表上的操作和前面单链表的操作基本相同,差别在于算法的循环条件不再是判断最后那个结点的指针域是否为空(p- > next == NULL),而是判断最后那个结点的指针域是否为头指针(p- > next == head)。

建议在程序 2－1 的基础上,自行实现无头结点的单向循环链表和有头结点的单向循环链表这两种形式。

3. 在循环链表中设置尾指针简化某些操作

对于单向链表,遍历整个链表只能从头指针开始;而对于单向循环链表,遍历整个链表可以从表中任意结点开始。不仅如此,如果对链表常做的插入和删除操作是在表尾和表头,此时可以改变单向循环链表的标识方式,可以不用头指针而仅用一个指向尾结点的尾指针 rear 来标识即可,其示意图如图 2-21 所示。

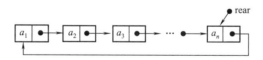

图 2-21　只设置一个尾指针的单向循环链表

此时若在表头或表尾插入结点,它们的含义一致,均是指在 a_1 之前 a_n 之后的位置插入,因为 rear 所指的尾结点就是插入位置的直接前驱,所以时间复杂度为 $O(1)$。

若要删除表头结点 a_1,因为 rear 所指的尾结点就是删除结点的直接前驱,所以时间复杂度也为 $O(1)$。若要删除表尾结点 a_n,则需要遍历整个链表才能找到其直接前驱 a_{n-1},因此时间复杂度为 $O(n)$。

设置了尾指针的单向循环链表,完成某些操作时可以提高操作效率。

例如,对两个单向循环链表 h1、h2 的连接操作,若要将 h2 的第一个数据结点链接到 h1 的尾结点之后,若用头指针标识,则需要遍历第一个链表找到其尾结点,然后才能链接,其时间复杂度为 $O(n)$。若这两个链表分别改用尾指针 rear1、rear2 来标识,则时间复杂度为 $O(1)$。

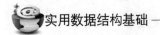

具体操作过程如下,其示意图如图 2-22 所示。

```
p = rear1->next;           // 保存链表 rear1 中第 1 个结点的指针
q = rear2->next;           // 保存链表 rear2 中第 1 个结点的指针
rear1->next = q;           // 建立链接①的同时链接②自动断开
rear2->next = p;           // 建立链接③的同时链接④自动断开
```

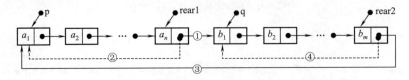

图 2-22　两个用尾指针标识的单向循环链表的连接

如果不设临时指针变量 q,则以上代码可以简写为:

```
p = rear1->next;              //保存链表 rear1 中第 1 个结点的指针
rear1->next = rear2->next;    //建立链接①的同时链接②自动断开
rear2->next = p;              //建立链接③的同时链接④自动断开
```

请大家思考:临时指针变量 p 能否同 q 一样省略不设?

如果两个单向循环链表只有头指针 h1 和 h2,请写出将其首尾相连的操作代码。

2.3.4　双向链表

1. 单链表的缺点

单链表只能顺着指针的方向,依次寻找其他结点。若要寻找某结点的直接前驱,则要从头指针出发遍历单链表。为了克服上述缺点,可以将其改造为双向链表,也称为双链表。

2. 双向链表

双向链表由一个数据域和两个指针域组成,其结点结构如图 2-23 所示。

图 2-23　双向链表的结点结构

(1)无头结点的双向链表,如图 2-24(a) ~ 图 2-24(c)所示。

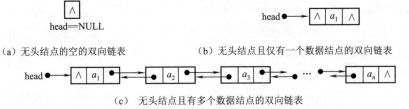

(a) 无头结点的空的双向链表　　　　(b) 无头结点且仅有一个数据结点的双向链表

(c)　无头结点且有多个数据结点的双向链表

图 2-24　无头结点的双向链表

（2）有头结点的双向链表，如图2-25(a)~图2-25(c)所示。

（a）有头结点的空的双向链表　　　　　　（b）有头结点且仅有一个数据结点的双向链表

（c）有头结点且有多个数据结点的双向链表

图2-25　有头结点的双向链表

（3）无头结点的双向循环链表，如图2-26(a)~图2-26(c)所示。

（a）无头结点的空的双向循环链表　　　　（b）无头结点且仅有一个数据结点的双向循环链表

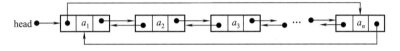

（c）无头结点且有多个数据结点的双向循环链表

图2-26　无头结点的双向循环链表

（4）有头结点的双向循环链表，如图2-27(a)~图2-27(c)所示。

（a）有头结点的空的双向循环链表　　　　（b）有头结点且仅有一个数据结点的双向循环链表

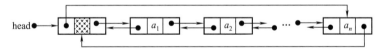

（c）有头结点且有多个数据结点的双向循环链表

图2-27　有头结点的双向循环链表

3. 双向链表的描述

双向链表的结点类型，定义如下：

```
typedef struct _DLinkNode
{
    ElemType data;              // 数据域
    struct _DLinkNode *prior;   // 指向直接前驱结点的指针
    struct _DLinkNode *next;    // 指向直接后继结点的指针
} DLinkNode;
```

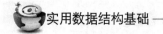

4. 双向链表的操作

（1）删除结点的过程（见图 2-28）。

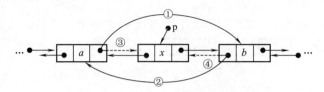

图 2-28　双向链表中删除结点

操作描述：① p- > prior- > next = p- > next;

　　　　　② p- > next- > prior = p- > prior;

　　　　　③ free(p);

（2）插入结点的过程（见图 2-29）。

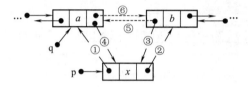

图 2-29　双向链表中插入结点

操作描述：① p- > prior = q;

　　　　　② p- > next = q- > next;

　　　　　③ q- > next- > prior = p;

　　　　　④ q- > next = p;

以上四条语句，第③条语句要尽量先于第④条语句执行。因为建立第④条链接时，第⑥条链会断开，如果没有提前建立第②条链，则结点 b 会永远丢失。若第④条语句在第③条语句之前执行，即便能够通过第②条链找到结点 b，上述第③条语句的写法也要改变。

因此，上述 4 条语句的正确顺序，除了①②③④或②①③④之外，还可以先执行②③（不分先后），再执行①④（不分先后），即先建立结点 x 和 b 之间的相互指向关系，再建立结点 x 和 a 之间的相互指向关系。

5. 关于存储密度

（1）存储密度是指结点数据本身所占的存储空间和整个结点结构所占的存储空间之比，即

$$存储密度 = \frac{结点数据域所占的存储位}{整个结点所占的存储位}$$

由此可见，顺序表的存储密度可能会等于 1，链表的存储密度肯定小于 1。

（2）采用链式存储比采用顺序存储要占用更多的存储空间，是因为链式存储结构增加了存储其直接后继结点地址的指针域。

（3）存储空间完全被结点值占用的存储方式，称为紧凑存储，否则称其为非紧凑存储。显然，顺序存储是紧凑存储，而链式存储是非紧凑存储。存储密度的值越大，表示数

据所占的存储空间越少。

综上所述,根据结点结构和实现细节的不同,线性表的链式存储结构可分为 8 种,如表 2-1 所示。

表 2-1 线性表链式存储结构的分类

指针方向	其他特征			
	非环状		环状	
	无头结点	有头结点	无头结点	有头结点
单向	①	②	③	④
双向	⑤	⑥	⑦	⑧

① 单链表:或称单向链表:在没有特别说明或强调是否有头结点,是否为环状的情况下,均是指这种形式,参见图 2-9 和图 2-10。

② 有头结点的单向链表:或称带头结点的单链表,此时明确说明有头结点,参见图 2-11。

③ 单向循环链表:或称循环单链表等,没有明确说明是否有头结点,可以默认为无头结点,参见图 2-19(a)、(b)和(c)。

④ 有头结点的单向循环链表:或称带头结点的循环单链表,有头结点并且为环状,参见图 2-20(a)和(b)。

⑤ 双向链表:或称双链表,在没有特别说明或强调是否有头结点,是否为环状的情况下,可以默认为无头结点,也不构成环状,参见图 2-24(a)、(b)和(c)。

⑥ 有头结点的双向链表:或称带头结点的双链表等,有头结点,参见图 2-25(a)、(b)和(c)。

⑦ 双向循环链表:或称无头结点的双向循环链表,没有明确说明是否有头结点,可以默认为无头结点,参见图 2-26(a)、(b)和(c)。

⑧ 有头结点的双向循环链表:或称带头结点的循环双链表,有头结点并且为环状,参见图 2-27(a)、(b)和(c)。

小 结

(1)线性表是一种最简单的数据结构,数据元素之间存在着一对一的关系。其存储方法通常采用顺序存储或链式存储。

(2)线性表的顺序存储可以采用结构体的形式,它含有两个域:一个是数组域(data),用来存放数据元素,其类型根据需要确定;另一个整型的长度域(length 或 last),用以存放表中元素的个数或最后那个元素的下标。顺序存储的最大优点是可以随机存取,缺点是表的扩充困难或效率较低,插入和删除操作可能要进行大量元素的移动。

(3)线性表的链式存储,是通过结点之间的链接得到的,可细分为单向链表、双向链表和循环链表等。

(4)单向链表的每个结点由一个数据域(data)和一个指针域(next)组成,数据域用来存放元素的信息;指针域用于指示表中下一个结点的位置。在单向链表中,从某个结点出发只能找到它的直接后继结点。单向链表最大的优点是表的扩充容易、插入和删除操作方便,但缺点是存储空间有一定浪费,并且只能顺序存取。

(5)双向链表的每个结点均由一个数据域(data)和两个指针域(prior 和 next)组成,其优点是通过当前结点既能找到其直接前驱,又能找到其直接后继。

(6)循环链表是让最后那个结点的指针,指向第一个结点(头结点或第一个数据结点),从而形成的一个首尾相连的环状链表。

 实　　验

【实验名称】　多项式求和

1. 实验目的

(1)掌握线性表的顺序存储结构和链式存储结构。

(2)掌握线性表的插入、删除等基本运算。

(3)掌握线性表的典型应用——多项式求和。

2. 实验内容

例如,已知

$$f(x) = 8\,x^6 + 5\,x^5 - 10\,x^4 + 32\,x^2 - x + 10$$
$$g(x) = 7\,x^5 + 10\,x^4 - 20\,x^3 - 10\,x^2 + x$$

则求和结果:$f(x) + g(x) = 8\,x^6 + 12\,x^5 - 20\,x^3 + 22\,x^2 + 10$。

(1)顺序存储结构的实现。多项式的顺序表类型定义如下:

```
#define N 32
typedef struct
{
    double coef;          // 系数 coef
    int exp;              // 指数 exp
} Item;                   // 数据元素的类型 Item
//多项式的每一项为一个数据元素
typedef struct
{
    Item data[N];         // 数据元素的数组
    int length;           // 表长、项数
} PolySeqList;            // 多项式的顺序表类型
```

(2)链式存储结构的实现。多项式的单链表结点类型定义如下:

```
typedef struct
{
    double coef;          // 系数 coef
    int exp;              // 指数 exp
} Item;                   // 元素类型 Item
typedef struct _ItemNode
{
```

```
    Item data;              // 数据元素
    struct _ItemNode *next;
} PolyLinkNode;             // 多项式结点类型
```

(3)编程实现多项式求和的运算。

3. 实验要求

(1)以数字菜单的形式列出程序的所有功能。

(2)顺序存储和链式存储,选用其中一种作为多项式的存储结构。

(3)基于选用的存储结构,实现多项式的相加运算。

(4)从文件输入多项式数据,检验程序的运行结果。

(5)分析算法的时间和空间复杂度,比较顺序存储和链式存储的优缺点。

习 题

一、判断题(下列各题,正确的请在后面的括号内打√;错误的打×)

1. 取顺序存储线性表的第 i 个元素的时间同 i 的大小有关。 （ ）

2. 链式存储结构的特点是可以用一组不连续的存储单元存储表中元素。 （ ）

3. 线性链表的每个结点都恰好包含一个指针域。 （ ）

4. 顺序存储方式的优点是存储密度大,但是插入、删除效率不如链式存储。 （ ）

5. 插入和删除是两种基本操作,这两种操作在数组中也能高效使用。 （ ）

二、填空题

1. 在线性表中,表中数据元素的个数称为_____。

2. 顺序表中逻辑上相邻的元素在物理位置上_____相邻。

3. 顺序表和链表相比的优点是_____。

4. 线性表采用顺序存储结构,每个元素占据4个存储单元,首地址为100,则下标为11 的(第 12 个)元素的存储地址为_____。

5. 当线性表的元素总数基本稳定,且很少进行插入和删除操作,但要求以最快速度存取线性表中的元素时,应采用_____存储结构。

6. 顺序表中访问任意一个结点的时间复杂度均为_____。

7. 在长度为 n 的顺序表中删除第 i 个元素($1 \leqslant i \leqslant n$),要移动_____个元素。

8. 在长度为 n 的顺序表的第 i 个元素前($0 \leqslant i \leqslant n-1$)插入一个元素,要后移_____个元素。

9. 线性表 $L = (a_1, a_2, a_3, \cdots, a_n)$ 用数组表示,假定删除表中任一元素的概率相同,则删除一个元素平均需要移动的元素个数是_____。

10. 在线性表的链式存储中,元素之间的逻辑关系是通过_____决定的。

11. 在双向链表中,每个结点都有两个指针域,其中一个指向其_____结点,另一个指向其直接后继结点。

12. 如果线性表的元素总数不确定,并且经常需要进行插入和删除操作,则应采用_____存储结构。

13. 在单向链表中需要知道_____才能遍历整个链表。

14. 在单向链表中要在已知结点 *p 之前插入一个新结点,需找到 *p 的直接前驱结点的地址,其查找的时间复杂度为_____。

15. 单向循环链表的最大优点是_____可访问到链表中每一个元素。

16. 在双向链表中要删除已知结点 *p,其时间复杂度为_____。

17. 带头结点的双向循环链表 L 中,判断只有一个元素的条件是_____。

18. 对于双向链表,在两个结点之间插入一个新结点需要修改的指针共_____个。

19. 假设指针变量 p 指向双向链表中待删除的结点,则要执行的删除语句序列为:
p->prior->next = p->next;_____free(p);

20. 在如图 2-30 所示的链表中,若在指针 p 所在的结点之后插入数据域值为 a 和 b 的两个结点,则可以用语句_____和 p->next = p;来实现该操作。

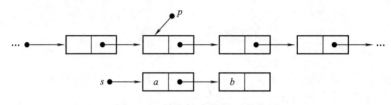

图 2-30　单向链表的插入示意图

三、选择题

1. 线性表是(　　)。

　　A. 一个有限序列,可以为空　　　　　　B. 一个有限序列,不能为空

　　C. 一个无限序列,可以为空　　　　　　D. 一个无限序列,不能为空

2. 顺序表便于(　　)。

　　A. 插入结点　　　　　　　　　　　　　B. 按值查找结点

　　C. 删除结点　　　　　　　　　　　　　D. 按序号查找结点

3. 已知一个顺序存储的线性表,设每个结点占 m 个字节,若第一个结点的地址为 B,则第 i 个结点的地址为(　　)。

　　A. $B+(i-1) \times m$　　　　　　　　　　B. $B+i \times m$

　　C. $B-i \times m$　　　　　　　　　　　　D. $B+(i+1) \times m$

4. 下面关于线性表的叙述中,错误的是(　　)。

　　A. 顺序表必须占一片地址连续的存储单元

　　B. 顺序表可以随机存取任一元素

　　C. 链表不必占用一片地址连续的存储单元

　　D. 链表可以随机存取任一元素

5. 在有 n 个结点的顺序表上做插入、删除结点运算的时间复杂度为(　　)。

　　A. $O(1)$　　　　　　B. $O(n)$　　　　　　C. $O(n^2)$　　　　　　D. $O(\log 2n)$

6. 若 a、b、c 结点之间的关系如图 2-31 所示,则该结构称为(　　)。

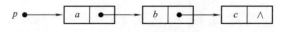

图 2-31　三个结点之间的关系

A. 循环链表   B. 单向链表   C. 双向循环链表   D. 双向链表

7. 在 n 个结点的单链表中,实现( )的操作,其时间复杂度是 $O(n)$。

     A. 遍历链表或求链表的第 i 个结点   B. 在 p 所指结点之后插入一个结点

     C. 删除开始结点   D. 删除 p 所指结点的直接后继结点

8. 单向链表的存储密度( )。

     A. 大于 1   B. 等于 1   C. 小于 1   D. 不能确定

9. L 是线性表,已知 LengthList(L) 的值是 5,经 DelList$(L,2)$ 操作成功后,LengthList(L) 的值是( )。

     A. 2   B. 3   C. 4   D. 5

10. 设 prior、next 分别为循环双向链表结点的左指针和右指针,则指针 p 所指的元素是双循环链表 L 的尾元素的条件是( )。

     A. p == L   B. p->prior == L   C. p == NULL   D. p->next == L

11. 两个指针 p 和 q,分别指向单向链表的两个元素,p 所指元素是 q 所指元素直接前驱的条件是( )。

     A. p->next == q->next   B. p->next == q

     C. q->next == p   D. p == q

12. 在一个单链表中,已知 q 所指的结点是 p 所指结点的直接前驱结点,若在 q 和 p 之间插入 s 结点,执行( )操作。

     A. s->next = p->next; p->next = s;   B. p->next = s->next; s->next = p;

     C. q->next = s; s->next = p;   D. p->next = s; s->next = q;

13. 图 2-32 为单向链表的示意图。

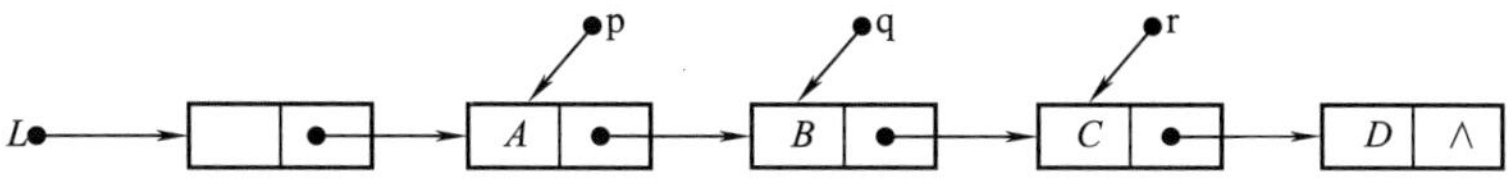

图 2-32 单向链表

指向链表中结点 B 的直接前驱结点的指针是( )。

     A. L   B. p   C. q   D. r

14. 设 p 为指向单循环链表上某结点的指针,则 *p 的直接前驱( )。

     A. 找不到   B. 查找时间复杂度为 $O(1)$

     C. 查找时间复杂度为 $O(n)$ D. 查找结点的次数约为 n

15. 已知单链表 A 的长度为 m,B 的长度为 n,若将 B 链接到 A 的末尾,在没有尾指针的情况下,算法的时间复杂度为( )。

     A. $O(1)$ B. $O(m)$ C. $O(n)$ D. $O(m+n)$

16. 等概率情况下,在有 n 个结点的顺序表上做插入结点运算,需平均移动的结点数目为( )。

     A. n B. $(n-1)/2$ C. $n/2$ D. $(n+1)/2$

17. 在下列链表中不能从当前结点出发访问到其余各结点的是( )。

     A. 双向链表   B. 单循环链表

C. 单向链表　　　　　　　　　　　　　　D. 双向循环链表

18. 在顺序表中，只要知道(　　　)，就可以求出任一结点的存储地址。

  A. 基地址　　　　　　　　　　　　　　B. 结点大小

  C. 向量大小　　　　　　　　　　　　　D. 基地址和结点大小

19. 以下关于线性表的论述，不正确的是(　　　)。

  A. 线性表中的元素可以是数字、字符、记录等不同数据类型

  B. 顺序表中的所有数据元素必须连续存放

  C. 线性表中的每个结点都有且仅有一个直接前驱和一个直接后继

  D. 存在这样的线性表，即表中没有任何结点

20. 带头结点的单循环链表的头指针为 head，指针 p 指向尾结点的条件是(　　　)。

  A. p->next->next == head　　　　　　B. p->next == head

  C. p->next->next == NULL　　　　　　D. p->next == NULL

四、分析下述算法的功能

1. 算法 Demo1 的功能是_____。

```
// L是有头结点单链表的头指针
ListNode *Demo1(LinkList L, ListNode *p)
{
    ListNode *q=L;
    while(q && q->next!=p)
        q=q->next;
    if (q)
        return q;
    else
        Error("*p not in L");
}
```

2. 算法 Demo2 的功能是_____。

```
// p、q分别指向链表中的两个结点
void Demo2(ListNode *p, ListNode *q)
{
    DataType temp;
    temp=p->data;
    p->data=q->data;
    q->data=temp;
}
```

五、程序填空

1. 已知线性表中的元素是无序的，并以带头结点的单链表作为存储结构。如下算法将删除表中所有值大于 min，并且小于 max 的元素，请将其补充完整。

```
void delMinMax(LinkList head, DataType min, DataType max)
```

```
{
    LinkNode *q, *p;
    q = head;
    p = q->next;
    while (p! = NULL)
    {
        if (p->data< =min||_____)        // 1
        {
            q = p;
            p = _____;                    // 2
        }
        else
        {
            q->next = _____;              // 3
            _____;                        // 4
            p = _____;                    // 5
        }
    }
}
```

2. 有带头结点的单链表 head,如下算法实现在结点 a 之后插入元素 x,请填空。

```
typedef struct node
{
    ElemType data;
    struct node *next;
} Node;
void insert(Node *head, ElemType a, ElemType x)
{
    Node *s, *p;
    s = _____;                            // 6
    s->data = _____;                      // 7
    p = head->next;
    while (p! =NULL && p->data! =a)
        _____;                            // 8
    if (p ==NULL)
        printf("不存在结点 a!");
    else
    {
        _____;                            // 9
        _____;                            // 10
    }
}
```

六、算法设计题

1. 编写一个对单向循环链表进行遍历(打印每个结点的值)的算法。

2. 对给定的带头结点的单链表 head,编写一个删除 head 中值为 x 的结点的直接前驱结点的算法(假设链表中最多只有一个值为 x 的结点)。

3. 有一个单链表 head,编写函数从单链表中删除自第 i 个结点起的 k 个结点。

4. 有一个单链表(不同结点数据域的值可能相同),其头指针为 head,编写函数计算值为 x 的结点个数。

5. 有两个单向循环链表,链头指针分别为 head1 和 head2,编写一个函数将链表 head1 原地连接到链表 head2 之后,连接后的链表仍是单向循环链表。

6. 已知线性表中的所有元素按值递增的顺序有序排列,并以单链表作为存储结构。试设计一个高效的算法,删除表中所有值大于 mink 且小于 maxk 的元素,同时释放被删除结点的空间(注意:mink 和 maxk 是给定的两个函数参数,它们的值可以和表中的元素相同,也可以不同)。

7. 已知线性表中的所有元素按值递增的顺序有序排列,并以单链表作为存储结构。试设计算法,删除表中所有值相同的多余元素(值相同的结点只保留第 1 个),使得操作后的线性表中所有元素的值均不相同,同时释放被删除结点的空间。

8. 已知 A、B 和 C 为 3 个递增有序的线性表,现要求对 A 表做如下操作:删除那些既在 B 表中出现又在 C 表中出现的元素。试用顺序表编写实现上述操作的算法(注意:题中没有特别指明同一表中的元素值各不相同)。

队 列 ‹‹‹

队列是一种操作受限的线性表,它限制在表的两端进行操作,是软件设计中常用的一种数据结构。本章主要介绍队列的定义、队列的存储实现和基本运算、队列的简单应用。

3.1 队列的定义和操作

本节先给出队列(Queue)的定义,然后介绍队列的基本操作。

3.1.1 队列的定义和特性

1.队列的定义

设有 n 个元素的队列 $Q = (a_1, a_2, a_3, \cdots, a_n)$,则称 a_1 为队头或队首(front)元素,a_n 为队尾(rear)元素。队列中的元素按 $a_1, a_2, a_3, \cdots, a_n$ 的次序进队,也按 $a_1, a_2, a_3, \cdots, a_n$ 的次序出队,即队列的操作是按照"先进先出"(First In First Out,FIFO)的原则进行的,如图3-1所示。

出队 ← a_1 a_2 a_3 $\cdots$ a_{n-1} a_n → 进队

图 3-1   队列示意图

显然,队列的逻辑结构和线性表相同,但队列是一种操作受限的线性表。线性表的插入和删除操作不仅可以在表头和表尾,而且可以在表中间的任意位置,但队列的插入(进队)操作只能在表尾,队列的删除(出队)只能在表头。

试想一下,在日常排队过程中,如果可以在队伍中间随便插队,就不能称其为队列。当然,在银行排队等一些场景,VIP 客户是可以插队并优先享受服务的;在计算机系统中,优先级高的进程也是允许插队并且优先被调度执行的。但它们仍然是队列,只不过是普通队列的变形,属于优先权队列的范畴,不在本书的讨论范围。

2.队列的特性

(1)队列的主要特性就是"先进先出",常用它的英文缩写表示,称为 FIFO 表。

(2)队列是限制在两个端点进行插入和删除操作的线性表。能够插入元素的一端称为队尾,允许删除元素的一端称为队首或队头。

3. 应用实例

（1）车站排队买票、食堂排队买饭或自动取款机排队取款，排在队头的人处理完后从队头走掉，而后来的人则必须排在队尾等待。为什么造成排队的情况呢？这是因为买票或取款的速度无法满足客户的需求，为了不造成次序混乱，而采取的一种让先到的客户比晚到的客户先得到服务的办法。

（2）在计算机处理文件打印时，为了解决高速的 CPU 与低速的打印机之间的矛盾，对于多个打印文件的请求，操作系统将按应用程序提出打印任务的先后顺序，作为它们实际打印的先后顺序。即按照"先进先出"的原则形成打印队列。

3.1.2　队列的基本操作

在队列上能够进行的基本操作列举如下：

（1）进队或入队操作 inQueue(&q, x)。

初始条件：队列 q 存在，且未满。

操作结果：插入一个元素 x 到队尾，队列长度增加1。

（2）出队操作 outQueue(&q, &x)。

初始条件：队列 q 存在，且非空。

操作结果：将队头元素赋值给 x 带回主调函数，然后将队首元素从队列中删除，队列长度减1。

（3）读取队头和队尾元素 readFrontRear(q, &x, &y)。

初始条件：队列 q 存在，且非空。

操作结果：将队头元素赋值给 x 带回主调函数，将队尾元素赋值给 y 带回主调函数，队列 q 不变。

（4）显示队列中所有元素 showQueue(q)。

初始条件：队列 q 存在。

操作结果：显示队列 q 中的所有元素，若队列为空，则应给出相应提示。

（5）判断队列是否为空 isQEmpty(q)。

初始条件：队列 q 存在。

操作结果：若队空则返回1，否则返回0。

（6）判断队列是否为满 isQFull(q)。

初始条件：队列 q 存在。

操作结果：若队满则返回1，否则返回0。

（7）求队列长度 getQLength(q)。

初始条件：队列 q 存在。

操作结果：返回队列中的当前元素个数。

3.2　队列的存储和实现

线性表有顺序表和链表两种存储结构，和线性表类似，队列这种逻辑结构，也有顺序存储和链式存储这两种实现方式，分别称为顺序队列和链式队列。

3.2.1 顺序队列

1. 顺序队列的定义和运算

顺序队列是用内存中一组连续的存储单元,按进队顺序依次存放队列中各个元素的一种存储结构。可以使用一维数组 data[N] 作为顺序队列的存储空间,其中 N 为队列的容量,进队元素从 data[0] 单元开始存放,直到 data[N−1] 单元。

由于可以不断进队和出队,队头和队尾元素的位置都是不断变化的,因此,除了存储队列数据的 data 数组之外,队列中一般还设有队头(front)和队尾(rear)两个"指针"。在顺序队列中,队头指针和队尾指针的值实际上是数组元素的下标。在数据结构中,经常将指示数组中某个特定元素位置的下标称为指针,这种指针是广义上的指针,并不是 C 语言中狭义的指针类型。

类似于顺序表的定义和初始化,根据数据元素存放内存区域的不同,顺序队列的定义和初始化也有多种方式。

伪代码 3-1　顺序队列的定义和初始化

```
1   #define N 40
2   typedef struct
3   {
4       ElemType data[N];
5       int front;              // front 指示队头元素的位置
6       int rear;               // rear 指示队尾元素的位置
7   } SeqQueue;                 // 定义顺序队列的类型 SeqQueue
8   //初始化顺序队列为空
9   void init(SeqQueue &q)      // q 为引用参数
10  {
11      q.front = q.rear = −1;  // 队头和队尾指针同时设为 −1
12  }
13  int main()
14  {
15      SeqQueue queue;         // 顺序队列 queue 为局部变量,存放于栈内存区
16      init(queue);            // 初始化顺序队列 queue 为空
17      // …                    // 后续操作
18      return 0;
19  }
```

基于以上类型定义,顺序队列的基本操作如下:

(1)进队:在队列不满的情况下,队尾指针加 1,新元素即可进队。

伪代码 3-2　顺序队列的进队操作

```
1   //进队一个元素 x 到顺序队列 q 中
2   int inQueue(SeqQueue &q, ElemType x)
3   {
4       //如果队尾自增后的指示超出数组范围,则不能继续进队
5       if (q.rear >= N − 1)
6           return 0;           // 进队失败,返回 0
```

7	//因为 q.rear 的初始值为 −1
8	//先让 q.rear 自增,再将元素进队到 q.rear 指示的位置
9	q.rear = q.rear + 1;
10	q.data[q.rear] = x;
11	return 1; // 进队成功,返回 1
12	}

（2）出队:在队列非空时允许出队,出队时队头指针加 1,队头元素即可出队。

伪代码 3-3 顺序队列的出队操作	
1	//从顺序队列 q 中出队一个元素赋值给 x
2	int outQueue(SeqQueue &q, ElemType &x)
3	{
4	if (q.front == q.rear) // 如果队列为空
5	return 0; // 出队失败
6	q.front = q.front + 1; // 队头指针自增
7	x = q.data[q.front]; // 通过 x 带回出队元素
8	return 1; // 出队成功
9	}

（3）判断队列为空:由于队头指针 q.front 和队尾指针 q.rear 的初值均为 −1,每进队一个元素时 q.rear ++,每出队一个元素时 q.front ++,因此当 q.front 和 q.rear 相等(即队头和队尾指针指向同一个单元)时,队列为空。队头指针 q.front 始终指向队头元素的前一个位置,队尾指针 q.rear 始终指向队尾元素。

（4）判断队列为满:当队尾指针 q.rear == N−1 时(N 为数组单元的个数),data 数组中没有空余单元存放进队元素,认定队列为满。

设队列容量 N = 10,则顺序队列的操作示意图如图 3-2 所示。

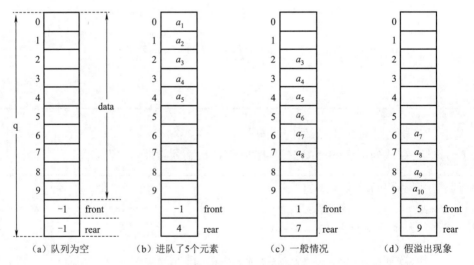

（a）队列为空 （b）进队了 5 个元素 （c）一般情况 （d）假溢出现象

图 3-2 顺序队列操作示意图

随着进队和出队操作的进行，队中元素在 data 数组中从 0 号单元这一端，整体向 $N-1$ 号单元这一端移动。最终会出现如图 3-2(d) 所示的现象——队尾指针虽然已经指向了 $N-1$ 号单元，但队列却没有真的满，这种"假溢出"现象使得队列的空间没有得到有效利用。

2. 循环顺序队列

针对顺序队列的"假溢出"现象，可以采用的解决方法是：将当前队列中的所有元素，整体往 0 号单元的方向移动，让所有空单元都留在队尾，这样新的元素就可以继续进队。但是，当元素频繁进队和出队时，顺序队列经常要做大量的数据移动操作，这无疑会影响队列的效率。

为了解决上述"假溢出"现象，更有效的方法是将队列的数据区 $data[0 \ldots N-1]$ 看成是首尾相连的环，即将 $data[0]$ 与 $data[N-1]$ 单元从逻辑上连接起来构成环状，这样就形成了循环顺序队列，如图 3-3 所示。

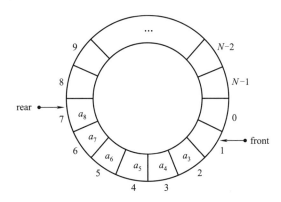

图 3-3 循环顺序队列示意图

这种做法跟常见的时钟类似，随着时钟指针的移动，超过 12 点之后指针又将回到 1 点。不同的是，数组并不能像时钟那样从物理上做成环状，我们只是从逻辑上认为 $data[N-1]$ 单元后面是 $data[0]$，并且 $data[0]$ 前面是 $data[N-1]$。

因此，当队尾指针指向 $N-1$ 号单元时，如果再有元素进队，应该将其存入 $data[0]$，此时队尾指针 rear 加 1 的操作应修改为：

```
q.rear = q.rear + 1;
if (q.rear == N)
    q.rear = 0;
```

该操作一般被简写为：q. rear = (q. rear + 1)% N。

出队时，对队头指针 front 进行加 1 的操作，也要修改为：

```
q.front = (q.front + 1)%N;
```

循环顺序队列的操作示意图，如图 3-4 所示。

在图 3-4(a) 中，q. front 为 4，q. rear 为 8，当前队列中有 a_6、a_7、a_8、a_9 共 4 个元素，即 q. rear - q. front。

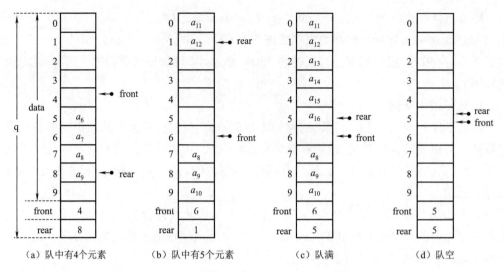

图 3-4　循环顺序队列的操作示意图

随着$a_{10} \sim a_{12}$的相继进队,以及$a_6 \sim a_7$的出队,q. front 变为 6,q. rear 变为 1,队列中共有 5 个元素,如图 3-4(b)所示。因为当 q. rear == N 时,q. rear 被强行归零了,因此当前队列中的元素个数应为 q. rear + N − q. front。

接着$a_{13} \sim a_{16}$相继进队,q. front 变为 6,q. rear 变为 5,队列中共有 9 个元素,如图 3-4(c)所示。虽然此时数组中还有一个空的单元 data[6],但是队列却不能再进队了。如果继续进队,执行 q. rear = (q. rear + 1)% N,就会出现 q. rear == q. front 的情况,将无法区分"队满"还是"队空"。

因此,在循环顺序队列中,当数组中只有一个空的单元时,必须认为该循环顺序队列已满。

在图 3-4(c)所示的情况下,如果队列中的 9 个元素相继出队,q. front 将变为 5,如图 3-4(d)所示,此时 q. front == q. rear,队列为空。因为 q. front 和 q. rear 的初始值相等,每次进队一个元素时 q. rear 移动一下,每次出队一个元素时 q. front 移动一下,如果共进队了 m 个元素,同时又出队了 m 个元素,则 q. front 和 q. rear 的值必定仍然相等。也就是说,只要 q. front == q. rear,则队列 q 必然为空。

在循环顺序队列中,正确区分队空还是队满的方法,还有:

在定义结构体时,附设一个保存循环顺序队列中元素个数的变量 n,当 n ==0 时表示队空;当 n == N 时表示队满(N 为数组单元的个数)。这就要求每次进队或出队时,不仅要移动 q. rear 或 q. front,而且还要执行 q. n ++ 或 q. n − −,这种方法一般用得并不多。

循环顺序队列的结构体类型 CycleSeqQueue 一般定义如下:

```
typedef struct
{
    ElemType data[N];
    int front;                  // front 指示队头元素的位置
    int rear;                   // rear 指示队尾元素的位置
} CycleSeqQueue;                // 定义循环顺序队列的结构体类型
```

3. 循环顺序队列的基本操作

假定数据元素为 Student 类型,程序 3-1 展示了循环顺序队列的定义、初始化、进队、出队、判队空、判队满、读取队头和队尾元素,以及输出队中所有元素等操作的实现。其中第 25～38 行的 loadStuData( )、showAStu( )、showAllStu( )、getAStuCyclic( )和 getAStuRand( )等 5 个函数定义只给出了框架,这些函数的具体实现请参考 1.5.4 节程序 1-4 的第 16～83 行。

程序 3-1 循环顺序队列及其基本操作的实现

```
1   // Program3 -1.cpp
2   #define _CRT_SECURE_NO_WARNINGS
3   #include < stdio.h >
4   #include < string.h >
5   #include < stdlib.h >
6   #include < time.h >
7   #define N 40
8   typedef struct
9   {
10      char stuId[16];
11      char name[16];
12      char gender;              // 男性用'M',女性用'F'
13      int age;
14      double score;
15  } Student;                    // 定义数据元素的结构体类型 Student
16
17  typedef struct
18  {
19      Student *pData;           // 指向存放队列元素的数组
20      int qSize;               // 记录 pData 所指数组的单元个数
21      int front;               // 指示队头元素的位置
22      int rear;                // 指示队尾元素的位置
23  } CycleSeqQueue;             // 定义顺序队列的结构体类型
24
25  //加载(读取)stu.txt 文件中的所有学生信息
26  int loadStuData(Student data[]){}
27
28  //显示一个学生的信息
29  void showAStu(Student s){}
30
31  //显示 data 数组中的 n 个学生的信息
32  void showAllStu(Student data[], int n){}
33
34  //从 data 数组中按顺序获取一个学生的信息
35  Student getAStuCyclic(Student data[], int n){}
36
```

```
37    //从 data 数组中随机获取一个学生的信息
38    Student getAStuRand(Student data[], int n){}
39
40    void init(CycleSeqQueue &q)                // 初始化顺序队列
41    {
42        q.pData = (Student *)malloc(sizeof(Student) *N);
43        q.qSize = N;                           // 设置顺序队列的数组长度
44        q.front = q.qSize - 1;                 // 设置队头指针
45        q.rear = q.qSize - 1;                  // 设置队尾指针
46    }
47
48    //判断队列是否为空
49    int isQEmpty(CycleSeqQueue q)
50    {
51        if (q.front == q.rear)
52            return 1;
53        else
54            return 0;
55    }
56
57    //判断队列是否为满
58    int isQFull(CycleSeqQueue q)
59    {
60        //如果队尾指针加 1,就追上队头,则队满
61        if ((q.rear +1) %q.qSize == q.front)
62            return 1;
63        else
64            return 0;
65    }
66
67    //进队一个元素 x 到顺序队列 q 中
68    int inQueue(CycleSeqQueue &q, Student x)
69    {
70        //如果队满,则不能继续进队
71        if (isQFull(q))
72            return 0;                          // 进队失败,返回 0
73        //先让 q.rear 自增,再将元素进队到 q.rear 指示的单元
74        q.rear = (q.rear +1) %q.qSize;
75        q.pData[q.rear] = x;
76        return 1;                              // 进队成功,返回 1
77    }
78
79    //从顺序队列 q 中出队一个元素给 x
80    int outQueue(CycleSeqQueue &q, Student &x)
81    {
```

```
82        if (isQEmpty(q))                              // 如果队列为空
83            return 0;                                 // 出队失败
84        q.front = (q.front + 1) % q.qSize;            // 队头指针自增
85        x = q.pData[q.front];                         // 通过 x 带回出队元素
86        return 1;                                     // 出队成功
87    }
88
89    //显示当前队列中所有学生的信息
90    void showCSQueue(CycleSeqQueue q)
91    {
92        int i;
93        if (isQEmpty(q))
94        {
95            printf("当前队列为空！\n");
96            return;
97        }
98        //分两种情况讨论
99        if (q.front < q.rear)
100       {
101           for (i = q.front + 1; i <= q.rear; i ++)
102               showAStu(q.pData[i]);
103       }
104       else
105       {
106           for (i = q.front + 1; i < q.qSize; i ++)
107               showAStu(q.pData[i]);
108           for (i = 0; i <= q.rear; i ++)
109               showAStu(q.pData[i]);
110       }
111   }
112
113   //读取队头和队尾学生的信息
114   int readFrontRear(CycleSeqQueue q, Student &x, Student &y)
115   {
116       if (!isQEmpty(q))                              // 队列不为空，才有队头和队尾元素
117       {
118           //q.front 始终指向队头元素前面那个空的单元
119           x = q.pData[(q.front+1) % q.qSize];
120           //q.rear 始终指向队尾元素
121           y = q.pData[q.rear];
122           return 1;                                  // 成功获取队头队尾元素
123       }
124       else
125           return 0;                                  // 获取队头队尾元素失败
126   }
```

```
127
128  void menu()
129  {
130      printf("\n\t*********** 循环顺序队列 *********** \n");
131      printf("\t*       1 选中一个学生进队              * \n");
132      printf("\t*       2 出队一个学生                  * \n");
133      printf("\t*       3 读取队头和队尾                * \n");
134      printf("\t*       4 输出队中所有学生              * \n");
135      printf("\t*       0 退出程序                      * \n");
136      printf("\t******************************** \n");
137      printf("\t 请选择一个菜单项:");
138  }
139
140  int main()
141  {
142      int item = -1, status;
143      int num, i;
144      char c;
145      Student data[N], s, sf, sr;
146      CycleSeqQueue csq;                      // 定义循环顺序队列 csq
147
148      system("color f0");                     // 设置控制台为白底黑字
149      system("chcp 65001");                   // 设置控制台的字符编码为 UTF-8
150      //加载(读取)stu.txt 文件中的所有学生数据到 data 数组,并返回读到的学生人数
151      num = loadStuData(data);
152      init(csq);                              // 初始化循环顺序队列
153
154      while (1)
155      {
156          menu();
157          scanf("%d", &item);                 // 选择一个菜单项
158          switch (item)
159          {
160          case 1:
161              s = getAStuCyclic(data, num);   // 顺序获取一个学生
162              // s = getAStuRand(data, num);  // 随机获取一个学生
163              status = inQueue(csq, s);
164              if (1 == status)
165                  printf("%s 已经成功进队! \n", s.name);
166              else
167                  printf("队列已满,没有元素可以进队! \n");
168              break;
169          case 2:
170              status = outQueue(csq, s);
171              if (1 == status)
```

```
172                 {
173                     printf("出队元素的值为:");
174                     showAStu(s);
175                 }
176                 else
177                     printf("队列为空,没有元素可以出队! \n");
178                 break;
179             case 3:
180                 status = readFrontRear(csq, sf, sr);
181                 if (1 == status)
182                 {
183                     printf("队头:");
184                     showAStu(sf);
185                     printf("队尾:");
186                     showAStu(sr);
187                 }
188                 else
189                     printf("队列为空,无队头和队尾元素! \n");
190                 break;
191             case 4:
192                 showCSQueue(csq);              // 显示从队头到队尾的所有元素
193                 break;
194             case 0:
195                 exit(0);
196             default:
197                 while ((c = getchar()) != '\n' && c != EOF)
198                     ;
199                 printf("\t 您选择的菜单项错误,请重新选择! \n");
200         }
201         //操作结束,将 item 赋值为不存在的菜单项
202         item = -1;
203     }
204     return 0;
205 }
```

(1)初始化:循环顺序队列的初始化操作,如程序 3-1 的第 40 ~ 46 行所示。其中,pData 所指的数组空间,应在初始化时为其在堆内存区动态分配,如第 42 行所示。此外,应将队头和队尾指针 q. front 和 q. rear 的初始值同时设置为 q. qSize − 1(即 N − 1),表明队列为空。随着进队和出队操作的进行,q. rear 将始终指向队尾元素,而 q. front 将始终指向队头元素的前一个空闲单元。

思考:q. front 和 q. rear 的初始值,能否同时设置为 − 1 或者 0,为什么?

答案是 q. front 和 q. rear 的初始值,可以同时设置为 0,这样进队的元素将从 pData 所指数组的 1 号单元开始存储。若仍要求从 0 号单元开始存储,则应将程序 3-1 的第 74 和 75 行交换,还要将第 84 和 85 行交换,此时 q. rear 始终指向队尾元素后面的空闲单元,而 q. front

则正好指向队头元素,因此读取队头和队尾元素等操作的实现细节也要进行相应更改。

队头 q. front 和队尾指针 q. rear 的初始值,不可以同时设置为 -1。试想一下,如果队列初始化之后一直进队,直到 q. rear 指向 q. qSize $-$ 2(即 $N-2$)号单元,此时 $(q. rear+1)\%$ q. qSize 的结果为 q. qSize $-$ 1,与 q. front 的初值 -1 并不相等,将无法判定队列已满。

(2)判队空:判断循环顺序队列是否为空的操作,如程序 3-1 的第 48 ~ 55 行所示。

(3)判队满:判断循环顺序队列是否为满的操作,如程序 3-1 的第 57 ~ 65 行所示。

(4)进队:循环顺序队列的进队操作,如程序 3-1 的第 67 ~ 77 行所示。进队之前应先判断队列是否为满,若队列已满,可以考虑先扩充 pData 所指数组的空间,然后再进队。循环顺序队列的空间扩充比顺序表的空间扩充要复杂,请自行思考并实现。

(5)出队:循环顺序队列的出队操作,如程序 3-1 的第 79 ~ 87 行所示。出队之前应先判断队列是否为空,若队列为空,则返回 0 表示出队失败。若出队成功,则通过引用参数 x 带回出队元素给主调函数。

由于顺序队列必须从逻辑上构造为环状,如无特别说明,以后一般情况下都直接将循环顺序队列简称为顺序队列。

3.2.2 链式队列

1. 链式队列的结构

链式队列实际上是一个同时设有头指针(front)和尾指针(rear)的单向链表,该单链表一般没有头结点。从链式队列的整体结构考虑,一般将头指针和尾指针封装在一个结构体中。链式队列的一般结构如图 3-5 所示。

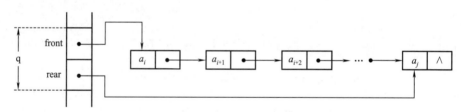

图 3-5　链式队列的一般结构

2. 链式队列的描述

```
typedef struct _QueueNode
{
    ElemType data;              // 数据域
    struct _QueueNode *next;    // 指针域
} QueueNode;                     // 链式队列的结点类型
typedef struct
{
    QueueNode *front;           // 队头指针
    QueueNode *rear;            // 队尾指针
} LinkQueue;                     // 链式队列的类型
```

链式队列中元素的进队和出队操作示意图如图 3-6 所示。

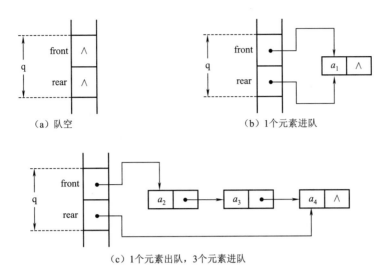

（a）队空   （b）1个元素进队

（c）1个元素出队，3个元素进队

图 3-6　链式队列中元素的进队和出队

3. 链式队列的基本操作

（1）初始化：

伪代码 3-4　链式队列的初始化	
1	void initLinkQueue(LinkQueue &q)
2	{
3	q.front = NULL;　　　　　　　　// 设置队头指针为空
4	q.rear = NULL;　　　　　　　　　// 设置队尾指针为空
5	}

（2）进队：

伪代码 3-5　链式队列的进队操作	
1	void inQueue(LinkQueue &q, ElemType x)　　// 将元素 x 进队 q
2	{
3	//给进队元素开辟一个结点空间
4	QueueNode *p = (QueueNode *)malloc(sizeof(QueueNode));
5	p->data = x;　　　　　　　　　// 构造新结点
6	p->next = NULL;
7	if (NULL == q.front)　　　　　　// 若队列为空
8	q.front = p;　　　　　　　// 则队头指向新结点
9	else
10	q.rear->next = p;　　　　　// 否则将新结点插入队尾
11	q.rear = p;　　　　　　　　　// 更改队尾指针
12	}

（3）出队：删除链式队列 q 的队头元素，将队头元素值用 x 带回主调函数；若出队成功，则返回 1；出队失败，则返回 0。

伪代码 3-6　链式队列的出队操作

```
1   int outQueue(LinkQueue &q, ElemType &x)
2   {
3       QueueNode *p = q.front;
4       if (NULL == p)
5           return 0;                    // 若队列为空,则出队失败,返回 0
6       else
7       {
8           q.front = p->next;           // 否则,将队头结点从队中断开
9           if (NULL == q.front)         // 若出队的是队中最后那个结点
10              q.rear = NULL;           // 则同时将队尾置空
11          x = p->data;                 // 出队元素的值赋给 x 带回主调函数
12          free(p);                     // 回收出队结点的空间
13          return 1;                    // 出队成功,返回 1
14      }
15  }
```

（4）读取队头和队尾元素：

伪代码 3-7　读取链式队列的队头和队尾元素

```
1    int readFrontRear(LinkQueue q, ElemType &x, ElemType &y)
2    {
3        if (NULL == q.front)
4            return 0;                   // 若队列为空,无队头和队尾元素,返回 0
5        else
6        {
7            x = q.front->data;          // 队头元素的值赋给 x 带回主调函数
8            y = q.rear->data;           // 队尾元素的值赋给 y 带回主调函数
9            return 1;                   // 成功读取队头和队尾元素,返回 1
10       }
11   }
```

（5）显示队列中所有元素：

伪代码 3-8　显示链式队列中的所有元素

```
1    void showQueue(LinkQueue q)
2    {
3        QueueNode *p = q.front;
4        if (NULL == q.front)
5            printf("队列为空!");        // 若队列为空,则输出提示
6        else
7            while (p)                    // 否则,从队头开始逐个输出
8            {
9                //输出当前结点的值(假设队中元素为 Student 类型)
```

10	//showAStu()函数的定义在1.5.4节程序1-4的第50～56行
11	showAStu(p->data);
12	p=p->next;　　　　　　　　// 指针后移
13	}
14	}

3.3　队列的应用举例

队列是一种应用广泛的数据结构,凡是要求具有"先进先出"特征,需要排队处理的问题,都可以使用队列来解决。

1. 队列在输入、输出管理中的应用

计算机进行数据输入、输出处理时,由于外围设备的运行速度一般远远低于 CPU 处理数据的速度,此时可以设置一个队列进行缓冲。例如,当计算机要输出数据时,可能会将数据按块(例如每块 512B)逐个添加到"队列缓冲区"的尾端,外围设备则按照计算机的输出速度,从队头开始逐个取出数据块进行处理。

如果"队列缓冲区"已满,则计算机会暂停输出,等待外围设备先处理队列中的数据块;若"队列缓冲区"为空,则外围设备会暂停处理,等待计算机的后续输出。这样就能保证外围设备严格按照计算机输出数据的次序,依次进行数据的处理,不至于发生输出次序的混乱或数据的丢失。

2. 对 CPU 的分配管理

如果计算机系统只有一个 CPU,但是系统中有多个进程都满足运行条件,就可以用一个就绪队列来进行管理。当某个进程需要运行时,它的进程控制块(Process Control Block,PCB)就被插入到就绪队列的尾端。如果就绪队列是空的,CPU 就立即执行该进程;如果就绪队列非空,则该进程就要排在就绪队列的尾端等待。

CPU 每次从就绪队列的队头取出一个进程的 PCB,为其分配一段时间(如 5 ms,称为一个时间片)去执行该进程,等到分配给该进程的时间片执行完,就将它的 PCB 插入到队尾等待,CPU 转而为下一个出现在队头的进程服务。CPU 就这样按照"先进先出"的原则,不断轮换执行就绪队列中的所有进程。如果进程执行结束,则不再回到就绪队列;如果进程执行时被阻塞,则会进入阻塞队列。

小　　结

(1)队列是一种操作受限的线性表,一般的队列只允许在队尾进行插入操作,在队头进行删除操作。

(2)队列的逻辑结构和线性表相同,数据元素之间存在一对一的关系,其主要特点是"先进先出"。

(3)队列的存储结构也分为顺序存储和链式存储,顺序队列逻辑上一般为环状,链式队列一般用无头结点但有尾指针的单链表来充当。

（4）重点掌握顺序队列和链式队列的定义，以及进队、出队、判队空、判队满、求队列长度和读取队头队尾元素等基本操作。

（5）后续的树形和图形结构中，均有一些算法需要运用队列来解决。

 实　　　验

【实验名称】 银行排队机的模拟

1. 实验目的

（1）掌握循环顺序队列和链式队列的定义及其进队、出队、读取队头和队尾元素等基本操作。

（2）掌握队列的描述方法及其"先进先出"的特点。

（3）学会灵活运用队列解决实际问题的方法。

2. 实验内容

（1）定义银行服务窗口：窗口个数、窗口状态（正常/关闭）、窗口类型（个人业务/企业业务）。

（2）定义服务对象：个人客户、VIP 客户、企业客户。

（3）模拟客户的取号过程：生成号单、记录取号时间，并能防止恶意取号，显示该类客户目前的排队人数。

（4）模拟窗口的叫号过程：自动显示所叫号码及服务窗口（类似银行的大屏）；针对VIP 客户，需要制定合理的 VIP 客户叫号策略（参考一般银行的服务策略）。

（5）统计当天各窗口的服务人数，并统计不同类型客户的平均等待时间。

3. 实验要求

（1）以数字菜单的形式列出程序的所有功能。

（2）顺序存储和链式存储，选用其中一种作为队列的存储结构。

（3）基于选用的存储结构，用规范的方法实现进队、出队、判队空、判队满、读取队头和队尾元素等操作。

（4）生成合理的客户到达和排队数据，检验程序的运行结果。

（5）分析算法的时间和空间复杂度，比较顺序存储和链式存储的优缺点。

习　　　题

一、判断题（下列各题，正确的请在后面的括号内打√；错误的打×）

1. 队列是限制只能在一端进行插入，在另一端进行删除的线性表。　　　（　　　）

2. 判断顺序队列是否为空的条件是：头尾指针是否指向同一个单元。　　　（　　　）

3. 在链式队列中一般无溢出现象。　　　（　　　）

4. 在顺序队列中，若 rear > front，则队中元素个数为 rear − front。　　　（　　　）

5. 若循环顺序队列的数组有 N 个单元，则其中最多能存放 N 个元素。　　　（　　　）

二、填空题

1. 在队列中存取数据应遵循的原则是_____。

2. 在队列中,允许插入的一端称为_____。

3. 在队列中,允许删除的一端称为_____。

4. 队列在进行出队操作时,首先要判断队列是否为_____。

5. 顺序队列在进行进队操作时,首先要判断队列是否为_____。

6. 顺序队列初始化后,front = rear = _____。

7. 链式队列 queue 为空时,queue-> front = _____。

8. 读队头元素的操作_____队列中的元素个数。

9. 链式队列中,若队头指针为 front,队尾指针为 rear,则判断该队列只有一个结点的条件为_____。

10. 用单向循环链表表示长度为 n 的链式队列,若只设头指针,则进队操作的时间复杂度为_____。

11. 用单向循环链表表示长度为 n 的链式队列,若只设尾指针,则出队操作的时间复杂度为_____。

12. 已知某队列 q,依次经过 initQueue(q);inQueue(q,a);inQueue(q,b);outQueue(q, x);readFrontRear(q,x);isQEmpty(q);操作后,x 的值是_____。

13. 队列 q 经过 initQueue(q);inQueue(q,a);inQueue(q,b);readFront(q,x);操作后,x 的值是_____。

14. 解决顺序队列"假溢出"的方法是采用_____。

15. 循序顺序队列 q 的队头指针为 q. front,队尾指针为 q. rear,则判断队列为空的条件是_____。

16. 设循环顺序队列的容量为 40(下标为 0~39),经过一系列的进队和出队操作后,front = 11,rear = 19,则循环队列中有_____个元素。

17. 设循环队列的头指针 front 指向队头元素,尾指针 rear 指向队尾元素后的空单元,队列中数组的单元个数为 N,则队满的标志为_____。

18. 从循环顺序队列 q 中出队一个元素时,主要的操作语句是_____。

19. 循环顺序队列 q 中,q. front 和 q. rear 的初始值均为 N − 1,则队头指针指向队头元素的_____。

20. 循环顺序队列 q 中,若 q. front 和 q. rear 的初始值均为 0,则队头指针指向队头元素的_____。

三、选择题

1. 队列是限定在( )进行操作的线性表。

    A. 中间   B. 队头   C. 队尾   D. 两端

2. 以下( )不是队列的基本运算。

    A. 从队尾插入一个新元素   B. 从队列中删除第 i 个元素

    C. 判断一个队列是否为空   D. 读取队头元素

3. 同一队列内各元素的类型( )。

    A. 必须一致   B. 不能一致   C. 可以不一致   D. 不限制

4. 队列是( )。

    A. 顺序存储的线性结构   B. 限制存取点的线性表

C.链接存储的线性结构   D.限制存取点的非线性表

5. 假设以数组 A[60] 存放循环队列的元素,队头指针 front = 47,当前队中有 50 个元素,则队尾指针的值为( )。

     A.3   B.37   C.50   D.97

6. 队列中出队操作的时间复杂度为( )。

     A.$O(1)$ B.$O(\log_2 n)$ C.$O(n)$ D.$O(n^2)$

7. 用链接方式存储的队列,在进行插入运算时( )。

     A.仅修改头指针   B.头、尾指针都要修改

     C.仅修改尾指针   D.头、尾指针可能都要修改

8. 若进队的序列为 A、B、C、D,则出队的序列是( )。

     A.B、C、D、A   B.A、C、B、D

     C.A、B、C、D   D.C、B、D、A

9. 4 个元素按 A、B、C、D 的顺序连续进入队列 q,则队尾元素是( )。

     A.A   B.B   C.C   D.D

10. 4 个元素按 A、B、C、D 的顺序连续进入队列 q,执行 1 次 outQueue(q, x)的操作后,队头元素是( )。

     A.A   B.B   C.C   D.D

11. 4 个元素按 A、B、C、D 的顺序连续进入队列 q,执行 4 次 OutQueue(q, x)的操作后,再执行 isQEmpty(q),该表达式的值是( )。

     A.0   B.1   C.2   D.3

12. 已知队列 q,执行 initQueue(q);inQueue(q, a);inQueue(q, b);outQueue(q, x);readFront(q, x);这些操作后,x 的值是( )。

     A.a   B.b   C.0   D.1

13. 能够引起循环队列队头元素发生变化的操作是( )。

     A.出队   B.进队   C.读取队头元素   D.读取队尾元素

14. 用数组 Q[0…n-1] 来存储一个循环队列,每个数组单元存放一个队列元素,记 f 为队头指针,r 为队尾指针,都记录数组下标,若队空的初始状态为 f = r = 0,则计算队中元素个数的公式为( )。

     A.r - f   B.(n + r - f) % n

     C.(n + f - r) % n   D.n - 1

15. 数组 data[m] 为循环队列的存储空间,front 为队头指针,rear 为队尾指针,则执行出队操作后,队头指针 front 值为( )。

     A.front = front + 1   B.front = (front + 1) % (m - 1)

     C.front = (front - 1) % m   D.front = (front + 1) % m

16. 设指针变量 front 表示链式队列的队头指针,指针变量 rear 表示链式队列的队尾指针,指针变量 s 指向将要入队列的结点 x,则入队操作序列为( )。

     A.front->next = s;   front = s;   B.s->next = rear;   rear = s;

     C.rear->next = s;   rear = s;   D.s->next = front;   front = s;

17. 队列 q,经过下列运算后,再执行 isQEmpty(q) 的值是( )。

initQueue(q);inQueue(q, a);inQueue(q, b);outQueue(q, x);

readFrontRear(q, x);

    A. a   B. b   C. 0   D. 1

18.若用一个大小为6的数组来实现循环队列,且当前 front 和 rear 的值分别为3和0,当从队列中删除1个元素,再加入2个元素后,front 和 rear 的值分别为(　　　)。

    A. 5 和 1   B. 4 和 2   C. 2 和 4   D. 1 和 5

19.在具有 n 个单元的循环顺序队列中,队满时队中共有(　　　)个元素。

    A. n + 1   B. n − 1   C. n   D. n − 2

20.设循环顺序队列 Q[0…M−1] 的头尾指针分别为 F 和 R,头指针 F 总是指向队头元素的前一位置,尾指针 R 总是指向队尾元素的当前位置,则该循环队列头尾指针的初始值应为(　　　)。

    A. −1   B. M − 1   C. M   D. 0

四、写出下列算法的输出结果(假设队列中的元素为 char 类型)

```
void main()
{
    char x = 'E';
    char y = 'C';
    Queue q;
    initQueue(q);                        // 初始化队列
    inQueue(q, 'H');
    inQueue(q, 'R');
    inQueue(q, y);
    outQueue(q, x);
    inQueue(q, x);
    outQueue(q, x);
    inQueue(q, 'A');
    while(! isQEmpty(q))
    {
        outQueue(q, y);
        print(y);
    };
    print(x);
}
```

五、程序填空

假设用一个单向循环链表表示一个循环队列,该队列只设一个队尾指针 rear,试填空完成向该链式循环队列中插入一个值为 x 的结点的函数。

```
typedef struct Node                   // 定义单向循环链式队列的存储结构
{
    int data;
    struct Node *next;
```

```
} QueueNode;
void inQueue(QueueNode * rear, int x)            // 将值为 x 的元素进队
{
    QueueNode * head, * s;
    s = _____                                 //1
    s -> data = _____;                        //2
    if (rear == NULL)                            // 若队列为空
    {
        rear = s;
        rear -> next = rear;
    }
    else
    {
        head = _____;                         //3 队列非空,则将 s 插到队尾
        rear -> next = _____;                 //4
        rear = s;
        _____ = head;                         //5
    }
}
```

六、算法设计题

1. 设一个循环顺序队列 Queue,只有头指针 front,不设尾指针,另设一个含有元素个数的计数器 count,试写出相应的进队算法和出队算法。

2. 用一个数组 data[0···N-1] 表示队列时,该队列设头指针 front,不设尾指针,但是设置了一个计数器 count 用以记录队列中的结点个数。试编写初始化队列、判队空、读队头元素、进队和出队操作的算法。

3. 一个用单向循环链表构成的循环队列,只设一个尾指针 rear,不设头指针,请编写如下算法:

(1) 向循环队列中插入一个元素为 x 的结点。

(2) 从循环队列中删除一个结点。

4. 用带头结点的单向循环链表来表示队列,并且只设置一个指向队尾元素的指针(不设队头指针),试编写相应的队列置空、队列判空、入队和出队操作的函数。

栈 ≪≪

栈又称为堆栈,是一种特殊的、只能在表的一端进行插入、删除操作的线性表,是软件设计中常用的一种数据结构。本章主要介绍栈的定义和操作、栈的存储和实现、栈的简单应用。

4.1 栈的定义和操作

本节先给出栈(Stack)的定义,然后介绍栈的基本操作。

4.1.1 栈的定义和特性

1. 栈的定义

假设有 n 个元素的栈 $S = (a_1, a_2, a_3, \cdots, a_n)$,则称 a_1 为栈底(Bottom)元素,a_n 为栈顶(Top)元素。栈中的元素按 $a_1, a_2, a_3, \cdots, a_n$ 的次序进栈,按 $a_n, a_{n-1}, a_{n-2}, \cdots, a_1$ 的次序出栈,即栈的操作遵循"后进先出"(Last In First Out,LIFO)或"先进后出"(First In Last Out,FILO)的原则,如图 4-1 所示。

2. 栈的特性

(1)栈的主要特性就是"后进先出",这种操作受限的线性表,简称 LIFO 表。

(2)栈是限制只能在表尾进行插入和删除操作的线性表。允许插入和删除的一端称为栈顶,另一端称为栈底。

3. 应用实例

在日常生活中,栈的应用随处可见。

(1)分币筒:存放硬币的分币筒,仅有一端开口,就是一个栈,如图 4-2 所示。

(2)电梯轿厢:当电梯轿厢较窄,仅能容纳一人进出时,也是一个栈,如图 4-3 所示。

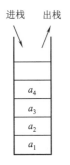

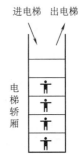

图 4-1　栈的示意图　　图 4-2　分币筒示意图　　图 4-3　进出电梯的示意图

4.1.2 栈的操作

栈的基本操作,除了创建并初始化栈之外,主要有以下几种:

(1)进栈 int push(&s, x):

进栈也称为压栈、入栈。

初始条件:栈 s 已存在,且非满。

操作结果:在栈顶插入一个元素 x,栈中多了一个元素。

(2)出栈 int pop(&s, &x):

出栈也被称为弹栈。

初始条件:栈 s 存在,且非空。

操作结果:将栈顶元素赋值给 x,然后删除栈顶元素,栈中少了一个元素。

(3)读取栈顶元素 int readTop(s, &x):

初始条件:栈 s 已存在。

操作结果:若栈非空,则通过参数 x 获取到栈顶元素的值,但栈中元素不变,并返回 1;否则返回 0。

(4)判栈空 int isSEmpty(s):

初始条件:栈 s 已存在。

操作结果:若栈空则返回为 1,否则返回为 0。

(5)判栈满 int isSFull(s):

初始条件:栈 s 已存在。

操作结果:若栈满则返回为 1,否则返回为 0。

(6)显示栈中元素 void showStack(s):

初始条件:栈 s 已存在,且非空。

操作结果:显示栈中所有元素。

4.2 栈的存储和实现

与队列类似,栈也是操作受限的线性表(只允许在表的一端插入和删除元素),因此线性表的顺序存储结构和链式存储结构也适用于栈,只是插入和删除操作被限制在栈顶而已。

4.2.1 顺序栈

1.顺序栈的定义和初始化

利用顺序存储方式实现的栈,称为顺序栈。顺序栈是利用一组地址连续的存储单元,依次存放从栈底到栈顶的元素,同时附设一个栈顶指针指示栈顶元素在栈中的位置。可以使用一维数组 data[N]作为顺序栈的存储空间,其中 N 为栈的容量,进栈元素从 data[0]单元开始存放,直到 data[N−1]单元。

类似于顺序表的定义和初始化,根据数据元素存放内存区域的不同,顺序栈的定义和初始化也有多种方式。

（1）用固定长度的一维数组，存放进栈元素。

假设栈中数据元素的类型是 ElemType，可以用一个足够大的一维数组 data 来存放进栈元素，数组长度为 N，栈顶指针为 top。

顺序栈 SeqStack 的类型定义及初始化函数如伪代码 4-1 所示。

伪代码 4-1　固定长度顺序栈的定义和初始化

```
1    #define N 40
2    typedef struct
3    {
4        ElemType data[N];        // data 数组中存放进栈元素
5        int top;                 // top 指示栈顶元素的位置
6    } SeqStack;                  // 定义顺序栈的类型 SeqStack
7    void init(SeqStack &s)
8    {
9        s.top = -1;              // 初始化顺序栈为空
10   }
11   int main()
12   {
13       SeqQueue stack;          // 顺序栈 stack 为局部变量，存放于栈内存区
14       init(stack);             // 初始化顺序栈 stack 为空
15        //…                     // 后续操作
16       return 0;
17   }
```

（2）用动态分配的数组空间，存放进栈元素。

若动态分配长度为 N 的数组空间，用指针 pData 指向，则顺序栈 SeqStack 的类型定义及初始化函数如伪代码 4-2 所示。

伪代码 4-2　动态分配顺序栈的定义和初始化

```
1    #define N 40
2    typedef struct
3    {
4        ElemType *pData;         // pData 所指数组中存放进栈元素
5        int stackSize;           // stackSize 记录 pData 所指数组的长度
6        int top;                 // top 指示栈顶元素的位置
7    } SeqStack;                  // 定义顺序栈的类型 SeqStack
8    void init(SeqStack &s)
9    {
10       //动态分配 pData 所指的数组空间
11       s.pData = (ElemType *)malloc(sizeof(ElemType) *N);
12       s.stackSize =N;          // 当前栈中数组的长度为 N
13       s.top = -1;              // 初始化顺序栈为空
14   }
15   int main()
```

16	{	
17	SeqStack stack;	// 顺序栈 stack 为局部变量,存放于栈内存区
18	init(stack);	// 开辟空间并初始化顺序栈 stack 为空
19	// …	// 后续操作
20	return 0;	
21	}	

（3）顺序栈的操作示意图。

顺序栈的操作示意图如图 4-4 所示,栈顶指针 top 动态记录了栈中元素的变化情况,通常将 data 数组的 0 号单元这一端设为栈底。

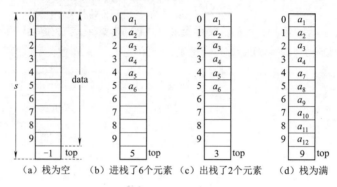

图 4-4　顺序栈的操作示意图

当 top = -1 时,表示栈为空,如图 4-4（a）所示。

入栈一个元素时,栈顶指针 top 加 1,图 4-4（b）所示为 6 个元素进栈后的状况。

出栈一个元素时,栈顶指针 top 减 1,图 4-4（c）所示为 a_6 和 a_5 相继出栈后的情况。此时栈中还有 a_1、a_2、a_3、a_4 共 4 个元素,top = 3,栈顶指针 top 已经指向了新的栈顶。但是,出栈元素 a_6 和 a_5 仍然在原来的存储单元,只是我们认为它们已不在栈中了,因为栈中元素只在[0, s.top]这个区间中。

试想一下,图 4-4（a）的 data 数组中难道没有数据吗?就算 data 数组中都是随机数,那也是有数据的,只不过 top = -1,我们认为此时栈中没有数据元素而已。

当 top = 9 时,即 top = N - 1 时,表示栈为满,如图 4-4（d）所示。

2. 顺序栈的基本操作

下面描述的顺序栈的基本操作,均是基于上述动态分配数组空间的顺序栈。

（1）判栈空:

伪代码 4-3　顺序栈的判栈空		
1	int isSEmpty(SeqStack s)	// 判断顺序栈 s 是否为空
2	{	
3	if (s.top == -1)	
4	return 1;	// 栈为空,则返回 1
5	else	
6	return 0;	// 否则,返回 0
7	}	

（2）判栈满：

	伪代码4-4 顺序栈的判栈满	
1	int isSFull(SeqStack s)	// 判断顺序栈 s 是否为满
2	{	
3	if (s.top == s.stackSize - 1)	
4	return 1;	// 栈为满,则返回1
5	else	
6	return 0;	// 否则,返回0
7	}	

（3）进栈。进栈操作就是在栈顶插入一个新元素 x,算法步骤如下：

① 判断顺序栈是否已满,若栈满,则进栈失败,返回0。

② 若栈未满,则栈顶指针 top 加1;然后将新元素 x 存入 top 所指的单元,并返回1。

该操作的具体实现如伪代码4-5所示。

	伪代码4-5 顺序栈的进栈操作	
1	//进栈一个元素 x 到顺序栈 s 中	
2	int push(SeqStack &s, ElemType x)	
3	{	
4	//如果栈已满,则不能继续进栈	
5	if (isSFull(s))	
6	return 0;	// 进栈失败,返回0
7	//先让 s.top 自增,再将进栈元素存入 s.top 指示的位置	
8	s.top = s.top + 1;	
9	s.pData[s.top] = x;	
10	return 1;	// 进栈成功,返回1
11	}	

（4）出栈。出栈是指取出栈顶元素,赋给某个指定变量 x,并将其从栈中删除的过程,算法步骤如下：

① 判断栈是否为空,若栈空,则出栈失败,并返回0。

② 若栈不为空,则将栈顶元素赋给变量 x,然后栈顶指针 top 减1,并返回1。

该操作的具体实现如伪代码4-6所示。

	伪代码4-6 顺序栈的出栈操作	
1	//从顺序栈 s 中出栈一个元素给 x	
2	int pop(SeqStack &s, ElemType &x)	
3	{	
4	if (isSEmpty(s))	// 如果栈为空
5	return 0;	// 出栈失败
6	x = s.pData[s.top];	// 通过 x 带回出栈元素
7	s.top --;	// 栈顶指针自减
8	return 1;	// 出栈成功
9	}	

（5）读取栈顶元素：指取出栈顶元素，赋给某个指定变量 x，但是并不改变栈中任何数据的操作。该操作的具体实现如伪代码 4-7 所示。

伪代码 4-7　读取顺序栈的栈顶元素	
1	`//读取顺序栈 s 的栈顶元素给 x`
2	`int readTop(SeqStack s, ElemType &x)`
3	`{`
4	`    if (s.top == -1)`　　　　　　　// 如果栈为空
5	`        return 0;`　　　　　　　　// 读取栈顶失败
6	`    x = s.pData[s.top];`　　　　// 通过 x 带回栈顶元素
7	`    return 1;`　　　　　　　　　　// 读取栈顶成功
8	`}`

4.2.2　链　式　栈

1. 链式栈的定义及初始化

用链式存储结构实现的栈，称为链式栈。链式栈的结点结构与单链表的结点结构相同，通常用无头结点的单链表来表示。

链式栈结点类型、链式栈类型，链式栈初始化函数的定义如伪代码 4-8 所示。

伪代码 4-8　链式栈的定义及初始化	
1	`typedef struct _StackNode`
2	`{`
3	`    ElemType data;`　　　　　　　// 数据域
4	`    struct _StackNode *next;`　　// 指针域
5	`} StackNode;`　　　　　　　　　// 定义链式栈的结点类型 StackNode
6	`typedef struct`
7	`{`
8	`    StackNode *top;`　　　　　　// 栈顶指针
9	`} LinkStack;`　　　　　　　　　// 定义链式栈的类型 LinkStack
10	`void init(LinkStack &s)`
11	`{`
12	`    s.top = NULL;`　　　　　　　// 初始化链式栈为空
13	`}`
14	`int main()`
15	`{`
16	`    LinkStack stack;`　　　　　　// 链式栈 stack 为局部变量，存放于栈内存区
17	`    init(stack);`　　　　　　　　// 初始化链式栈 stack 为空
18	`    // …`　　　　　　　　　　　　// 后续操作
19	`    return 0;`
20	`}`

由于栈中的操作只能在栈顶进行，所以用链表的头部做栈顶是最合适的，链式栈的结构如图 4-5 所示。

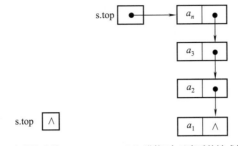

（a）空的链式栈   （b）进栈4个元素后的链式栈

图4-5　链式栈的示意图

2. 链式栈的基本操作

（1）判栈空：

伪代码4-9　链式栈的判栈空
1	int isSEmpty(LinkStack s)　　　// 判断链式栈 s 是否为空
2	{
3	if (s.top == NULL)
4	return 1;　　　　　　　// 栈为空,则返回1
5	else
6	return 0;　　　　　　　// 否则,返回 0
7	}

（2）进栈：

伪代码4-10　链式栈的进栈操作
1	void push(LinkStack &s, ElemType x)　　　// 将元素 x 进栈到 s 中
2	{
3	StackNode *pNew;
4	//给待进栈的新结点开辟空间
5	pNew = (StackNode *)malloc(sizeof(StackNode));
6	pNew->data = x;　　　　　　// 构造待进栈的新结点
7	pNew->next = s.top;　　　　// 将新结点插入到原栈顶结点之前
8	s.top = pNew;　　　　　　　// 新结点成为新的栈顶结点
9	}

（3）出栈：

伪代码4-11　链式栈的出栈操作
1	//从栈 s 中出栈一个元素,将其赋值给 x
2	int pop(LinkStack &s, ElemType &x)
3	{
4	StackNode *p;
5	if (isSEmpty(s))　　　　　　// 如果栈为空

6	return 0;	// 出栈失败,返回 0
7	p = s.top;	
8	s.top = p->next;	// 设置新的栈顶结点
9	x = p->data;	// 用 x 带回出栈元素的值
10	free(p);	// 释放原栈顶结点的空间
11	return 1;	// 出栈成功,返回 1
12	}	

（4）显示栈中所有元素（假设栈中元素类型为 Student）。

	伪代码 4-12　　显示链式栈中的所有元素
1	void showLinkStack(LinkStack s)　　// 显示栈中所有元素的信息
2	{
3	StackNode *p;
4	if (s.top == NULL)
5	{
6	printf("当前链式栈为空！\n");
7	return;
8	}
9	for (p = s.top; p != NULL; p = p->next)
10	{
11	printf("%s\t%s\t%c\t%d\t%.2f\n",
12	p->data.stuId, p->data.name,
13	p->data.gender, p->data.age, p->data.score);
14	}
15	}

与顺序栈不同,链式栈中每个结点的空间都是动态分配的,因此不会出现栈满的情况。

4.3　栈的应用举例

由于栈结构具有"后进先出"的特点,使其成为程序设计的重要工具。下面是几个关于栈应用的典型例子。

4.3.1　进制转换

数值进位制的换算是计算机的基本问题。例如,将十进制数 num 转换为 base 进制的数,解决的方法很多,其中一个常用的算法是除 base 取余法。将十进制数每次除以 base,所得的余数依次进栈,然后依次出栈便可得到转换的结果。

该算法的原理是：num = (num/base) * base + num% base

注意：由于 num 和 base 都是整型,上式中 num/base 的结果仍为整型,即相除的结果为 num 除以 base 的商。

【**例 3-1**】将十进制数 138 转换为二进制数（即 num = 138, base = 2）。

转换方法如图 4-6 所示。因此，$(138)_{10} = (10001010)_2$。

转换的过程是，将每次相除所得的余数，从低位到高位依次进栈，而输出过程则是从高位到低位依次出栈。

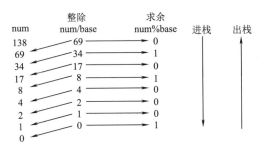

图 4-6　十进制转二进制示意图

1. 算法描述

（1）若 num > 0，则将 num % base 得到的余数压入栈 s 中，转到第（2）步；若 num == 0，则将栈 s 的内容依次出栈，直到栈为空，然后算法结束。

（2）将 num/base 的结果赋值给 num，转到第（1）步。

2. 算法实现

伪代码 4-13　十进制整数 num，转换为 base 进制并输出

```
1   //将十进制整数 num，转换为 base 进制并输出
2   void conversion(int num, int base)
3   {
4       int x;
5       SeqStack s;
6       init(s);                        // 初始化栈
7       while (num > 0)
8       {
9           push(s, num % base);        // 除 base 取余
10          num = num / base;
11      }
12      printf("转换后的%d进制值为:", base);
13      while (pop(s, x))               // 出栈成功则执行循环
14      {
15          char b;
16          b = x > 10 ? x - 10 + 'A' : x + '0';
17          printf("%c", b);
18      }
19  }
```

4.3.2　表达式转换和求值

算术表达式是由运算符（Operator）、操作数（Operand）和括号组成的有意义的式子。

1. 中缀表达式(Infix Notation)

一般的表达式都是将运算符放在两个操作数的中间,例如 a + b、c/d 等,这样的式子称为中缀表达式。中缀表达式在运算中,不仅存在运算符号的优先权与结合性等问题,还存在括号内需要优先处理的问题。

为了方便,假设所讨论的算术运算符仅包括 + 、- 、* 、/和( )。

这些运算符的优先级为( )、* 、/、+ 、- 。

(1)有括号时先算括号内,后算括号外,存在多层括号时,由内向外运算。

(2)除了括号,按照先乘除、后加减的运算顺序。

在中缀表达式中,例如运算 c – a * b + d 时,编译器并不知道要先做 a * b,它只能从左向右逐一扫描,当检查到第一个运算符减号时,还无法知道是否可以执行相减;待检查到第二个运算符乘号时,因为知道乘号的运算优先级比减号高,才知道 c – a 是不能先执行的;当继续检查到第三个运算符加号时,才确定应先执行 a * b,然后继续向右扫描……中缀表达式运算的速度比较慢。

2. 前缀表达式(Prefix Notation)

前缀表达式规定,要把运算符放在两个操作数的前面。在前缀表达式中,不存在运算符的优先级问题,也不存在任何括号,计算的顺序完全按照运算符出现的先后次序进行,比中缀表达式的求值要简单。

通常编译器在处理运算时,先将中缀表达式转换为前缀表达式,然后再进行运算。例如,a + b * (c + d)的前缀表达式为 + a * b + cd,对前缀表达式进行运算时,自右向左进行扫描:

(1)碰到第一个运算符" + "时,就把先扫描到的两个操作数取出来进行运算 c + d。

(2)碰到第二个运算符" * "时,又把前两个操作数(第二个操作数为前一次运算的结果)取出来进行运算 b * (c + d)。

(3)碰到第三个运算符" + "时,又把前两个操作数(第二个操作数为前一次运算的结果)取出来进行运算 a + b * (c + d)……直到整个表达式运算完为止。

前缀表达式也称为波兰表达式(Polish Notation),是为了纪念波兰数学家鲁卡谢维奇(Jan Lukasiewicz)而命名的。

3. 后缀表达式(Postfix Notation)

后缀表达式规定,要把运算符放在两个操作数的后面。在后缀表达式中,同样不存在运算符的优先级问题,也不存在任何括号。计算的顺序完全按照运算符出现的先后次序进行,与前缀表达式求值的过程不同的是,扫描自左向右进行。

比如 c – a * b + d 的后缀表达式为 cab * – d + ,运算时自左向右进行扫描:

(1)碰到第一个运算符" * "时,就把前两个操作数取出来进行运算 a * b。

(2)碰到第二个运算符" – "时,又把前两个操作数(第二个操作数为前一次运算的结果)取出来进行运算 c – a * b。

(3)碰到第三个运算符" + "时,又把前两个操作数(第一个操作数为前一次运算的结果)取出来进行运算 c – a * b + d……直到整个表达式算完为止。

由于前缀表达式称为波兰式,所以后缀表达式也称为逆波兰式(Reverse Polish Notation)。因为后缀表达式运算时,采取自左向右的扫描形式,比较符合人们平时的运算习惯。为了处理方便,程序通常把中缀表达式先转换成等价的后缀表达式,再对后缀表达式进行求值。

4. 中缀表达式转换为后缀表达式

把中缀表达式转换为后缀表达式,是栈应用的一个典型例子。此转换过程中需要一个运算符栈。

具体转换方法如下:

从左向右扫描整个中缀表达式,对遇到的运算符或操作数按如下原则进行处理:

(1)若中缀表达式扫描结束,则把运算符栈内的所有运算符依次弹出,并输出到后缀表达式。

(2)若遇到操作数,则直接将其输出到后缀表达式。

(3)括号的处理:

①若遇到左括号"(",直接进运算符栈。

②若遇到右括号")",则把最近进栈的左括号"("及其之后进栈的运算符依次弹出,并输出到后缀表达式(左括号和右括号均不输出)。

(4)若遇到其他运算符,则按下列情况处理:

①若栈为空,或者栈顶为左括号,或者栈顶运算符的优先级低于遇到运算符的优先级,则当前遇到的运算符直接进栈。

②否则,运算符栈依次出栈,并将出栈运算符输出到后缀表达式,直到栈为空,或者栈顶为左括号,或者栈顶运算符的优先级低于当前遇到的运算符的优先级,再将当前遇到的运算符进栈。

(5)若遇到 + 、- 等作为单目运算符,前面添加 0 作为第一个操作数。例如,- A 将转换为 0 A - 。

中缀表达式转后缀的流程,如图 4-7 所示。

图 4-7 所示转换流程的说明:

(1)图中的"输出",均是指输出到后缀表达式;图中的"丢弃",含义是不要将其输出到后缀表达式;图中的"进栈"或"出栈",进或出的都是运算符栈。

(2)中缀表达式的操作数之间,因为有运算符在中间分隔,可以不用任何分隔符;但后缀表达式的操作数之间,需要添加逗号或空格作为分隔符。

(3)最终得到的输出序列,即为所求的后缀表达式。

【例 4-2】将中缀表达式 A / B ^ C + D * E - A * C 转换为后缀表达式(^表示乘方运算),转换方法如表 4-1 所示。

表 4-1 例 4-2 的转换过程

扫描得到	运算符栈	输出结果	操作说明
A		A	输出 A
/	/	A	/进栈
B	/	A , B	输出 B
^	/ ^	A , B	^优先级高于/,继续进栈

扫描得到	运算符栈	输出结果	操作说明
C	/∧	A,B,C	输出 C
+	+	A,B,C,∧,/	∧、/依次弹出，+进栈
D	+	A,B,C,∧,/,D	输出 D
*	+ *	A,B,C,∧,/,D	*优先级高于+，继续进栈
E	+ *	A,B,C,∧,/,D,E	输出 E
−	−	A,B,C,∧,/,D,E,*,+	*、+依次弹出，−进栈
A	−	A,B,C,∧,/,D,E,*,+,A	输出 A
*	− *	A,B,C,∧,/,D,E,*,+,A	*优先级高于−，继续进栈
C	− *	A,B,C,∧,/,D,E,*,+,A,C	输出 C
\0		A,B,C,∧,/,D,E,*,+,A,C,*,−	遇到结束符\0，依次弹出 *、−

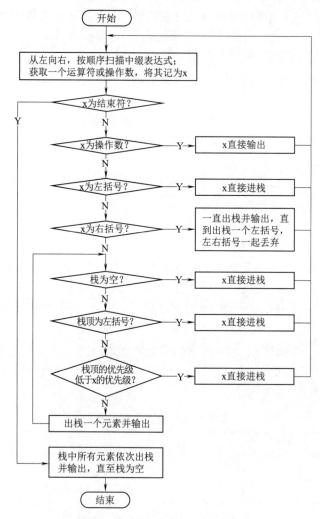

图 4-7　中缀表达式转后缀的流程图

得到的后缀表达式为：A B C ∧ / D E * + A C * −。

【例 4-3】中缀表达式 $3 + 4/(25-(6+15))*8$ 转换为后缀表达式,转换方法如表 4-2 所示。

表 4-2　例 4-3 的转换过程

扫描得到	运算符栈	输出结果	操作说明
3		3	输出 3
+	+	3	+ 进栈
4	+	3,4	输出 4
/	+ /	3,4	/继续进栈
(	+ / (	3,4	(进栈
25	+ / (	3,4,25	输出 25
−	+ / (−	3,4,25	− 进栈
(	+ / (− (	3,4,25	(再进栈
6	+ / (− (	3,4,25,6	输出 6
+	+ / (− (+	3,4,25,6	+ 进栈
15	+ / (− (+	3,4,25,6,15	输出 15
)	+ / (−	3,4,25,6,15, +	遇),依次弹出第 2 个(后的符号
)	+ /	3,4,25,6,15, + , −	再遇),依次弹出第 1 个(后的符号
*	+ *	3,4,25,6,15, + , − ,/	弹出/,但 * 优先于 + ,继续进栈
8	+ *	3,4,25,6,15, + , − ,/,8	输出 8
\0		3,4,25,6,15, + , − ,/,8, * , +	遇到结束符\0,依次弹出 * 、+

得到的后缀表达式为:3,4,25,6,15, + , − ,/,8, * , + 。

在后缀表达式中,所有的计算只按运算符从左向右出现的顺序依次进行计算,既不用考虑运算规则和优先级别,也没有了各种括号,和中缀表达式相比,后缀表达式可以极大简化表达式的求值过程。

5. 后缀表达式求值

假设后缀表达式存放在字符数组 exp 中,对后缀表达式求值的过程,需要用到一个操作数栈 stack(元素为 double 型)。

从左向右扫描一遍后缀表达式,就能求出表达式的值,具体步骤如下:

(1)当遇到操作数时,就将它转换为数值,并压栈到 stack 中。

(2)当遇到运算符时,先对 stack 执行两次出栈操作,将先出栈的操作数放后面,后出栈的操作数放前面,对这两个操作数进行当前运算符指定的运算,并把计算的结果压栈到 stack 中。

(3)重复第(1)步和第(2)步,直至后缀表达式扫描结束。若 stack 栈中仅剩一个元素,将其出栈即为后缀表达式的值;否则,说明后缀表达式有错。

下面以例 3-3 的结果为例,后缀表达式求值的过程如图 4-8 所示。

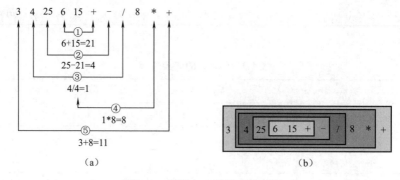

图 4-8　后缀表达式的求值过程

将中缀表达式转换为等价的后缀表达式以后,求值时不需要考虑运算符的优先级,只需要从左到右扫描一遍后缀表达式即可。

4.3.3　函数调用栈

在程序执行过程中,函数之间的调用就是利用栈来完成的。假设函数的嵌套调用及返回过程如图 4-9 所示,则相应函数调用栈中栈帧的变化如图 4-10 所示。

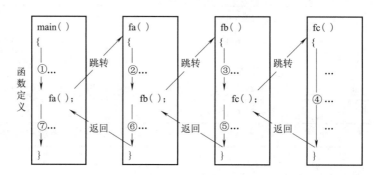

图 4-9　函数的嵌套调用及返回

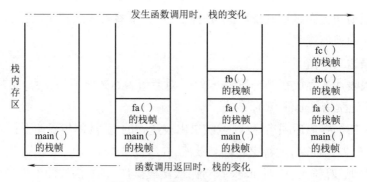

图 4-10　函数调用栈的变化

在 C 语言中,当主函数被系统调用时,系统将为程序分配一块栈内存区,同时为主函数构造一个名为栈帧(Stack Frame)的结构体并将其压栈。栈帧中主要保存函数内定义的局部数据,以及函数调用结束时的返回地址等执行现场,以便被调函数执行结束后能够返回主调函数的正确位置,并恢复主调函数的执行。

每次出现函数调用,系统都将为被调函数构造一个栈帧并将其压栈;当被调函数执行结束时,系统又会将其栈帧出栈,让其主调函数的栈帧将重新成为栈顶。因此,栈内存区中,栈顶始终是当前正在执行的函数的栈帧。

4.3.4 非递归求解 Hanoi 问题

1. 递归

一个直接调用自己或者通过一系列调用语句间接地调用自己的函数,称为递归函数。在程序设计中,有许多实际问题是递归定义的,使用递归的方法编写程序将使许多复杂的问题大大简化。所以,递归是程序设计中的一个强有力的工具。

2. 典型例子

(1)求阶乘的函数 fac(n)定义如下:

$$\text{fac}(n) = \begin{cases} 1 & ,n = 0 \\ n \times fac(n-1) & ,n \geqslant 1 \end{cases}$$

递归求解 $n!$ 的函数如伪代码4-14所示。

伪代码4-14 递归求 n 的阶乘	
1	`int fac(int n)`
2	`{`
3	`    if (n == 0 ||n == 1)`
4	`        return 1;`
5	`    return n * fac(n - 1);`
6	`}`

若一个递归函数仅在执行结束前调用自身一次,即正好在 return 之前调用自己一次,则称这种情况为尾递归。尾递归是递归的一种特殊情形,是最简单的递归形式,一般很容易改写为非递归形式,即改用循环的形式来实现。

递归求阶乘的 fac( )函数,可改写为如伪代码4-15所示的循环形式。

伪代码4-15 用循环求 n 的阶乘	
1	`int fac(int n)`
2	`{`
3	`    int i, ret = 1;`
4	`    for (i = 1; i < = n; i ++)`
5	`        ret * =i;`
6	`    return ret;`
7	`}`

(2)二阶斐波那契(Fibonacci)数列的定义如下:

$$\text{Fib}(n) = \begin{cases} 0 & ,n = 0 \\ 1 & ,n = 1 \\ \text{Fib}(n-1) + \text{Fib}(n-2) & ,n \geqslant 2 \end{cases}$$

非递归求解 Fibonacci 数列的函数如伪代码4-16所示。

伪代码 4-16　非尾递归求解 Fibonacci 数列

```
1    int fibV1(int n)
2    {
3        if (n < = 1)
4            return 1;
5        return fibV1(n - 1) + fibV1(n - 2);
6    }
```

函数 fibV1()调用了自己两次,并不是尾递归,一般称其为非尾递归。非尾递归很多时候并不能改写为仅用循环实现的形式,但是由于函数 fibV1()可以优化为如伪代码4-17所示的尾递归形式。不难验证,函数 fibV2(10,1,1)和 fibV1(10)一样,都能得到正确的结果。这使得求解 Fibonacci 数列的函数,仍可以不用递归,仅用循环就能实现,大家可以自行尝试。

伪代码 4-17　尾递归求解 Fibonacci 数列

```
1    int fibV2(int n, int num1, int num2)
2    {
3        if (n < = 1)
4            return num2;
5        return fibV2(n - 1, num2, num1 + num2);
6    }
```

（3）Hanoi 问题。

汉诺塔(Hanoi Tower),又称河内塔,是一个源于印度古老传说的益智玩具。假设有分别标记为 A、B、C 的三根杆,在 A 杆上从上往下按照从小到大的顺序叠放着 n 个大小不等且中心有孔的圆盘。要将所有圆盘从 A 杆移动到 C 杆上,盘子移动的过程中可以借助 B 杆。同时规定,一次只能移动一个圆盘,并且任何时候不能出现大盘在上小盘在下的情况。Hanoi 问题要求求出所有盘子在 3 个杆之间的移动次序。递归求解 Hanoi 问题的函数 hanoi()定义如伪代码4-18 所示。

伪代码 4-18　递归求解 Hanoi 问题

```
1    void hanoi(int n, char x, char y, char z)
2    {
3        static int s = 1;
4        if (n == 1)                          // 如果只有一个盘子
5            printf("第%d步:%c - - >%c \n", s ++, x, z);
6        else
7        {
8            //先移动上面的n-1个盘子到中间杆
9            hanoi(n - 1, x, z, y);
10           //再移动最下面的那个盘子到目标杆
11           printf("第%d步:%c - - >%c \n", s ++, x, z);
12           //最后将n-1个盘子从中间杆移动到目标杆
13           hanoi(n - 1, y, x, z);
14       }
15   }
```

函数 hanoi( ) 在执行过程中,需要调用自己两次,是典型的非尾递归。

一个函数之所以能够允许自己调用自己,其本质是基于系统构建的函数调用栈,如图 4-10 所示。在理解递归实现本质的基础上,就可以用自定义栈来替代系统构建的函数调用栈,从而可以将任何递归算法转换为等价的非递归算法。

例如,非递归求解 3 个盘子 Hanoi 问题的过程示意图,如图 4-11 所示。

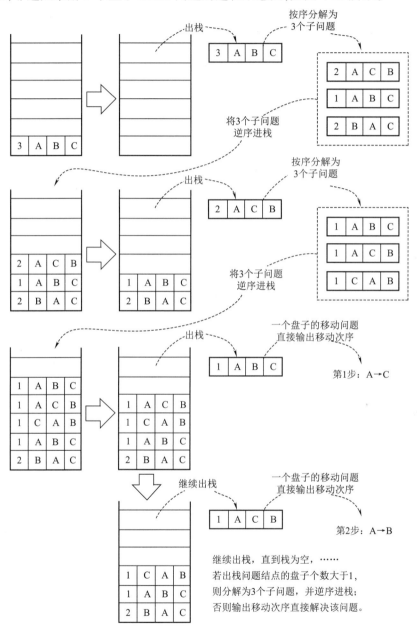

图 4-11 非递归求解 3 个盘子 Hanoi 问题的过程示意图

程序 4-1 定义了一个链式栈,其中第 54 ~ 90 行定义的 hanoi( ) 函数,则使用该链式栈实现了 Hanoi 问题的非递归求解。

程序 4-1　非递归求解 Hanoi 问题(使用链式栈)

```cpp
1    // Program4 -1.cpp
2    #define _CRT_SECURE_NO_WARNINGS
3    #include < stdio.h >
4    #include < stdlib.h >
5    typedef struct
6    {
7        int n;// 盘子个数
8        char source; // 源杆
9        char temp;// 中间杆
10       char target; // 目标杆
11   }HanoiNode;// Hanoi 问题的结点类型
12   typedef struct _StackNode
13   {
14       HanoiNode data;
15       struct _StackNode * next;
16   }StackNode; // 栈结点的类型定义
17   typedef struct
18   {
19       StackNode * top;
20   }LinkStack; // 栈的类型定义
21   void init (LinkStack &s) // 初始化链栈为空
22   {
23       s.top = NULL;
24   }
25   int isSEmpty(LinkStack s) // 判栈空
26   {
27       if (s.top == NULL)
28           return 1;
29       else
30           return 0;
31   }
32   void push(LinkStack &s, HanoiNode x) // 进栈
33   {
34       StackNode * p;
35       //开辟空间,将 x 构造为待进栈的结点
36       p = (StackNode * )malloc(sizeof(StackNode));
37       p- > data = x;
38       p- > next =NULL;
39       //将构造好的结点入栈
40       p- > next =s.top;
41       s.top = p;
42   }
43   int pop(LinkStack &s, HanoiNode &x)        // 出栈
44   {
45       StackNode * p;
46       if (isSEmpty(s))
47           return 0;                          // 出栈失败,返回 0
48       p =s.top;
49       s.top = p- >next;                       // top 指向新的栈顶
50       x = p- > data;                          // 待会出栈元素
```

```
51      free(p);// 释放出栈结点
52      return 1;
53  }
54  void hanoi(int num, char from, char in, char to)   //hanoi()函数
55  {
56      static int step = 1;
57      HanoiNode s, p1, p2, p3, x;
58      LinkStack stack;
59      init(stack);
60      //构造结点进栈,进栈的每个结点代表一个尚未解决的 Hanoi 问题
61      s.n = num;
62      s.source = from;
63      s.temp = in;
64      s.target = to;
65      push(stack, s);
66      while (! isSEmpty(stack)) // 栈不为空,表示还有问题未解决
67      {
68          pop(stack, x); // 从栈中取出一个问题,存入 x
69          if (x.n > 1)// 如果问题 x 中的盘子数大于 1 个
70          {   //则将 x 代表的 Hanoi 问题,转化为 3 个小的 Hanoi 问题
71              p1.n = x.n - 1; // 不能写成 p1.n = num - 1;
72              p1.source = x.source;
73              p1.target = x.temp;
74              p1.temp = x.target;
75              p2.n = 1;
76              p2.source = x.source;
77              p2.target = x.target;
78              p2.temp = x.temp;
79              p3.n = x.n - 1;
80              p3.source = x.temp;
81              p3.temp = x.source;
82              p3.target = x.target;
83              push(stack, p3); // 将 3 个小的 Hanoi 问题逆序进栈
84              push(stack, p2);
85              push(stack, p1);
86          }
87          else
88              printf("\n%d: %c -- >%c", step ++,x.source, x.target);
89      }
90  }
91  int main()
92  {
93      int n;
94      system("chcp 65001"); // 设置控制台的字符编码为 UTF - 8
95      printf("请输入盘子的个数:\n");
96      scanf("%d", &n);
97      printf("盘子的移动顺序为:");
98      hanoi(n, 'A', 'B', 'C');
99      return 0;
100 }
```

递归算法比较符合人们的思维习惯,实现时只要描述清楚递归关系和终止条件,不

用详细描述具体过程,因此给程序设计带来了很大方便。但是,计算机执行递归的过程却比较复杂,并且频繁地调用自己,不仅导致执行速度慢,而且还要占用较大的存储空间。因此,在需要提高时间和空间效率,或者编程语言不支持递归的情况下,可以用非递归的方法去解决一些递归问题。

4.3.5 递归函数的展开分析

虽然递归算法的描述一般非常简洁且清晰,但是如果算法中存在错误,想要通过单步调试来分析其中间执行过程,或需要手工分析某些递归算法的执行结果,可能会存在一定困难。

在此介绍一种递归函数的展开分析方法。其要点是,将递归函数调用自己的操作,看作调用其他别的函数,只不过被调函数和主调函数的名字相同而已。

例如,假设有递归函数 recursion( ) 的定义,如程序 4-2 所示。

```
程序 4-2    递归函数 recursion( )
1    #include < stdio.h >
2    void recursion()
3    {
4        char c = getchar();
5        putchar(c);
6        if (c != '*')
7            recursion();
8        putchar(c);
9    }
10   int main()
11   {
12       recursion();        // 若输入为 ABC* ,请分析并写出输出结果
14       return 0;
15   }
```

假定程序 4-2 的输入为 ABC ∗ ,则调用 recursion( ) 函数的输出为 ABC ∗ ∗ CBA,其调用过程的分析如图 4-12 所示。

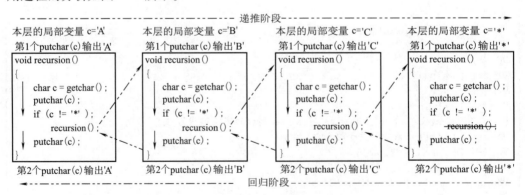

图 4-12   递归函数调用过程的展开分析

再如,调用递归函数 hanoi(3 , 'A' , 'B' , 'C') 解决 3 个盘子的移动问题时,其内部的详细执行过程,可用展开法分析,如图 4-13 所示。

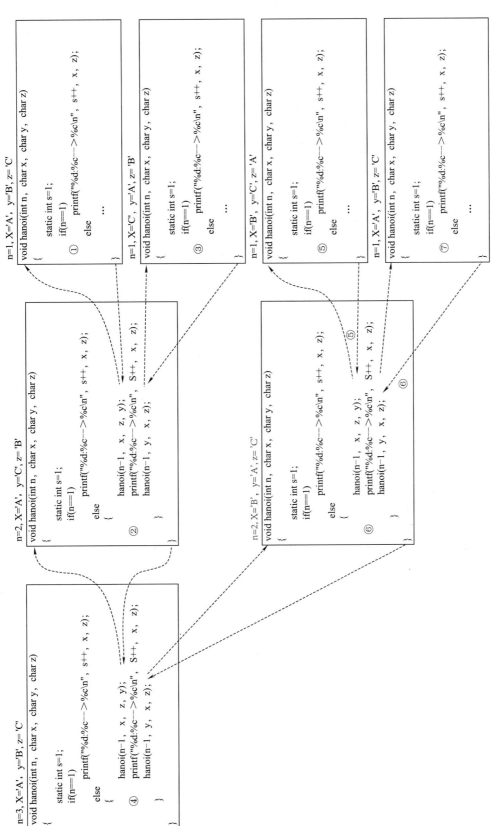

图 4-13 函数 hanoi（3，'A'，'B'，'C'）调用过程的展开分析

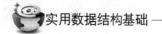

 小 结

（1）栈是一种操作受限的线性表，它只允许在栈顶进行插入和删除等操作。

（2）栈的逻辑结构和线性表相同，其数据元素之间也存在一对一的关系，其主要特点是"后进先出"。

（3）与线性表和队列类似，栈的存储结构也有顺序栈和链式栈之分。

（4）应重点掌握顺序栈和链式栈的定义和初始化，并在其基础上实现进栈、出栈、读取栈顶元素、判栈空和判栈满等基本操作。

（5）在递归算法的非递归实现过程中，栈具有非常重要的作用；后续章节的很多递归算法，都需要用栈进行非递归形式的实现。

（6）要能灵活运用栈的基本原理，解决一些综合性的应用问题。

实 验

【实验名称】 中缀表达式转后缀表达式并求值

1. 实验目的

（1）掌握栈"后进先出"的特点及其描述方法。

（2）学会分别用顺序存储和链式存储结构实现栈。

（3）掌握顺序栈和链式栈的各种基本操作的实现。

（4）掌握栈的几个典型应用算法，如中缀表达式转后缀表达式，根据后缀表达式求值、进制转换等。

2. 实验内容

（1）输入一个中缀表达式字符串（操作数可以全部为整数，运算符至少包含 +、−、*、√，并且可能有多重圆括号），将其转换为后缀表达式（操作数之间可用空格或逗号分隔）。

（2）从左向右扫描一遍后缀表达式，求出整个后缀表达式的值（必须考虑中间或最终结果为非整数的情况）。

3. 实验要求

（1）以数字菜单的形式列出程序的所有功能。

（2）能够识别中缀表达式或后缀表达式中的简单错误（如括号不匹配等）。

（3）本次实验需要用到两个栈，这两个栈必须使用不同的存储结构（一个为顺序栈，另一个为链式栈）。

（4）基于相应的存储结构，用规范的方法实现进栈、出栈、判栈空、判栈满、读取栈顶元素等各种操作。

习 题

一、判断题（下列各题，正确的请在后面的括号内打√；错误的打×）

1. 栈是一种对元素插入和删除位置做了限制的线性表。 （　　）

2. 在 C 语言中设顺序栈的长度为 N,则 top == N 时表示栈满。　　　　　(　　)

3. 链式栈与顺序栈相比,其特点是通常不会出现栈满的情况。　　　　　(　　)

4. 空栈就是所有元素都为 0 的栈。　　　　　(　　)

5. 将十进制数转换为二进制数是栈的典型应用之一。　　　　　(　　)

二、填空题

1. 栈的特点是_____。

2. 在栈结构中,允许插入、删除的一端称为_____。

3. 在顺序栈中,当栈顶指针 top = −1 时,表示_____。

4. 顺序栈 s 存储在数组 s->data[0...N−1]中,进栈操作时首先要执行的语句有: s->top = _____。

5. 链式栈 LS 为空的条件是_____。

6. 已知顺序栈 s,在对 s 进行进栈操作之前首先要判断_____。

7. 若内存空间充足,_____栈可以不定义栈满操作。

8. 同一栈的各元素的类型_____。

9. 在有 n 个元素的链式栈中,进栈操作的时间复杂度为_____。

10. 由于链式栈的操作只在链表的头部进行,所以没有必要设置_____结点。

11. 从一个栈删除元素时,首先取出_____,然后再移动栈顶指针。

12. 向一个栈顶指针为 top 的链式栈插入一个新结点 *p 时,应执行_____和top = p;操作。

13. 若进栈的次序是 A、B、C、D、E,执行 3 次出栈操作后,栈顶元素为_____。

14. 4 个元素按 A、B、C、D 的顺序进 s 栈,执行两次 pop(s,x)操作后,x 的值是_____。

15. 设有一个顺序空栈,现有输入序列为 ABCDE,经过 push、push、pop、push、pop、push、push、pop 操作之后,输出序列是_____。

16. 对一个初始值为空的栈 s,执行操作:push(s,5)、push(s,2)、push(s,4)、pop(s,x)、readTop(s,x)后,x 的值应是_____。

17. 设 I 表示入栈操作,O 表示出栈操作,若元素入栈顺序为 1、2、3、4,为了得到 1、3、4、2 出栈顺序,则相应的 I 和 O 的操作串为_____。

18. 已知中缀表达式,求它的后缀表达式是_____的典型应用。

19. A + B/C − D * E 的后缀表达式是_____。

20. 已知进栈序列为 1,2,3,4,…,n,其输出序列是 $p_1,p_2,p_3,…,p_n$。若 $p_1 = n$,则 p_i 的值是_____。

三、选择题

1. 栈的插入、删除操作在(　　)进行。

　A. 任意位置　　　B. 指定位置　　　C. 栈顶　　　D. 栈底

2. 顺序栈存储空间的实现使用(　　)存储栈元素。

　A. 链表　　　B. 数组　　　C. 循环链表　　　D. 变量

3. 设输入序列是 1,2,3,…,n,经过栈的作用后输出序列的第一个元素是 n,则输出序列中第 i 个输出元素是(　　)。

A. $n-i$ B. $n-1-i$ C. $n+1-i$ D. 不能确定

4. 初始化一个空间大小为 100 的顺序栈 s 后,s->top 的值是(   )。

    A. 0   B. -1   C. 不再改变   D. 动态变化

5. 对于一个栈,则出栈操作时(   )。

    A. 必须判别栈是否满   B. 必须判别栈是否为空

    C. 必须判别栈元素类型   D. 栈可不做任何判别

6. 元素 A、B、C、D 依次进栈以后,栈顶元素是(   )。

    A. A   B. B   C. C   D. D

7. 设 top 是一个不带表头结点链式栈的栈顶指针。链式栈结点的数据域为 data,指针域为 next,其中 next 是记录直接后继结点地址的指针。有一个指针变量 s 所指的结点欲入栈,应执行(   )语句。

    A. s->next = top->next; top->next = s;

    B. top->next = s; s->next = top->next;

    C. s->next = top; top = s;

    D. top = s; s->next = top;

8. 链式栈与顺序栈相比,有一个比较明显的优点是(   )。

    A. 插入操作更加方便   B. 通常不会出现栈满的情况

    C. 不会出现栈空的情况   D. 删除操作更加方便

9. 4 个元素按 A、B、C、D 的顺序进 s 栈,执行两次 pop(s, x)操作后,栈顶元素的值是(   )。

    A. A   B. B   C. C   D. D

10. 元素 A、B、C、D 依次进栈以后,栈底元素是(   )。

    A. A   B. B   C. C   D. D

11. 设有编号为 1、2、3、4 的 4 辆列车,顺序进入一个栈结构的站台,下列不可能的出栈顺序为(   )。

    A. 1234   B. 1243   C. 1324   D. 1423

12. 经过下列栈的操作后,再执行 readTop(s)的值是(   )。

    initStack(s); push(s,a); push(s,b); pop(s,x);

    A. a   B. b   C. 1   D. 0

13. 经过下列栈的操作后,x 的值是(   )。

    initStack(s); push(s,a); push(s,b); readTop(s); pop(s,x);

    A. a   B. b   C. 1   D. 0

14. 栈经过下列操作后,isSEmpty(s)的值是(   )。

    initStack(s); push(s,a); push(s,b); pop(s,x); pop(s,x);

    A. a   B. b   C. 1   D. 0

15. 栈经过下列操作后,x 的值是(   )。

    initStack(s); push(s,a); pop(s,x); push(s,b); pop(s,x);

    A. a   B. b   C. 1   D. 0

16. 一个栈的进栈次序为 A、B、C、D、E,则不可能的输出序列是(   )。

A.E D C B A   B.D E C B A   C.D C E A B   D.A B C D E

17. 设有一个顺序栈 s,元素 A、B、C、D、E、F 依次进栈,如果这 6 个元素的出栈顺序是 B、D、C、F、E、A,则该栈的容量至少应为(　　)。

    A. 3   B. 4   C. 5   D. 6

18. 从一个栈顶指针为 top 的链式栈中删除一个结点时,用 x 保存被删除的结点,应执行下列(　　)语句序列。

    A. x = top; top = top- > next;   B. top = top- > next; x = top- > data;

    C. x = top- > data;   D. x = top- > data; top = top- > next;

19. 已知进栈序列为 $p_1, p_2, p_3, \cdots, p_n$,其输出序列是 $1, 2, 3, \cdots, n$。若 $p_3 = 1$,则 p_1 的值为(　　)。

    A. 一定是 2   B. 可能是 2   C. 不可能是 2   D. 一定是 3

20. 已知进栈序列为 $p_1, p_2, p_3, \cdots, p_n$,其输出序列是 $1, 2, 3, \cdots, n$。若 $p_n = 1$,则 p_i 的值为(　　)。

    A. i B. $n - i$ C. $n - i + 1$ D. 不确定

四、应用题

1. 假设元素进栈的次序为 A、B、C、D、E,用 I 表示进栈操作,O 表示出栈操作,写出下列出栈序列所对应的操作序列。

(1)C、B、A、D、E

(2)A、C、B、E、D

2. 求下列中缀表达式对应的后缀表达式。

(1)$(A + B * C)/D$

(2)$-A + B * C + D/E$

(3)$A * ((B + C) * D - E)$

(4)$(A + B) * (C - E/(F + G/H) - D$

(5)$8/(5 + 2) - 6$

3. 写出下列算法的输出结果。

```
void main()
{
    Stack s;
    char x = 'c', y = 'k';
    initStack(s);            // 初始化栈
    push(s, x);
    push(s, 'a');
    push(s, y);
    pop(s, x);
    push(s, 't');
    push(s, x);
    pop(s, x);
    push(s, 's');
    while (! isSEmpty(s))
```

```
    {
        pop(s, y);
        putchar(y);
    }
    putchar(x);
}
```

五、算法设计题

1. 编写一个函数, 要求借助一个栈, 把一个数组中的数据元素逆置。

2. 设计一个算法, 要求判断一个算术表达式中的圆括号配对是否正确。

3. 设计一个将十进制正整数转换为十六进制数的算法, 并要求上机调试通过。

4. 设单链表中存放 n 个字符, 利用栈的原理, 试设计算法判断字符串是否如 ABCD-DCBA 那样中心对称。

5. 用两个栈 s1 和 s2 来模拟一个队列, 要求实现该队的进队、出队、判队空 3 种操作。

6. 假设以顺序存储结构实现一个双向栈, 即在一维数组的存储空间中存在两个栈, 它们的栈底分别设在数组的两个端点。试编写实现这个双向栈 tws 的 3 个操作: 初始化 inistack(tws)、入栈 push(tws,i,x) 和出栈 pop(tws,i) 的算法, 其中 i 取值为 0 或 1, 分别指示设在数组两端的两个栈, 即通过 i 的取值区分是对两个栈中的哪一个栈进行进栈和出栈操作。

7. 利用一个栈实现以下递归函数的非递归计算:

$$f_n(x) = \begin{cases} 1 & ,n = 0 \\ 2x & ,n = 1 \\ 2xf_{n-1}(x) - 2(n-1)f_{n-2}(x) & ,n > 1 \end{cases}$$

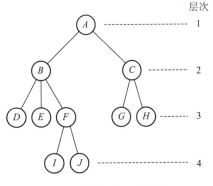

第5章

树和二叉树 ‹‹‹

树形结构是一种重要的非线性结构,在计算机科学中有着广泛的应用。树是以分组关系定义的层次结构,其中以二叉树为最常用。在微型计算机的操作系统中,文件和文件夹就是以树形结构存储的,这为日益扩大的存储器和系统文件的管理提供了最大的方便。在编译程序中,可以用树来表示源程序的语法结构;在数据库系统中,树形结构是信息的重要组织形式之一。

本章首先介绍树的定义,然后重点是二叉树的定义、性质、存储、遍历及转换,二叉树的应用及哈夫曼树的应用。

5.1 树的定义和术语

本节先给出树(Tree)的定义,然后介绍树的基本术语。

5.1.1 树的定义及表示法

1. 树的定义

树是 $n(n \geq 0)$ 个有限数据元素的集合。在任意一棵非空树 T 中:

(1)有且仅有一个特定的称为树根(Root)的结点(根结点无前驱结点)。

(2)当 $n > 1$ 时,除根结点之外的其余结点被分成 $m(m > 0)$ 个互不相交的集合 $(T_1, T_2, T_3, \cdots, T_m)$,其中每一个集合 $T_i(1 \leq i \leq m)$ 本身又是一棵树,并且称为根的子树。

树的定义采用了递归的方法,即在树的定义中又用到了树的概念,这反映了树的固有特性。图 5-1 所示为树的结构示意图。

2. 树的其他表示法

图 5-1 是树形结构的一种直观画法,其特点是对树的逻辑结构的描述非常直观、清晰,是使用最多的一种描述方法。除此以外,还有以下几种描述树的方法。

(1)嵌套集合法:又称文氏图法。它是用集合的包含关系来描述树形结构,每个圆圈表示一个集合,套起来的圆圈表示包含关系。图 5-1 所示树的嵌套集合表示如图 5-2(a)所示。

图 5-1 树形结构的示意图

（2）圆括号表示法：又称广义表表示法，它使用括号将集合层次与包含关系显示出来。图 5-1 所示树的圆括号表示为 $(A(B(D,E(I,J),F),C(G,H)))$。

（3）凹入法：用不同宽度的行来显示各结点，行的凹入程度体现了各结点集合的包含关系。图 5-1 所示树的凹入法表示如图 5-2（b）所示。树的凹入表示法主要用于树的屏幕显示和打印输出。

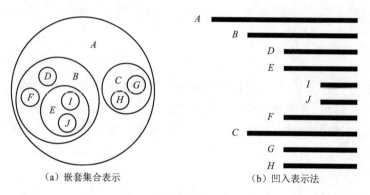

（a）嵌套集合表示　　　　　　　　　　（b）凹入表示法

图 5-2　树形结构的描述

5.1.2　基本术语

（1）结点：树的结点包含一个数据及若干指向其子树的分支。

（2）结点的度：结点所拥有的子树数，称为该结点的度（Degree）。

（3）树的度：树中各结点度的最大值称为该树的度。

（4）叶子（终端结点）：度为零的结点称为叶子结点。

（5）分支结点：度不为零的结点称为分支结点。

（6）兄弟结点：同一父结点下的子结点称为兄弟结点。

（7）层数：树的根结点的层数为 1，其余结点的层数等于它双亲结点的层数加 1。

（8）树的深度：树中结点的最大层数称为树的深度（或高度）。

（9）森林：零棵或有限棵互不相交的树的集合，称为森林。

在数据结构中，树和森林并不像自然界里有一个明显的量的差别。数据结构中的任何一棵树，只要删去根结点就成了森林，如图 5-3 所示。

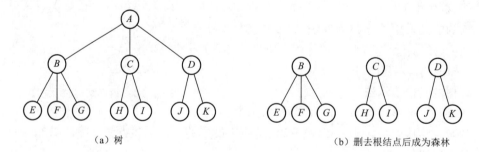

（a）树　　　　　　　　　　　　　　　（b）删去根结点后成为森林

图 5-3　树和森林

（10）有序树和无序树：树中结点的各子树从左到右是有次序的（即不能互换），称这样的树为有序树;否则称为无序树。

5.2 二 叉 树

在有序树中有一类最特殊,也是最重要的树,称为二叉树(Binary Tree)。二叉树是树结构中最简单的一种,却有着十分广泛的应用。

5.2.1 二叉树的定义

1. 定义

二叉树是有 $n(n \geqslant 0)$ 个结点的有限集合。

(1)该集合可以为空($n = 0$)。

(2)也可以由一个根结点及两个不相交的部分(分别称为左子树和右子树)组成一棵非空树。

(3)左子树和右子树同样又都是二叉树。

通俗地讲,在一棵非空的二叉树中,每个结点至多只有两棵子树,分别称为左子树和右子树,且左、右子树的次序不能任意交换。因此,二叉树是特殊的有序树。

2. 二叉树的形态

根据定义,二叉树有以下 5 种基本形态,如图 5-4 所示。

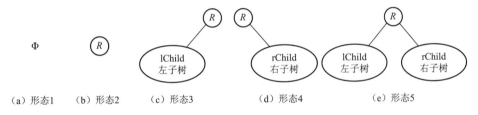

(a)形态1　(b)形态2　(c)形态3　(d)形态4　(e)形态5

图 5-4　二叉树的基本形态

其中:

(1)图 5-4(a)为空的二叉树。

(2)图 5-4(b)为仅有根结点的二叉树。

(3)图 5-4(c)为右子树为空的二叉树。

(4)图 5-4(d)为左子树为空的二叉树。

(5)图 5-4(e)为左右子树均为非空的二叉树。

3. 二叉树的基本操作

二叉树的基本操作通常有以下几种:

(1)createBiTree():创建一棵二叉树。

(2)showTree(BiNode *T):按凹入法(或圆括号法等方法)显示二叉树。

(3)preOrder(BiNode *T):按先序(根、左、右)遍历二叉树上所有结点。

(4)inOrder(BiNode *T):按中序(左、根、右)遍历二叉树上所有结点。

(5)postOrder(BiNode *T):按后序(左、右、根)遍历二叉树上所有结点。

(6)levelOrder(BiNode *T):按层次遍历二叉树上所有结点。

（7）getLeafNum(BiNode ∗ T)：求二叉树的叶结点总数。

（8）getDepth(BiNode ∗ T)或 getHeight(BiNode ∗ T)：求二叉树的深度或高度。

5.2.2 二叉树的性质

性质1 一棵非空二叉树的第 i 层上最多有 2^{i-1} 个结点（$i \geq 1$）。

一棵非空二叉树的第一层有 1 个结点，第二层最多有 2 个结点，第三层最多有 4 个结点……利用数学归纳法容易证明，第 i 层上最多有 2^{i-1} 个结点。

性质2 深度为 h 的二叉树中，最多具有 $2^h - 1$ 个结点（$h \geq 1$）。

证明：根据性质1，当深度为 h 的二叉树每一层都达到最多结点数时，它的和（n）最大。假设第 i 层的结点数为 x_i，即

$$n = \sum_{i=1}^{h} x_i \leq \sum_{i=1}^{h} 2^{i-1} = 2^0 + 2^1 + 2^2 + \cdots + 2^{h-1} = 2^h - 1 \tag{5-1}$$

所以，命题正确。

（1）满二叉树：一棵深度为 h，且有 $2^h - 1$ 个结点的二叉树称为满二叉树。

图 5-5 所示为一棵深度为 4 的满二叉树，其特点是每一层上的结点数都达到最大。如果对满二叉树的结点从 1 开始进行连续编号，约定编号从根结点起，从上往下，每一层自左向右，由此可以引出完全二叉树的定义。

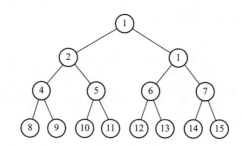

图 5-5 满二叉树

（2）完全二叉树：深度为 h、有 n 个结点的二叉树，当且仅当每一个结点都与深度为 h 的满二叉树中编号从 1 至 n 的结点——对应时，称此二叉树为完全二叉树。图 5-6(a)所示为一棵完全二叉树，而图 5-6(b)则不是完全二叉树。

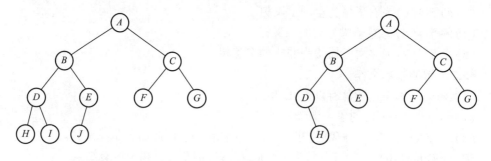

（a）完全二叉树　　　　　　　　　　　（b）非完全二叉树

图 5-6 两种二叉树

　　完全二叉树除最后一层外,其余各层都是满的,并且最后一层或者为满,或者仅右边缺少若干个连续结点。

　　性质 3　对于一棵有 n 个结点的完全二叉树,若按满二叉树的同样方法对结点进行编号(见图 5-5),则对于任意序号为 i 的结点,有:

　　(1)若 $i=1$,则序号为 i 的结点是根结点;若 $i>1$,则序号为 i 的结点的父结点的序号为 $\lfloor \dfrac{i}{2} \rfloor$。

　　(2)若 $2i \leqslant n$,则序号为 i 的结点的左孩子结点的序号为 $2i$;若 $2i>n$,则序号为 i 的结点无左孩子。

　　(3)若 $2i+1 \leqslant n$,则序号为 i 的结点的右孩子结点的序号为 $2i+1$;若 $2i+1>n$,则序号为 i 的结点无右孩子。

　　证明略。

　　性质 4　具有 $n(n>0)$ 个结点的完全二叉树(包括满二叉树),其深度 (h) 为 $\lfloor \log_2 n \rfloor +1$。

　　证明:由性质 2 和完全二叉树的定义可知,当完全二叉树的深度为 h、结点个数为 n 时有

$$2^{h-1} -1 < n \leqslant 2^h -1 \tag{5-2}$$

即

$$2^{h-1} \leqslant n < 2^h$$

对不等式取对数则有

$$h-1 \leqslant \log_2 n < h \tag{5-3}$$

即

$$\log_2 n < h \leqslant \log_2 n +1$$

　　由于 h 是整数,所以有 $h = \lfloor \log_2 n \rfloor +1$。

　　注:$\lfloor \log_2 n \rfloor$ 表示不大于 $\log_2 n$ 的最大整数,$\lceil \log_2 n \rceil$ 表示不小于 $\log_2 n$ 的最小整数。例如,当 $n=10$ 时,$\log_2 n \approx 3.32$,则 $\lfloor \log_2 n \rfloor =3$,$\lceil \log_2 n \rceil =4$。

　　性质 5　对于一棵非空的二叉树,设 n_0、n_1、n_2 分别表示度为 0、1、2 的结点个数,则有 $n_0 = n_2 +1$。

　　证明:(1)设 n 为二叉树的结点总数,则有

$$n = n_0 + n_1 + n_2 \tag{5-4}$$

　　(2)由二叉树的定义可知,除根结点外,二叉树其余结点都有唯一的父结点,那么父结点的总数 F 为:

$$F = n -1 \tag{5-5}$$

　　(3)根据假设,各结点的子结点总数 C 为:

$$C = n_1 + 2n_2 \tag{5-6}$$

　　(4)因为父子关系是相互对应的,即 $F=C$,即:

$$n -1 = n_1 + 2n_2 \tag{5-7}$$

综合上述(5-4)、(5-5)、(5-6)、(5-7)式可得:

$$n_0 + n_1 + n_2 = n_1 + 2n_2 +1$$

$$n_0 = n_2 +1$$

所以,命题正确。

5.2.3 二叉树的存储

二叉树的存储结构也有顺序存储和链接存储两种存储结构。

1. 顺序存储结构

二叉树的顺序存储,就是用一组连续的存储单元存放二叉树中的结点。一般可以采用一维数组或二维数组的方法进行存储。

（1）一维数组存储法

二叉树中各结点的编号与等深度的完全二叉树中对应位置上结点的编号相同。其编号过程为:首先把根结点的编号定为 1,然后按照层次从上至下、从左到右的顺序,对每一个结点编号。当双亲结点为 i 时,其左孩子的编号为 $2i$,其右孩子的编号为 $2i+1$。在图 5-7（a）中,各结点旁边的数字就是该结点的编号。

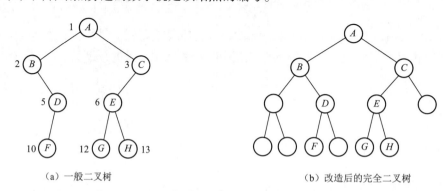

（a）一般二叉树　　　　　　　　　（b）改造后的完全二叉树

图 5-7　一般二叉树及其对应的完全二叉树

对于一般的二叉树,如果按从上至下和从左到右的顺序将树中的结点顺序存储在一维数组中,则数组元素下标之间的关系不能够反映二叉树中结点之间的逻辑关系。只有增加一些并不存在的空结点,使之成为一棵完全二叉树的形式,才能用一维数组进行存储。如图 5-7（a）所示为一棵一般二叉树,经过改造以后成为图 5-7（b）所示的完全二叉树,其顺序存储示意图如图 5-8 所示。

结点编号:	1	2	3	4	5	6	7	8	9	10	11	12	13
	A	B	C	$\wedge$	D	E	$\wedge$	$\wedge$	$\wedge$	F	$\wedge$	G	H
数组下标:	0	1	2	3	4	5	6	7	8	9	10	11	12

图 5-8　二叉树的一维数组存储结构

显然,这种存储结构会造成空间的大量浪费。如图 5-9（a）所示,一棵 4 个结点的二叉树,却要分配 14 个存储单元。可以证明,深度为 h 的（右向）单支二叉树,虽然只有 h 个结点,却需分配 2^h-1 个存储单元。

对于完全二叉树和满二叉树,这种顺序存储结构既能够最大限度地节省存储空间,又可以利用数组元素的下标值确定结点在二叉树中的位置,因为完全二叉树上编号为 i 的结点将直接存储在一维数组中下标为 $i-1$ 的单元中,如图 5-10 所示。

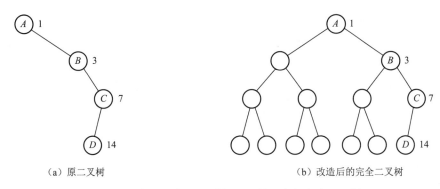

（a）原二叉树　　　　　　　　（b）改造后的完全二叉树

图 5-9　一般二叉树的极端情况及其对应的完全二叉树

图 5-10　二叉树一维数组存储结构的极端情况

（2）静态链表存储法

用数组描述的链表,称为静态链表。静态链表和顺序表一样,需要预先为其分配一块较大的数组空间,但和顺序表不一样的是,静态链表在插入和删除操作时不需要移动元素,仅需要修改指针的指向关系即可,故仍具有链式存储结构的主要优点。

静态链表除了可用于描述线性结构之外,也可用于存储二叉树这种非线性结构。静态链表的二叉树结点结构定义如下:

```
#define N 20
typedef struct
{
    ElemType data;              // 结点信息
    int lChild;                 // 左孩子结点在数组中的下标
    int rChild;                 // 右孩子结点在数组中的下标
}StaticLinkNode;                // 静态链表的结点类型
typedef struct
{
    StaticLinkNode list[N];     // 结点数组
    int root;                   // 二叉树根结点的下标
}StaticLinkList;                // 静态链表的类型
```

设二叉树的结点数为 n,则静态链表的预设长度 N 应满足 $N \geqslant n$。

仍以图 5-7（a）的二叉树为例,其静态链表存储结构如图 5-11 所示。

顺序存储小结:

① 当二叉树为满二叉树或完全二叉树时,采用一维数组存储可以节省存储空间。

② 当二叉树层数高而结点较少时,采用静态链表存储比较好,并且这种结构插入或删除结点均不需要移动任何结点,比较方便。

③ 一维数组存储的优点是查找父子结点的位置非常方便;其缺点是当二叉树的层次较高但是结点数较少时,存储空间的利用率太低。

④ 静态链表存储结构便于在没有指针类型的程序设计语言中使用链式结构。

⑤ 顺序存储的这两种实现方式的共同缺点是均需要预设结点存储空间,且存储空间的扩充不太方便。

	data	lChild	rChild
0	A	1	2
1	B	-1	3
2	C	4	-1
3	D	5	-1
4	E	6	7
5	F	-1	-1
6	G	-1	-1
7	H	-1	-1
		0	root

静态链表 ← → 结构体数组 list

图 5-11　二叉树的静态链表存储结构

2. 链式存储结构

二叉树的链式存储结构是用链表来表示二叉树,即用真正意义上的指针变量来指示结点之间的逻辑关系(在一维数值和静态链表存储结构中,指示左右孩子位置的指针其实只是存储左右孩子下标的整型变量)。通常有下面两种形式:

(1)二叉链表存储结构

二叉链表结点由一个数据域和两个指针域组成,其结构如下:

lChild	data	rChild

其中:

① data 为数据域,存放结点的数据信息。

② lChild 为左指针域,存放该结点左子树根结点的地址。

③ rChild 为右指针域,存放该结点右子树根结点的地址。

当左子树或右子树不存在时,相应指针域值为空,用符号 ∧ 表示。

设一棵二叉树如图 5-12 所示,其二叉链表的存储表示如图 5-13 所示。

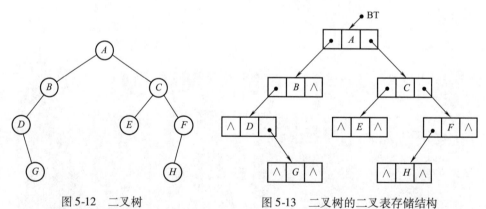

图 5-12　二叉树　　　　　图 5-13　二叉树的二叉表存储结构

容易证明,含有 n 个结点的二叉链表中有 $n+1$ 个空指针域。利用这些空指针域存储其他有用信息,可以得到另一种存储结构——线索二叉树,这一概念将在 5.3.3 节介绍。

二叉链表是二叉树最常用的存储结构,其结点类型定义如下:

```
typedef struct _BiNode
{
    ElemType data;                  // 数据域
```

```
        struct _BiNode * lChild;              // 左孩子指针
        struct _BiNode * rChild;              // 右孩子指针
}BiNode;                                       // 二叉链表的结点类型
```

（2）三叉链表存储

三叉链表结点由一个数据域和 3 个指针域组成,其结点结构如下:

lChild	data	rChild	parent

其中:

① data 为数据域,存放结点的数据信息。

② lChild 为左指针域,存放该结点左子树根结点的地址。

③ rChild 为右指针域,存放该结点右子树根结点的地址。

④ parent 为父指针域,存放该结点的父结点的存储地址。这种存储结构既便于查找左、右子树中的结点,又便于查找父结点及其祖先结点;但付出的代价是增加了存储空间的开销。

图 5-14 给出了图 5-12 所示二叉树的三叉链表存储结构。

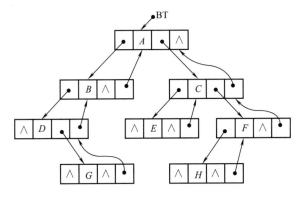

图 5-14　二叉树的三叉链表存储结构

5.3.1　遍历二叉树

二叉树的遍历是指按某种顺序访问二叉树中的所有结点,使得每个结点都被访问,且仅被访问一次。通过一次遍历,使二叉树中结点的非线性序列转变为线性序列。也就是说,使得遍历的结点序列之间有一对一的关系。

由二叉树的递归定义可知,一棵二叉树由根结点(D)、根结点的左子树(L)和根结点的右子树(R)三部分组成。因此,只要依次遍历这三部分,就可以遍历整个二叉树。若以 D、L、R 分别表示访问根结点、遍历根结点的左子树、遍历根结点的右子树,则二叉树的遍历方式有 6 种不同的组合:DLR、DRL、LDR、LRD、RDL 和 RLD。如果限定先左后右的次序,那么就只有 *DLR*、*LDR* 和 *LRD* 三种遍历。

1. 先序遍历

先序遍历(*DLR*)也称为先根遍历或前序遍历,其递归遍历过程为:

若二叉树为空,遍历结束。否则,按以下顺序遍历:

(1)访问根结点。

(2)先序遍历根结点的左子树。

(3)先序遍历根结点的右子树。

先序遍历的递归算法如伪代码 5-1 所示。

伪代码 5-1　二叉树的先序遍历

```
1  void preOrder(BiNode * T)          // 先序遍历二叉树 T
2  {
3      if (T == NULL)                 // 如果二叉树 T 为空
4          return;
5      print(T->data);                // 输出结点的数据域
6      preOrder(T->lChild);           // 先序递归遍历左子树
7      preOrder(T->rChild);           // 先序递归遍历右子树
8  }
```

图 5-12 所示的二叉树,按先序遍历得到的结点序列为 *A B D G C E F H*。

2. 中序遍历

中序遍历(*LDR*)也称为中根遍历,其递归过程为:

若二叉树为空,遍历结束。否则,按以下顺序遍历:

(1)中序遍历根结点的左子树。

(2)访问根结点。

(3)中序遍历根结点的右子树。

中序遍历的递归算法,如伪代码 5-2 所示。

伪代码 5-2　二叉树的中序遍历

```
1  void inOrder(BiNode * T)           // 中序遍历二叉树 T
2  {
3      if (T == NULL)                 // 如果二叉树 T 为空
4          return;
5      inOrder(T->lChild);            // 中序递归遍历左子树
6      print(T->data);                // 输出结点的数据域
7      inOrder(T->rChild);            // 中序递归遍历右子树
8  }
```

图 5-12 所示的二叉树,按中序遍历得到的结点序列为 *D G B A E C H F*。

3. 后序遍历

后序遍历(*LRD*)也称为后根遍历,其递归过程为:

若二叉树为空,遍历结束。否则,按以下顺序遍历:

（1）后序遍历根结点的左子树。

（2）后序遍历根结点的右子树。

（3）访问根结点。

后序遍历的递归算法，如伪代码 5-3 所示。

伪代码 5-3　二叉树的后序遍历

```
1   void postOrder (BiNode * T)              // 后序遍历二叉树 T
2   {
3       if (T == NULL)                       // 如果二叉树 T 为空
4           return;
5       postOrder (T- > lChild);             // 后序递归遍历左子树
6       postOrder (T- > rChild);             // 后序递归遍历右子树
7       print (T- > data);                   // 输出结点的数据域
8   }
```

图 5-12 所示的二叉树，按后序遍历得到的结点序列为 $G\,D\,B\,E\,H\,F\,C\,A$。

4. 层次遍历

按照自上而下（从根结点开始），从左到右（同一层）的顺序逐层访问二叉树上的所有结点，这样的遍历称为层次遍历。

层次遍历时，当一层结点访问完后，接着访问下一层的结点，先访问的结点，其孩子结点也先访问，这与队列"先进先出"的操作原则是一致的。因此层次遍历时，需要设置一个队列，用于保存被访问结点的所有孩子结点的地址。

遍历时从二叉树的根结点开始，首先将根结点的指针进队，然后循环判断队列是否为空，只要队列不为空，则出队一个元素，并执行下面两个操作。

（1）访问出队元素所指的结点。

（2）若该元素所指结点的左孩子非空，则将左孩子的指针进队；若右孩子非空，则将右孩子的指针进队。

不断重复上述过程，直到队空为止。

伪代码 5-4 所示的层次遍历算法中，二叉树以二叉链表方式存储，队列 q 用于临时存放二叉树中所有结点的地址，因此队中元素的类型为 BiNode ＊。

伪代码 5-4　二叉树的层次遍历

```
1    void levelOrder (BiNode * T)             // 按层次遍历二叉树 T
2    {
3        BiNode * p;
4        Queue q;                             // 定义队列 q,其元素类型为 BiNode *
5        initQueue (q);                       // 初始化队列 q 为空队列
6        p = T;
7        //若二叉树非空,则将根结点的地址 p 进队 q
8        if (p ! = NULL)
9            inQueue (q, p);
10       while (! isQEmpty (q))               // 队列不为空
```

11	{	
12	outQueue(q, p);	// 出队一个元素给 p
13	print(p->data);	// 访问出队结点的数据域
14	if (p->lChild != NULL)	// 若 p 的左孩子不为空则进队
15	inQueue(q, p->lChild);	
16	if (p->rChild != NULL)	// 若 p 的右孩子不为空则进队
17	inQueue(q, p->rChild);	
18	}	
19	}	

图 5-12 所示的二叉树,按层次遍历得到的结点序列为 $ABCDEFGH$。

【例 5-1】下列二叉树,如图 5-15 所示,求它的先序遍历、中序遍历、后序遍历和层次遍历。

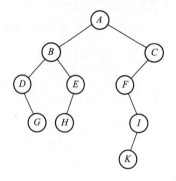

先序遍历序列: $A B D G E H C F I K$
中序遍历序列: $D G B H E A F K I C$
后序遍历序列: $G D H E B K I F C A$
层次遍历序列: $A B C D E F G H I K$

图 5-15　二叉树

【例 5-2】设表达式 $A - B * (C + D) + E/(F + G)$ 的二叉树表示如图 5-16 所示。试写出它的先序序列、中序序列和后序序列。

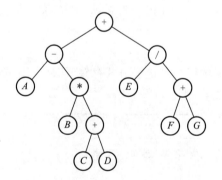

先序序列,即原表达式的前缀表达式:
$+ - A * B + C D / E + F G$
中序序列:
$A - B * C + D + E / F + G$
后序序列,即原表达式的后缀表达式:
$A B C D + * - E F G + / +$

图 5-16　二叉树

本例说明:如果能根据一般表达式画出二叉树,就能方便地用后序遍历的方法来求得一般表达式的后缀表达式。

5.3.2　恢复二叉树

从上一节的讨论可知,任意一棵二叉树结点的先序序列和中序序列都是唯一的。那么能否根据先序序列和中序序列来唯一地确定一棵二叉树呢？回答是肯定的。

二叉树的先序遍历是先访问根结点，然后再遍历根结点的左子树，最后遍历根结点的右子树。即在先序序列中，第一个结点必定是二叉树的根结点。

中序遍历则是先遍历左子树，然后访问根结点，最后再遍历右子树。这样根结点在中序序列中必然将中序序列分割成两个子序列，前一个子序列是根结点的左子树的中序序列，而后一个子序列是根结点的右子树的中序序列。

根据先序序列和中序序列恢复二叉树时，先确定先序序列的第一个结点为二叉树的根结点；知道根结点后，根据中序序列中根结点的位置易知，在中序序列中，根结点之前的部分即为左子树的中序序列（同时知道了左子树的结点数），而根结点之后的部分即为右子树的中序序列（也知道了右子树的结点数）。然后，根据左右子树的结点数，在先序序列中的根结点之后，依次划分出左右子树的先序序列。最后，根据左子树的先序和中序序列，递归恢复出左子树；根据右子树的先序和中序序列，递归恢复出右子树，这样便可以恢复出整棵二叉树。

1. 由先序和中序恢复二叉树

（1）根据先序序列确定树的根（第一个结点），根据中序序列确定左子树和右子树。

（2）分别找出左子树和右子树的根结点，并把左、右子树的根结点连到父（Parent）结点上。

（3）再对左子树和右子树按此法找根结点和左、右子树，直到子树只剩下 1 个结点或 2 个结点或空为止。

【例 5-3】由下列先序序列和中序序列恢复二叉树。

先序序列：*A C B R S E D F M L K*。

中序序列：*R B S C E A F D L K M*。

首先，由先序序列可知，结点 *A* 是二叉树的根；其次，根据中序序列，在 *A* 之前的所有结点都是 *A* 左子树的结点，在 *A* 之后的所有结点都是 *A* 右子树的结点。

先序序列：　　　*A*　　　*C B R S E*　　　*D F M L K*
　　　　　　　　　根　　　　左子树　　　　　右子树

中序序列：　　*R B S C E*　　　*A*　　　*F D L K M*
　　　　　　　　左子树　　　　根　　　　右子树

然后，对 *A* 的左子树进行分解，可知 *C* 是左子树的根结点，又从中序序列可知，*C* 的右子树只有一个结点 *E*，*C* 的左子树有 *B*、*R*、*S* 三个结点。接着，对 *A* 的右子树进行分解，由先序可知 *A* 的右子树的根为 *D*；再根据右子树的中序序列可知，结点 *D* 把其余结点分成两部分，即左子树仅一个结点 *F*，右子树为 *L*、*K*、*M* 三个结点，如图 5-17（a）和图 5-17（b）所示。

按同样的方法继续分解，最后得到如图 5-17（c）所示的整棵二叉树。

上述过程可用递归实现，其思想是：先根据先序序列的第一个元素建立根结点；然后在中序序列中找到该元素，确定根结点的左、右子树的中序序列；再在先序序列中分别确定左子树的先序序列；最后由左子树的先序序列与中序序列建立左子树，由右子树的先序序列与中序序列建立右子树。

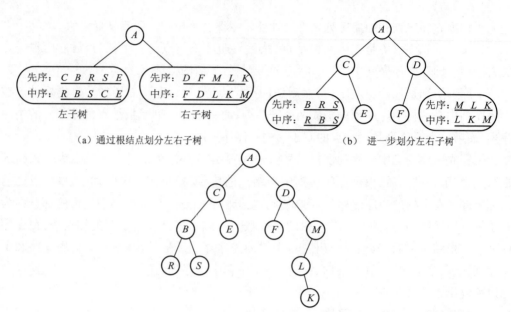

（a）通过根结点划分左右子树　　　　　　　（b）进一步划分左右子树

（c）不断划分左右子树，直到子树为空或只有一个结点

图 5-17　由先序和中序序列恢复二叉树的过程

2. 由中序和后序恢复二叉树

由二叉树的后序序列和中序序列也可唯一地确定一棵二叉树。其方法为：

（1）根据后序序列找出根结点（最后一个），根据中序序列确定左右子树。

（2）分别找出左子树和右子树的根，并把左右子树的根结点连到其父结点上。

（3）按此方法，继续对左右子树分别找出根结点，以及其左右子树的中序和后序序列，直到子树只剩一个结点或为空树。

【例 5-4】由下列中序序列和后序序列恢复二叉树。

中序序列：$C\ B\ E\ D\ A\ G\ H\ F\ J\ I$。

后序序列：$C\ E\ D\ B\ H\ G\ J\ I\ F\ A$。

首先，由后序序列可知，结点 A 是二叉树的根；其次，根据中序序列，在 A 之前的所有结点都是 A 左子树的结点，在 A 之后的所有结点都是 A 右子树的结点。

$$\text{后序序列：}\underbrace{C\ E\ D\ B}_{\text{左子树}}\quad\underbrace{H\ G\ J\ I\ F}_{\text{右子树}}\quad\underset{\text{根}}{A}$$

$$\text{中序序列：}\underbrace{C\ B\ E\ D}_{\text{左子树}}\quad\underset{\text{根}}{A}\quad\underbrace{G\ H\ F\ J\ I}_{\text{右子树}}$$

然后，再对左子树进行分解，由后序序列可知 B 是左子树的根结点，从中序序列可知，B 的左子树只有一个结点 C，B 的右子树有 E、D 两个结点。接着对 A 的右子树进行分解，由后序可知 F 为右子树的根；再根据 F 右子树的中序可知，F 把其余结点分成两部分，即 F 的左子树有 G、H 两个结点，F 的右子树有 J、I 两个结点。

按同样的方法继续分解下去，最后得到如图 5-18 所示的整棵二叉树。

思考：根据二叉树的先序序列和后序序列，能否唯一确定并恢复一棵二叉树？

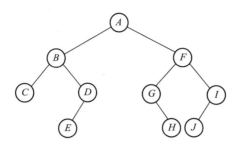

图 5-18 由中序和后序序列恢复的二叉树

5.3.3 线索二叉树

1. 线索二叉树的概念

遍历二叉树是按一定的规则将二叉树中的所有结点排列为一个有序序列的过程,这实质上是对非线性的数据结构进行线性化的操作。经过遍历的结点序列,除第一个结点和最后一个结点以外,其余每个结点都有且仅有一个直接前驱结点和一个直接后继结点。

当以二叉链表作为存储结构时,只能找到结点的左右孩子,而不能直接得到结点在任意一个序列中的直接前驱结点和直接后继结点是什么,这种信息只有在对二叉树遍历的动态过程中才能得到。

在用二叉链表存储的二叉树中,单个结点的二叉树有两个空指针域,如图 5-19(a)所示,两个结点的二叉树有 3 个空指针域,如图 5-19(b)所示。

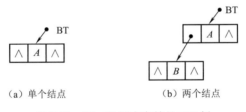

（a）单个结点　　　（b）两个结点

图 5-19 用二叉链表存储的二叉树

不难证明:n 个结点的二叉树有 $n+1$ 个空指针域。也就是说,一个具有 n 个结点的二叉树,若采用二叉链表存储结构,总共 $2n$ 个指针域中只有 $n-1$ 个指针域是用来存储结点的孩子,另外 $n+1$ 个指针域存放的都是空指针(一般用符号 ∧ 表示)。因此,可以充分利用二叉链表中的那些空指针域,来保存结点在某种遍历序列中的直接前驱和直接后继结点的地址。

指向直接前驱结点或指向直接后继结点的指针称为线索(Thread),带有线索的二叉树称为线索二叉树。对二叉树以某种次序遍历,使其变为线索二叉树的过程称为线索化。

2. 线索二叉树的方法

由于二叉树的结点序列可由不同的遍历方法得到,因此,线索二叉树也分为先序线索二叉树、中序线索二叉树和后序线索二叉树 3 种。在这 3 种线索二叉树中一般以中序线索二叉树用得最多,若无特别说明,后面的线索二叉树默认都是指中序线索二叉树。

下面以图 5-12 所示的二叉树为例,说明二叉树中序线索化的方法:

(1)先写出原二叉树的中序遍历序列 *D G B A E C H F*。

(2)若结点的左子树为空,则该结点的左孩子指针,将指向该结点在中序序列中的直接前驱结点。

(3)若结点的右子树为空,则该结点的右孩子指针,将指向该结点在中序序列中的直接后继结点。

图 5-20 所示为图 5-12 的二叉树的中序线索二叉树的结果。其中实线表示指针,虚线表示线索。

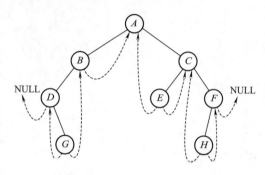

图 5-20　中序线索二叉树

线索二叉树的结点结构及中序线索化的递归函数定义,如伪代码 5-5 所示。

伪代码 5-5　线索二叉树的结点类型及线索化函数的定义

```
1   typedef struct _ThreadBiNode
2   {
3       ElemType data;                          // 二叉链表的结点
4       //左孩子标志,ltag 为 1 时,lChild 所指为左孩子
5       //反之,则表示 lChild 所指为直接后继
6       int ltag;
7       struct _ThreadBiNode * lChild;          // 左孩子或直接前驱的指针
8       int rtag;                               // 右孩子标志,含义与 ltag 类似
9       struct _ThreadBiNode * rChild;          // 右孩子或直接后继的指针
10  }ThreadBiNode;
11  //以递归方式中序线索化二叉树
12  void inThreadBiTree(ThreadBiNode * T,
13                  ThreadBiNode * pre, ThreadBiNode * rear)
14  {
15      // pre 指向整个二叉树 T 中序序列的直接前驱结点
16      // rear 指向整个二叉树 T 中序序列的直接后继结点
17      //左子树的直接前驱 pre 就是整棵二叉树的直接前驱
18      //左子树的直接后继就是整棵二叉树的根结点 T
19      if (1 == T->ltag)
20          inThreadBiTree(T->lChild, pre, T);      // 线索化左子树
21      else
22          T->lChild = pre;
23      //右子树的直接前驱就是整棵二叉树的根结点 T
24      //右子树的直接后继就是整棵二叉树的直接后继 rear
25      if (1 == T->rtag)
26          inThreadBiTree(T->rChild, T, rear);     // 线索化右子树
27      else
28          T->rChild = rear;
29  }
```

由于整棵二叉树中序序列的直接前驱和直接后继均为空,因此对二叉树 T 进行中序线索化可采用语句 inThreadBiTree(T,NULL,NULL)。

另外,为了便于操作,可以和单链表一样,在线索二叉树中也增设一个头结点,其结构与线索二叉树中其他结点的结构一样。但是,头结点的数据域并不存放任何有效信息,它的左指针域指向二叉树的根结点,右指针域则指向自己。而原二叉树在某种序列遍历下的第一个结点的前驱线索和最后那个结点的后继线索都指向头结点。

3. 线索二叉树的优点

(1)对线索二叉树进行中序遍历时,不必递归,也可以不使用栈,仅用循环即可,其遍历速度比一般二叉树的遍历要快,且更节约存储空间。

(2)任意一个结点都能直接找到它相应遍历顺序的直接前驱和直接后继结点。

4. 线索二叉树的缺点

(1)结点的插入和删除比较麻烦,而且速度也比较慢。

(2)线索子树不能共用。

5.4 一般树或森林与二叉树的转换

对于一般树或森林,通过设置的规则,可以将其转换为二叉树,也能通过二叉树将其恢复或还原。因此,一般的树或森林也能用二叉链表来存储,并且对树或森林的各种操作,也可以基于树或森林的二叉链表存储结构间接实现。本节将讨论树和森林与二叉树之间的转换方法。

5.4.1 一般树和二叉树的转换

1. 长子次弟表示法(也称为孩子兄弟表示法)

一般树是无序树,树中所有孩子之间的次序是无关紧要的;二叉树中所有结点的左、右孩子是有顺序的。为避免发生混淆,约定一般树中每个结点的孩子按从左到右的次序排列,相互之间的顺序不能改变,即应将无序树看成有序树。此外,每个结点的所有孩子中,最左边的孩子被称为"长子";每个结点若存在亲兄弟结点,则将其右边仅次于自己的兄弟结点称为其"次弟"。

不难发现,在一般树中,每个结点的长子和次弟,若存在则必唯一。若一般树中的每个结点将其长子当作左孩子,将其次弟当作右孩子,则一般树也可以用二叉链表来存储,我们将这种存储结构称为"长子次弟表示法",也称为"孩子兄弟表示法"。

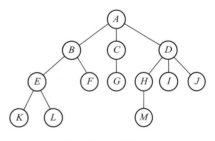

图 5-21 所示为一棵一般树,根结点 A 有 B、C、D 共 3 个孩子,可以认为结点 B 为 A 的长子,结点 C 为 B 的次弟,结点 D 为 C 的次弟。结点 G 为 C 的长子,结点 G 和结点 D 的次弟均不存在。其他结点的长子和次弟结点依此类推。

图 5-22 所示为一般树和二叉树的二叉链表存储结构示意图。

图 5-21　一般树

长子的地址	结点信息	次弟的地址

（a）一般树的长子次弟存储结构

左孩子的地址	结点信息	右孩子的地址

（b）二叉树的二叉链表存储结构

图 5-22　一般树和二叉树对应存储结构的比较

若对一般树的所有结点按图 5-22（a）所示的结构来存储,则可以得到一般树的二叉链表。

2. 将一棵树转换为二叉树的方法

比较图 5-22（a）和（b）可知,一般树中的所有结点只要将长子作为其左孩子,将次弟作为其右孩子,即可把一棵一般树转换为一棵二叉树。

整个转换可以分为三步:

（1）连线:建立树中所有相邻的亲兄弟之间的连线。

（2）删线:保留父结点与长子的连线,断开父结点与非长子结点之间的连线。

（3）旋转:所有次弟结点,使其绕左边的兄结点顺时针旋转一定角度（<90°）,使之到其兄结点的下一层。

图 5-23（a）、（b）、（c）给出了图 5-21 所示一般树转换为二叉树的过程。

由上面的转换可以得出以下结论:

（1）在转换产生的二叉树中,左分支上的各结点在原来的树中是父子关系;而右分支上的各结点在原来的树中是兄弟关系。

（2）由于树的根结点无兄弟,所以转换后的二叉树的根结点,必定无右孩子。

（3）一棵树采用长子次弟表示法所建立的存储结构,与它所对应的二叉树的二叉链表存储结构是完全相同的。

（4）一般树转换为二叉树后,树的深度可能会增加。例如图 5-21 的树深度为 4,转换为二叉树后,深度变成了 7,如图 5-23（c）所示。

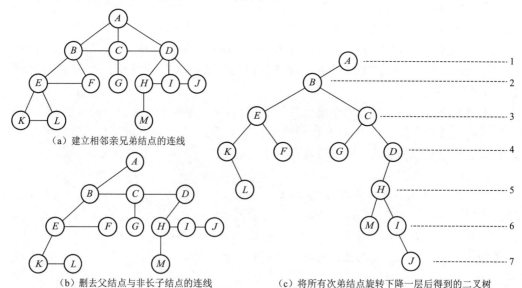

（a）建立相邻亲兄弟结点的连线

（b）删去父结点与非长子结点的连线

（c）将所有次弟结点旋转下降一层后得到的二叉树

图 5-23　一般树转换为二叉树的过程

5.4.2　森林与二叉树的转换

森林是若干棵树的集合。只要将森林中所有树的根结点之间视为兄弟关系,并且每棵树都转换成二叉树,森林就可以用二叉树来表示。

森林转换为二叉树的方法如下:

(1)将森林中的每棵树都转换成相应的二叉树。

(2)第一棵二叉树保持不动,从第二棵二叉树开始,依次把后一棵二叉树的根结点作为前一棵二叉树根结点的右孩子,直到把最后一棵二叉树的根结点作为其前一棵二叉树的右孩子为止。

【例5-5】将图 5-24(a)给出的森林转换为二叉树,如图 5-24(b)和图 5-24(c)所示。

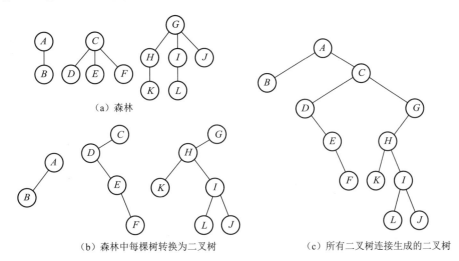

（a）森林

（b）森林中每棵树转换为二叉树　　　　　（c）所有二叉树连接生成的二叉树

图 5-24　森林转换为二叉树的过程示意图

一般的树转换为二叉树后,其根结点必定无右子树;而森林转换为二叉树后,其根结点有右孩子。可以依据转换所得二叉树的根结点有无右孩子,判断该棵二叉树还原之后是树还是森林。

二叉树还原为一般树或森林的过程,和一般树或森林转换为二叉树的过程正好相反,在此不再赘述。

5.4.3　一般树的存储

对于一般树,可以用长子次弟表示法将其转换为二叉树,然后采用二叉链表进行存储。此外,还可以采用孩子链表表示法,或带双亲的孩子链表表示法来存储。

1. 长子次弟表示法

长子次弟表示法的结点类型及结点指针类型的定义如下:

```
typedef struct _ComTreeNode
{
    ElemType data;
    struct _ComTreeNode * firstChild, * nextSibling;
```

```
}ComTreeNode, * ComTree;        // 一般树的结点类型及结点指针类型
```

长子次弟存储结构，实质就是二叉树的二叉链表，它的建立、初始化和各种操作请参照 5.2.3 节中的二叉链表存储结构。

2. 孩子链表表示法

图 5-21 所示的一般树，其孩子链表存储结构如图 5-25 所示。

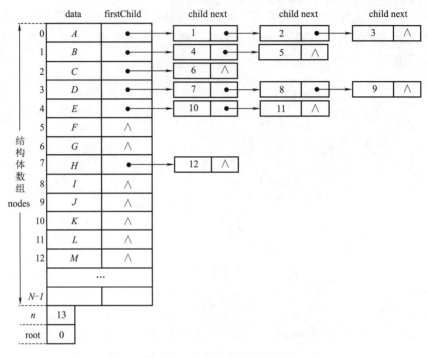

图 5-25　孩子链表存储结构

树中所有结点的信息，存储在结构体数组 nodes 中，root 指示根结点的位置。树中每个结点的结构体中，除了存储结点信息的 data 成员之外，还要用 firstChild 存储孩子链表的头指针。

需要注意的是，孩子链表的每个结点中，存储的都是孩子的下标。

在孩子链表存储结构中，寻找指定结点的所有孩子很方便，只要遍历该结点后面的孩子链表即可，但是要查找指定结点的双亲，则需要遍历 nodes 数组中每个单元后面的单链表，效率较低。要解决此问题，可以将孩子链表改造为带双亲的孩子链表。

3. 带双亲的孩子链表表示法

图 5-21 所示的一般树，其带双亲的孩子链表存储结构如图 5-26 所示。

带双亲的孩子链表存储结构，及其结点类型的定义如下：

```
typedef struct _ChildNode
{
    int child;                  // 孩子结点在数组中的下标
    struct _ChildNode * next;
}ChildNode;
```

```
typedef struct
{
    ElemType data;                    // 一般树中结点的值
    int parent;                       // 双亲结点在数组中的下标
    ChildNode * firstChild;           // 孩子链表的头指针
}CTBox;                               // 树中每个结点的结构体类型
typedef struct
{
    CTBox nodes[N];                   // 存储结点的数组
    int n, root;                      // 树中结点的数量和树根的位置
}CTree;                               // 带双亲的孩子链表存储结构
```

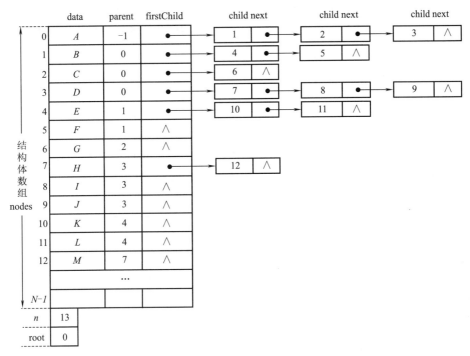

图 5-26　带双亲的孩子链表存储结构

如果将带双亲的孩子链表存储结构中，ChildNode 类型的定义和 CTBox 结构中的 firstChild 成员都删除，可以构造出一般树的双亲表示法存储结构。

很显然，在双亲表示法存储结构中，查找指定结点的双亲很方便，但是寻找指定结点的所有孩子非常不便。这种存储结构用得相对较少，在此不单独介绍。

5.5　二叉树的应用

本节开始介绍二叉树的应用，包括求二叉树的叶子结点数、总结点数、二叉树的高度或深度、标识符树等。

5.5.1 二叉树的基本应用

1. 统计二叉树的叶子结点数

若二叉树为空,则返回 0;若二叉树中结点 T 的左右子树都为空,则该结点为叶子结点,返回 1;否则分别递归统计 T 的左右子树中的叶子结点数,返回左右子树中的叶子结点数之和。算法的具体实现过程如伪代码 5-6 所示。

	伪代码 5-6 统计二叉树的叶子结点数
1	`int getLeafNum(BiNode * T)` // 求二叉树的叶子结点数
2	`{`
3	`if (T == NULL)` // 若 T 为空,则返回 0
4	`return 0;`
5	`if (T->lChild == NULL && T->rChild == NULL)`
6	`return 1;`
7	`//递归统计 T 的左右子树中的叶子结点数`
8	`return getLeafNum(T->lChild) + getLeafNum(T->rChild);`
9	`}`

2. 求二叉树的结点总数

若二叉树为空,则返回 0;若二叉树中结点 T 的左右子树都为空,则该结点为叶子结点,返回 1;否则分别递归统计 T 的左右子树中的结点数,返回左右子树中的结点数之和加 1。算法的具体实现过程如伪代码 5-7 所示。

	伪代码 5-7 求二叉树的结点总数
1	`int getNodeNum(BiNode * T)` // 求二叉树的结点总数
2	`{`
3	`if (T == NULL)` // 若 T 为空,则返回 0
4	`return 0;`
5	`if (T->lChild == NULL && T->rChild == NULL)`
6	`return 1;`
7	`//递归统计 T 的左右子树中的结点总数`
8	`return getNodeNum(T->lChild) + getNodeNum(T->rChild) + 1;`
9	`}`

3. 求二叉树的深度或高度

若二叉树为空,则返回 0;否则分别递归统计 T 的左右子树的高度,返回左右子树高度较大者加 1。算法的具体实现过程如伪代码 5-8 所示。

	伪代码 5-8 求二叉树的深度或高度
1	`int getHeight(BiNode * T)` // 求二叉树的深度或高度
2	`{`
3	`int ldep, rdep;`
4	`if (T == NULL)` // 若 T 为空,则返回 0

5	return 0;	
6	ldep = getHeight(T->lChild);	// 求 T 左子树的高度
7	rdep = getHeight(T->rChild);	// 求 T 右子树的高度
8	if (ldep > rdep)	// 若左子树高度大于右子树高度
9	return ldep + 1;	// 则返回左子树的高度加 1
10	else	
11	return rdep + 1;	// 否则返回右子树的高度加 1
12	}	

4. 查找数据元素

若二叉树为空,则返回 NULL,表示查找失败;否则查看根结点的值,若正好为待查找的值,则返回根结点的地址;否则依次在左右子树中递归查找,并返回在左右子树中查找的结果。算法的具体实现过程如伪代码 5-9 所示。

	伪代码 5-9　查找二叉树中的指定元素	
1	BiNode * searchBiTree(BiNode * T, ElemType x)	
2	{	
3	BiNode * p;	
4	if (T == NULL)	// 若 T 为空,则返回 NULL
5	return NULL;	
6	//若根结点即为待查找的结点,直接返回根	
7	if (T->data == x)	
8	return T;	
9	p = searchBiTree(T->lChild, x);	// 在 T 的左子树中查找元素 x
10	if (p != NULL)	// 如果找到
11	return p;	// 则返回找到的结点 p
12	//否则返回在 T 的右子树中的查找结果	
13	return searchBiTree(T->rChild, x);	
14	}	

5.5.2　标识符树与表达式

将算术表达式用二叉树来表示,称为标识符树。

1. 标识符树的特点

(1)运算对象(标识符)都是叶子结点。

(2)运算符都是分支结点。

2. 从表达式产生标识符树的方法

(1)读入表达式的一部分产生相应的二叉树后,再读入运算符时,运算符与二叉树根结点的运算符比较优先级的高低。

① 如果读入优先级高于根结点的优先级,则读入的运算符作为根的右子树,原来二叉树的右子树成为读入运算符的左子树。

② 读入优先级等于或低于根结点的优先级,则读入运算符作为树根,而原来二叉树作为它的左子树。

（2）遇到括号，先使括号内的表达式产生一棵二叉树，再把它的根结点连到前面已产生的二叉树根结点的右子树上。

（3）单目运算符 + 、- ，前面添加运算对象 θ（表示 0）。

例如，$-A$ 应表示为如图 5-27 所示的标识符树。

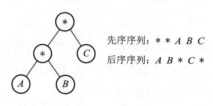

图 5-27　标识符树

3. 应用举例

【例 5-6】画出表达式 $A * B * C$ 的标识符树（见图 5-28），并求它的先序序列和后序序列。

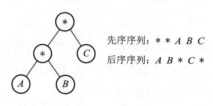

先序序列：$* * A\ B\ C$

后序序列：$A\ B * C *$

图 5-28　标识符树

【例 5-7】画出表达式 $A * (B * C)$ 的标识符树（见图 5-29），并求它的先序序列和后序序列。

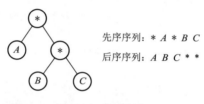

先序序列：$* A * B\ C$

后序序列：$A\ B\ C * *$

图 5-29　标识符树

【例 5-8】画出表达式 $-A + B - C + D$ 的标识符树（见图 5-30），并求它的先序序列和后序序列。

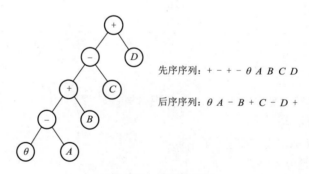

先序序列：$+ - + - \theta\ A\ B\ C\ D$

后序序列：$\theta\ A - B + C - D +$

图 5-30　标识符树

【例 5-9】画出表达式 $(A + (B - C))/((D + E) * (F + G - H))$ 的标识符树（见图 5-31），并求它的先序序列和后序序列。

从上面的几个例子可知，只要将算术表达式用标识符树来表示，然后再求出它的后序遍历序列，就能方便地得到原表达式的后缀表达式，这一结果和利用栈求得的后缀表达式是完全一致的。

同理,对标识符树进行先序和中序遍历,就可以分别得到原算术表达式的前缀和中缀表达式。只不过,通过标志符树的中序遍历得到的中缀表达式,比通常使用的算术表达式缺少了用于改变运算优先次序的括号。而前缀和后缀表达式并不需要用括号来确定或改变运算的优先次序。

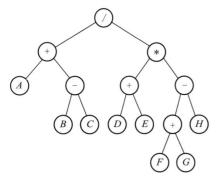

先序序列:$/ + A - B C * + D E - + F G H$

后序序列:$A B C - + D E + F G + H - * /$

图 5-31 标识符树

5.6 哈夫曼树及其应用

哈夫曼树(Huffman 树)是一种带权路径长度最小的二叉树,也称为最优二叉树,在通信和计算机编码等领域有着极为广泛的应用。

5.6.1 哈夫曼树的引入

1. 几个术语

(1)路径长度:从树中的一个结点到另一个结点之间的分支构成两个结点间的路径,路径上的分支数目,称为路径长度。

(2)树的路径长度:从树根到每个结点的路径长度之和称为树的路径长度。

(3)结点的带权路径长度:从该结点到树根之间路径长度与该结点上权的乘积。

(4)树的带权路径长度:树中所有叶子结点的带权路径长度之和,称为树的带权路径长度。

(5)最优二叉树:带权路径长度最小的二叉树,称为最优二叉树。

2. 求树的带权路径长度

设二叉树具有 n 个带权值的叶结点,那么从根结点到各个叶结点的路径长度与相应结点权值的乘积之和称为二叉树的带权路径长度(Weighted Path Length,WPL),记为

$$\text{WPL} = \sum_{k=1}^{n} W_k \times L_k$$

其中,W_k 为第 k 个叶子的权值;L_k 为第 k 个叶子到根的路径长度。

【例 5-10】给定权值分别为 2、3、5、9 的 4 个结点,图 5-32 构造了 5 个形状不同的二叉树。请分别计算它们的带权路径长度 WPL。

以上五棵二叉树的带权路径长度分别为:

(1)$\text{WPL} = 2 \times 2 + 3 \times 2 + 5 \times 2 + 9 \times 2 = 38$

(2)$\text{WPL} = 2 \times 3 + 3 \times 3 + 5 \times 2 + 9 \times 1 = 34$

（3）$WPL = 2 \times 2 + 3 \times 3 + 5 \times 3 + 9 \times 1 = 37$

（4）$WPL = 9 \times 3 + 5 \times 3 + 3 \times 2 + 2 \times 1 = 50$

（5）$WPL = 2 \times 1 + 3 \times 3 + 5 \times 3 + 9 \times 2 = 44$

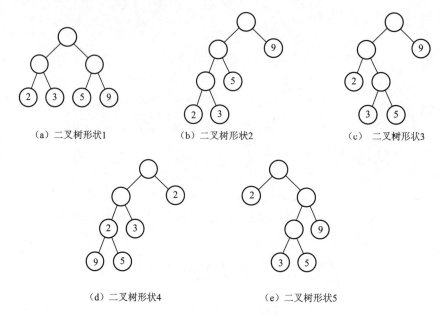

（a）二叉树形状1 （b）二叉树形状2 （c）二叉树形状3

（d）二叉树形状4 （e）二叉树形状5

图 5-32　不同形态二叉树的带权路径长度

以上 5 棵二叉树的叶结点具有相同权值,由于其构成的二叉树形态不同,它们的带权路径长度也各不相同。其中,图 5-32(b)所示的二叉树带权路径长度最小,其特点是权值越大的叶结点越靠近根,而权值越小的叶结点越远离根,事实上它就是一棵最优二叉树。由于构成最优二叉树的方法是 David Albert Huffman 最早提出来的,所以最优二叉树又称为 Huffman 树(哈夫曼树)。

3. 为什么要使用哈夫曼树

在分析一些决策判定问题时,利用哈夫曼树可以获得最佳的决策算法。

例如,要编制一个将百分制数(n)转换为五级分制的程序。这是一个十分简单的程序,只要用简单的条件选择语句即可完成。

算法判定过程如下:

```
if (n < 60)
    b = 'E';
else if (n < 70)
    b = 'D';
else if (n < 80)
    b = 'C';
else if (n < 90)
    b = 'B';
else
    b = 'A';
```

这一判定过程可以用图 5-33(a)所示的判定树来表示。在管理信息系统中,判定树也称为决策树,是系统分析和程序设计的重要工具。

若这一程序需要反复使用且输入量又很大,则必须充分考虑程序的质量(即计算所花费的时间)问题。实际考试中,学生成绩在 5 个等级上的分布可能是不均匀的,假定成绩的分布规律及转换等级如表 5-1 所示。

表 5-1 成绩分布规律及转换等级

分　数(n)	百分比	等　级
0 ~ 59	5	E
60 ~ 69	15	D
70 ~ 79	40	C
80 ~ 89	30	B
90 ~ 100	10	A

对于这一成绩分布规律,如果用上面程序来进行转换,则大部分数据需进行 3 次或 3 次以上的比较才能得出结果。如果以百分比值 5、15、40、30、10 为权构造一棵有 5 个叶子结点构成的哈夫曼树,则可得到图 5-33(b)所示的判定树,它使大部分数据经过较少的比较次数就能得到换算结果。但是,由于每个判定框都有两次比较,将这两次比较分开,就可以得到如图 5-33(c)所示的判定树,按此判定树编写出相应的程序,将大大减少比较的次数,从而提高运算的速度。

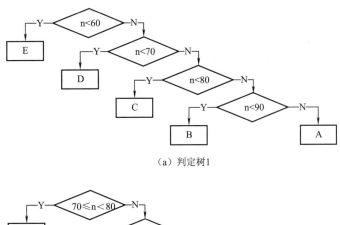

（a）判定树1

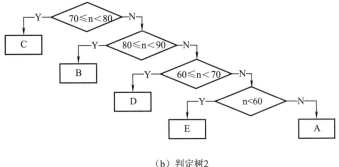

（b）判定树2

图 5-33 百分制转换为五级分制的判定过程

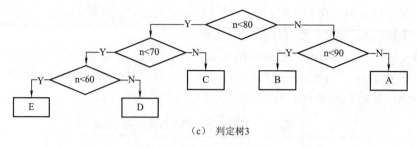

（c） 判定树3

图 5-33　百分制转换为五级分制的判定过程（续）

假设有 10 000 个输入数据,若按图 5-33(a)的判定过程进行操作,则总共需进行 31 500次比较;若按图 5-33(c)的判定过程进行操作,则总共仅需进行 22 000 次比较。

5.6.2　哈夫曼树的建立

1. 哈夫曼树的生成过程

(1)由给定的 n 个权值$\{w_1,w_2,w_3,\cdots,w_n\}$构造 n 棵只有一个叶结点的二叉树,从而得到一个二叉树的集合 $F=\{T_1,T_2,T_3,\cdots,T_n\}$。

(2)在集合 F 中选取根结点权值最小和次小的两棵二叉树,分别作为左、右子树构造一棵新的二叉树,新二叉树根结点的权值为其左、右子树根结点的权值之和。

(3)在集合 F 中删除已选取作为左、右子树的两棵二叉树,并将新建立的二叉树加入集合 F 中。

(4)重复第(2)步和第(3)步,直到集合 F 中只剩一棵二叉树,这棵二叉树便是所要建立的哈夫曼树。

以例 5-10 中的给定权值2、3、5、9 为例,介绍哈夫曼树的构造过程:

(1)选取权值最小的 2 和3,生成如图 5-34(a)所示的二叉树,根为权值之和 5。

(2)选取权值最小的 5 和5,生成如图 5-34(b)所示的二叉树,根为权值之和 10。

(3)选取权值最小的 9 和10,生成如图 5-34(c)所示的二叉树,根为权值之和 19。

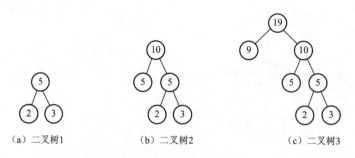

（a）二叉树1　　　　　　（b）二叉树2　　　　　　（c）二叉树3

图 5-34　哈夫曼树建立过程

图 5-34(c)即为哈夫曼树,其带权路径长度为

$$WPL = 9 \times 1 + 5 \times 2 + 3 \times 3 + 2 \times 3 = 34$$

用同一组权值作为叶子结点,构造的哈夫曼树,其形状可能不同,但其带权路径长度WPL 肯定是相同的,而且必定是最小的。

【例 5-11】设权值集合 $W=\{10,12,4,7,5,18,2\}$,建立一棵哈夫曼树,并求出其带权路径长度。

哈夫曼树的建立过程如图 5-35 所示。

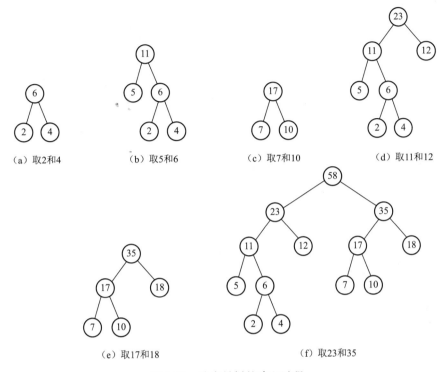

图 5-35　哈夫曼树的建立过程

（1）先按权值递增排列：2,4,5,7,10,12,18。

取两个最小的权值构成二叉树,如图 5-35（a）所示。

（2）5,（6）,7,10,12,18。

再取 5,6 构成二叉树,如图 5-35（b）所示。

（3）7,10,（11）,12,18。

再取 7、10 构成二叉树,如图 5-35（c）所示。

（4）（11）,12,（17）,18。

再取 11、12 构成二叉树,如图 5-35（d）所示。

（5）（17）,18,（23）。

再取 17、18 构成二叉树,如图 5-35（e）所示。

（6）（23）,（35）。

取最后两个权值 23 和 35 构成如图（f）所示的二叉树,即为哈夫曼树。

$$WPL = (18 + 12) \times 2 + (10 + 7 + 5) \times 3 + (4 + 2) \times 4 = 150$$

2. 哈夫曼树的构造方法

构造好哈夫曼树之后,需要找出从根结点到所有叶子结点的路径,以便对所有叶子结点进行编码。为方便处理,一般都是从某个叶子结点开始不断寻找其双亲,直到遇到根结点,然后再将路径逆序。因为经常需要从孩子结点找双亲,所以哈夫曼树的结点结构一般采用三叉链表,或者带双亲的静态链表。

其结点结构一般如下:

weight	lChild	rChild	parent

其中,weight 保存当前结点的权值;lChild、rChild 和 parent 依次指示当前结点左孩子、右孩子和双亲结点的位置。

三叉链表和静态链表存储结构在 5.2.3 节中均已有介绍。在此以带双亲的静态链表为例,介绍哈夫曼树的生成过程。

带双亲的静态链表及其结点类型定义如下:

```
#define N 40
typedef struct
{
    ElemType data;          // 存储结点的信息(权值)
    int parent;             // 存储双亲在数组中的下标
    int lChild;             // 存储左孩子在数组中的下标
    int rChild;             // 存储右孩子在数组中的下标
}StaticLinkNode;            // 静态链表的结点类型
typedef struct
{
    StaticLinkNode list[N]; // 结点数组
    int root;               // 根结点的下标
}StaticLinkList;            // 静态链表的类型
```

构造哈夫曼树时,首先将给定的 n 个叶子结点的权值存放到数组 list 的前 n 个单元,然后根据哈夫曼方法的基本思想,不断将两个根结点权值最小的子树合并为一棵较大的二叉树,每次合并生成的新二叉树的根结点的权值按顺序依次存入 list 数组的 n 到 $2n-2$ 号单元。

由其构造过程可知,哈夫曼树中没有度为 1 的结点。由 5.2.2 节二叉树的性质可知 $n_0 = n_2 + 1$,即任何二叉树中,度为 0 的结点数总是比度为 2 的结点数多 1 个。因此,具有 n 个叶子结点的哈夫曼树,总共有 $2n-1$ 个结点。由于根结点是最后合并生成的,也就是说,一旦确定叶子结点的个数 n,则根结点必然位于 list 数组的 $2n-2$ 号单元。

以例 5-11 中给定的权值集合 $W = \{10, 12, 4, 7, 5, 18, 2\}$ 为例,初始化后的静态链表如图 5-36(a)所示。由于给定的权值个数(即叶子结点数)$n = 7$,所以推算出根结点的下标,即 root 的值为 12。

从所有无双亲的结点中,每次选出权值最小和次小的两个结点,以其根结点的权值之和作为其双亲,依次构造出权值为 6、11 和 17 的结点之后的静态链表,分别如图 5-36(b)、图 5-36(c)和图 5-36(d)所示。

继续从所有无双亲的结点中,每次选出权值最小和次小的两个结点,以其根结点的权值之和作为其双亲，依次构造出权值为 23、35 和 58 的结点之后的静态链表，分别如图 5-36(e)、图 5-36(f)和图 5-36(g)所示。

结构体数组 list

	data	parent	lChild	rChild
0	10	−1	−1	−1
1	12	−1	−1	−1
2	4	−1	−1	−1
3	7	−1	−1	−1
4	5	−1	−1	−1
5	18	−1	−1	−1
6	2	−1	−1	−1
7		−1	−1	−1
8		−1	−1	−1
9		−1	−1	−1
10		−1	−1	−1
11		−1	−1	−1
12		−1	−1	−1
	…			
$N-1$				
root	12			

（a）初始化之后的静态链表

结构体数组 list

	data	parent	lChild	rChild
0	10	−1	−1	−1
1	12	−1	−1	−1
2	4	7	−1	−1
3	7	−1	−1	−1
4	5	−1	−1	−1
5	18	−1	−1	−1
6	2	7	−1	−1
7	6	−1	6	2
8		−1	−1	−1
9		−1	−1	−1
10		−1	−1	−1
11		−1	−1	−1
12		−1	−1	−1
	…			
$N-1$				
root	12			

（b）生成2和4的双亲6

结构体数组 list

	data	parent	lChild	rChild
0	10	−1	−1	−1
1	12	−1	−1	−1
2	4	7	−1	−1
3	7	−1	−1	−1
4	5	8	−1	−1
5	18	−1	−1	−1
6	2	7	−1	−1
7	6	8	6	2
8	11	−1	4	7
9		−1	−1	−1
10		−1	−1	−1
11		−1	−1	−1
12		−1	−1	−1
	…			
$N-1$				
root	12			

（c）生成5和6的双亲11

结构体数组 list

	data	parent	lChild	rChild
0	10	9	−1	−1
1	12	−1	−1	−1
2	4	7	−1	−1
3	7	9	−1	−1
4	5	8	−1	−1
5	18	−1	−1	−1
6	2	7	−1	−1
7	6	8	6	2
8	11	−1	4	7
9	17	−1	3	0
10		−1	−1	−1
11		−1	−1	−1
12		−1	−1	−1
	…			
$N-1$				
root	12			

（d）生成7和10的双亲17

图 5-36　静态链表的生成过程

结构体数组 list

	data	parent	lChild	rChild	
0	10	9	−1	−1	
1	12	10	−1	−1	←
2	4	7	−1	−1	
3	7	9	−1	−1	
4	5	8	−1	−1	
5	18	−1	−1	−1	
6	2	7	−1	−1	
7	6	8	6	2	
8	11	10	4	7	←
9	17	−1	3	0	
10	23	−1	8	1	
11		−1	−1	−1	
12		−1	−1	−1	
	…				
N−1					
root	12				

（e）生成11和12的双亲23

结构体数组 list

	data	parent	lChild	rChild	
0	10	9	−1	−1	
1	12	10	−1	−1	
2	4	7	−1	−1	
3	7	9	−1	−1	
4	5	8	−1	−1	
5	18	11	−1	−1	←
6	2	7	−1	−1	
7	6	8	6	2	
8	11	10	4	7	
9	17	11	3	0	←
10	23	−1	8	1	
11	35	−1	9	5	
12		−1	−1	−1	
	…				
N−1					
root	12				

（f）生成17和18的双亲35

结构体数组 list

	data	parent	lChild	rChild	
0	10	9	−1	−1	
1	12	10	−1	−1	
2	4	7	−1	−1	
3	7	9	−1	−1	
4	5	8	−1	−1	
5	18	11	−1	−1	
6	2	7	−1	−1	
7	6	8	6	2	
8	11	10	4	7	
9	17	11	3	0	
10	23	12	8	1	←
11	35	12	9	5	←
12	58	−1	10	11	
	…				
N−1					
root	12				

（g）生成23和35的双亲58(根)

图 5-36　静态链表的生成过程(续)

5.6.3　哈夫曼编码

1. 哈夫曼编码的概念

在数据通信中，经常需要将传送的文字转换成由二进制字符 0 和 1 组成的二进制代码,称之为编码。

如果在编码时考虑字符出现的频率,让出现频率高的字符采用尽可能短的编码,出现频率低的字符采用稍长的编码,构造一种不等长编码,则电文的代码就可能更短。哈夫曼编码是一种用于构造使电文的编码总长最短的编码方案。

2. 求哈夫曼编码的方法

(1)构造哈夫曼树

设需要编码的字符集合为 $\{d_1, d_2, d_3, \cdots, d_n\}$,它们在电文中出现的次数依次为 $\{w_1, w_2, w_3, \cdots, w_n\}$,以 $d_1, d_2, d_3, \cdots, d_n$ 为叶结点,$w_1, w_2, w_3, \cdots, w_n$ 为它们的权值,构造一棵哈夫曼树。

【例 5-12】 设有 A、B、C、D、E、F 共 6 个数据,其出现的频度分别为 6、5、4、3、2、1,构造一棵哈夫曼树,并确定它们的哈夫曼编码。

每次选取两个最小权值的过程如图 5-37(a)所示,构造的哈夫曼树如图 5-37(b)所示。

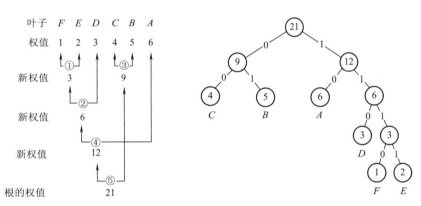

(a)每次选取两个最小权值的过程　　　(b)构造哈夫曼树并给分支编码

图 5-37　求哈夫曼编码

(2)根据哈夫曼树,求所有叶结点的编码

规定哈夫曼树中的左分支代表 0,右分支代表 1,则从根结点到每个叶结点所经过的路径分支组成的 0 和 1 的序列便为该叶子结点对应字符的编码,如图 5-37(b)所示,得到哈夫曼编码为

$$A = 10; B = 01; C = 00; D = 110; E = 1111; F = 1110$$

在哈夫曼编码树中,树的带权路径长度的含义是各个字符的码长与其出现次数的乘积之和,也就是电文的代码总长。采用哈夫曼树构造的编码是一种能使电文代码总长为最短的不等长编码。

求哈夫曼编码的实质就是在已建立的哈夫曼树中,从叶结点开始,沿结点的双亲链域回退到根结点,每回退一步,就走过了哈夫曼树的一个分支,从而得到一位哈夫曼码值。由于一个字符的哈夫曼编码是从根结点到相应叶结点所经过的路径上各分支所组成的 0、1 序列,因此先得到的分支代码为所求编码的低位码,后得到的分支代码为所求编码的高位码。

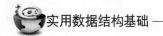

 小　　结

（1）树是一种以分支关系定义的层次结构，除根结点无直接前驱外，其余每个结点有且仅有一个直接前驱，但树中所有结点都可以有多个直接后继。树是一种具有一对多关系的非线性数据结构。

（2）一棵非空的二叉树，每个结点至多只有两棵子树，分别称为左子树和右子树，且左、右子树的次序不能任意交换。它的左、右子树又分别都是二叉树。二叉树是本章的重点，必须重点掌握。

（3）若所有分支结点都存在左了树和右子树，且所有叶子结点都在同一层上，这样的一棵二叉树就是满二叉树。若除最后一层外，其余各层都是满的，并且最后一层或者为满，或者仅在右边缺少连续若干个结点，则称此二叉树为完全二叉树。要求熟悉二叉树、满二叉树和完全二叉树之间的一些基本性质。

（4）二叉树的遍历是指按某种顺序访问二叉树中的所有结点，使得每个结点都被访问，且仅被访问一次。通过一次遍历，使二叉树中结点的非线性排列转为线性排列。要求熟练掌握二叉树的先序遍历、中序遍历、后序遍历及层次遍历的概念和算法。

（5）二叉树具有顺序存储和链式存储两种存储结构。在顺序存储时，可以按完全二叉树的结点编号规则用一维数组存储或者用静态链表存储；在二叉链式存储时，每个结点有两个指针域，具有 n 个结点的二叉树共有 $2n$ 个指针，其中指向左、右孩子的指针有 $n-1$ 个，空指针有 $n+1$ 个。

（6）利用二叉树 $n+1$ 个空指针来指示某种遍历次序下的直接前驱和直接后继，这就是二叉树的线索化。

（7）一般树的存储比较麻烦，但只要将一般树转换为二叉树存储就比较方便了。要求掌握一般树转换为二叉树的方法。

（8）给定中序序列，再给定先序或后序序列，即可恢复出一棵确定的二叉树；如果仅给定先序和后序序列，不给定中序序列，无法恢复出确定的二叉树。

（9）将算术表达式用二叉树来表示称为标识符树，也称为二叉表示树，利用标识符树的后序遍历可以得到算术表达式的后缀表达式，是二叉树的一种应用。

（10）带权路径长度最小的二叉树称为哈夫曼树，要求能按给出的结点权值的集合，构造哈夫曼树，并求带权路径长度。在程序设计中，对于多分支的判别（各分支出现的频度不同），利用哈夫曼树可以提高程序执行的效率，并且哈夫曼编码在通信领域有着广泛的应用，必须予以重点掌握。

实　　验

【实验名称】　二　叉　树

1. 实验目的

（1）掌握二叉树的特点及其二叉链表存储方式。

（2）掌握二叉树的创建和显示方法。

（3）复习二叉树遍历的概念,掌握二叉树遍历的基本方法。

（4）掌握求二叉树的叶结点数、总结点数和深度等基本算法。

（5）掌握判断二叉树是否相似、获取两个指定结点的最近共同祖先结点等算法。

2. 实验内容

（1）读取如图 5-38 所示二叉树的完整先序序列:*ABDHN##K###E#IJ###C#F##*(#表示相应子树为空),构造其二叉链表存储结构。

（2）基于创建的二叉链表,编写二叉树的先序、中序和后序遍历的递归函数;通过输出的遍历序列在纸上恢复出二叉树,检验创建二叉链表的正确性;根据不同基础和要求,选做先序、中序和后序遍历的非递归函数。

（3）构造一个顺序或链式队列,编写二叉树的层次遍历函数。

（4）编写求二叉树的叶结点数、总结点数和深度的函数。

（5）编写判断二叉树是否相似、获取两个指定结点的最近共同祖先结点等函数。

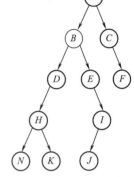

图 5-38　二叉树

3. 实验要求

（1）以数字菜单的形式列出程序的主要功能。

（2）通过统计二叉树的结点总数等方式,能够识别二叉树创建过程中的简单错误(如完整先序序列有误等)。

（3）对于非递归遍历过程中需要用到的栈,基于相应的存储结构,用规范的方法实现进栈、出栈、判栈空、判栈满、读取栈顶元素等各种操作。

（4）对于层次遍历过程中需要用到的队列,基于相应的存储结构,用规范的方法实现进队、出队、判队空、判队满、读取队头和队尾元素等各种操作。

（5）分析各算法的时间和空间复杂度,比较顺序存储和链式存储的优缺点。

习　题

一、判断题(下列各题,正确的请在后面的括号内打√;错误的打×)

1. 在完全二叉树中,若一个结点没有左孩子,则它必然是叶子结点。 （　　）

2. 由多于两棵树的森林转换得到的二叉树,其根结点一定无右子树。 （　　）

3. 二叉树的先序遍历中,任意一个结点均处于其子女结点的前面。 （　　）

4. 在中序线索二叉树中,右线索若不为空,则一定指向其双亲。 （　　）

5. 在哈夫曼编码中,当两个字符出现的频率相同时,其编码也相同。 （　　）

二、填空题

1. 3 个结点可以组成_____种不同形态的树。

2. 在树中,一个结点所拥有的子树数称为该结点的_____。

3. 度为零的结点称为_____结点。

4. 树中结点的最大层次称为树的_____。

5. 对于二叉树来说,第 i 层上至多有_____个结点。

6. 深度为 h 的二叉树至多有_____个结点。

7. 有 20 个结点的完全二叉树,编号为 10 的结点的父结点的编号是_____。

8. 将一棵完全二叉树按层次编号,对于任意一个编号为 i 的结点,其右孩子结点的编号为_____。

9. 已知完全二叉树的第 8 层有 8 个结点,则其叶结点数是_____。

10. 采用二叉链表存储的 n 个结点的二叉树,共有空指针_____个。

11. 给定如图 5-39 所示的二叉树,其先序遍历序列为_____。

12. 给定如图 5-39 所示的二叉树,其层次遍历序列为_____。

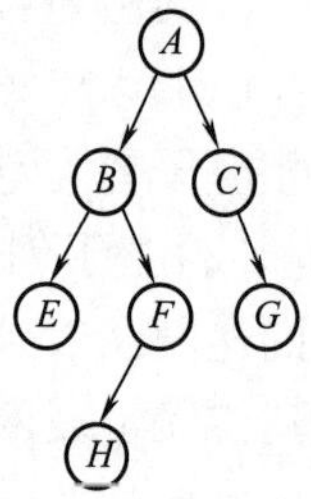

13. A、B 为一棵二叉树上的两个结点,中序遍历时,A 在 B 前的条件是_____。

图 5-39　二叉树

14. 二叉树的先序遍历序列为 $ABDECFGH$,中序遍历序列为 $DEBAFCHG$,则该二叉树中的叶结点为_____。

15. 二叉树的中序序列为 $DEBAC$,后序序列为 $EBCAD$,则先序序列为_____。

16. 先序为 ABC 且后序为 CBA 的二叉树共有_____种。

17. 由一棵二叉树的先序序列和_____序列可唯一确定这棵二叉树。

18. 由树转换成二叉树时,其根结点无_____。

19. 哈夫曼树是带权路径长度_____的二叉树。

20. 具有 n 个结点的哈夫曼树共有_____个结点。

三、选择题

1. 树最适合用来表示(　　)。

    A. 有序数据元素　　　　　　　　　　B. 无序数据元素

    C. 元素之间无联系的数据　　　　　　D. 元素之间有分支的层次关系

2. 在树结构中,若结点 B 有 4 个兄弟,A 是 B 的父亲结点,则 A 的度为(　　)。

    A. 3　　　　　　　B. 4　　　　　　　C. 5　　　　　　　D. 6

3. 一棵有 n 个结点的树的所有结点的度之和为(　　)。

    A. $n-1$　　　　　　B. n　　　　　　C. $n+1$　　　　　　D. $2n$

4. 下列陈述正确的是(　　)。

    A. 二叉树是度为 2 的有序树

    B. 二叉树中结点只有一个孩子时无左右之分

    C. 二叉树中必有度为 2 的结点

    D. 二叉树中最多只有两棵子树,且有左右子树之分

5. 在一棵具有 5 层的满二叉树中,结点的总数为(　　)。

    A. 16　　　　　　　B. 31　　　　　　　C. 32　　　　　　　D. 33

6. 具有 64 个结点的完全二叉树的深度为(　　)。

    A. 5　　　　　　　B. 6　　　　　　　C. 7　　　　　　　D. 8

7. 先序为 ABC 的二叉树共有(　　)种。

    A. 2　　　　　　　B. 3　　　　　　　C. 4　　　　　　　D. 5

8. 任何一棵二叉树的叶结点在先序、中序、后序遍历序列中的相对次序( )。

  A. 不发生改变   B. 发生改变   C. 不能确定   D. 以上都不对

9. 图 5-40 所示的 4 棵二叉树中,( )不是完全二叉树。

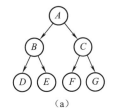 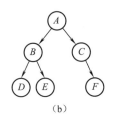 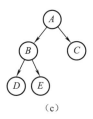 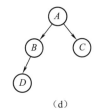

    (a)   (b)   (c)   (d)

图 5-40   二叉树

10. 将一棵有 100 个结点的完全二叉树从上到下,从左到右依次对结点编号,根结点的编号为 1,则编号为 45 的结点的左孩子编号为( )。

  A. 46   B. 47   C. 90   D. 91

11. 具有 $n(n>1)$ 个结点的完全二叉树中,结点 $i(2i>n)$ 的左孩子结点是( )。

  A. $2i$ B. $2i+1$ C. $2i-1$ D. 不存在

12. 图 5-41 所示的二叉树,后序遍历的序列是( )。

  A. $ABCDEFGHI$ B. $ABDHIECFG$ C. $HDIBEAFCG$ D. $HIDEBFGCA$

13. 对于如图 5-42 所示的二叉树,其中序序列为( )。

  A. $DBEHAFCG$ B. $DBHEAFCG$ C. $ABDEHCFG$ D. $ABCDEFGH$

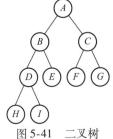   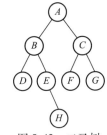

   图 5-41   二叉树   图 5-42   二叉树

14. 某二叉树的后序序列为 $DABEC$,中序序列为 $DEBAC$,则其先序序列为( )。

  A. $ACBED$ B. $DECAB$ C. $DEABC$ D. $CEDBA$

15. 后序序列与层次序列相同的非空二叉树是( )。

  A. 满二叉树   B. 完全二叉树   C. 只有根结点的树   D. 单支树

16. 在一个非空二叉树的中序序列中,根结点的右边( )。

  A. 有右子树上的所有结点   B. 只有右子树上的部分结点

  C. 只有左子树上的部分结点   D. 有左子树上的所有结点

17. 把一棵树转换为二叉树后,这棵二叉树的形态是( )。

  A. 唯一的   B. 有多种

  C. 有多种,但根结点都没有左孩子   D. 有多种,但根结点都没有右孩子

18. 线索二叉树是一种( )结构。

  A. 线性   B. 逻辑   C. 逻辑和存储   D. 物理

19. 二叉树线索化后，任一结点均有指向其前驱和后继的线索，这种说法(　　　)。

A. 正确 B. 错误 C. 不确定 D. 都有可能

20. 用 5 个权值{3，2，4，5，1}构造的哈夫曼树的带权路径长度是(　　　)。

A. 32 B. 33 C. 34 D. 15

四、简答题

1. 已知一棵树边的集合如下，请画出此树，并回答问题。

$\{(L,M)，(L,N)，(E,L)，(B,E)，(B,D)，(A,B)，(G,J)，(G,K)，(C,G)，(C,$
$F)，(H,I)，(C,H)，(A,C)\}$

(1)哪个是根结点？(2)哪些是叶结点？(3)哪个是 G 的双亲？

(4)哪些是 G 的祖先？(5)哪些是 G 的孩子？(6)哪些是 E 的子孙？

(7)哪些是 E 的兄弟？哪些是 F 的兄弟？(8)结点 B 和 N 的层次各是多少？

(9)树的深度是多少？(10)树的度数是多少？

(11)以结点 C 为根的子树的深度是多少？

2. 图 5-43 所示的二叉树是与某森林对应的二叉树，试回答下列问题。

(1)森林中有几棵树？

(2)每一棵树的根结点分别是什么？

(3)第一棵树有几个结点？

(4)第二棵树有几个结点？

(5)森林中有几个叶结点？

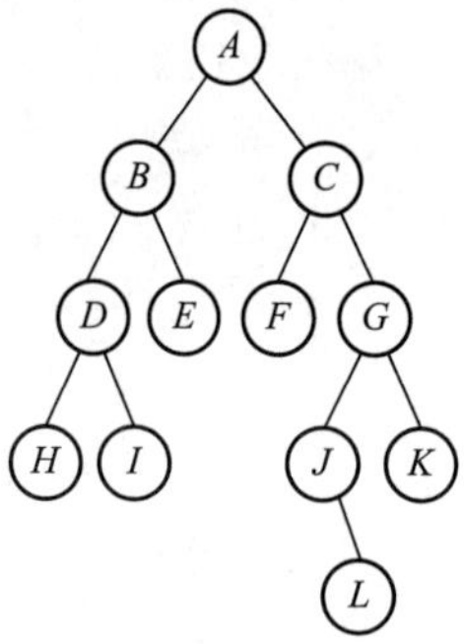

图 5-43 二叉树

3. 二叉树按中序遍历的结果为 ABC，试问有几种不同形态的二叉树可以得到这一遍历结果？并画出这些二叉树。

4. 分别画出具有 3 个结点的树和 3 个结点的二叉树的所有不同形态。

五、应用题

1. 已知一棵二叉树的后序遍历和中序遍历的序列分别为 $ACDBGIHFE$ 和 $ABCDEF$-GHI。请画出该二叉树，并写出它的先序遍历的序列。

2. 已知一棵二叉树的先序遍历和中序遍历的序列分别为 $ABDGHCEFI$ 和 GDH-$BAECIF$。请画出此二叉树，并写出它的后序遍历的序列。

3. 已知一棵树的层次遍历的序列为 $ABCDEFGHIJ$，中序遍历的序列为 $DBGEHJACIF$，请画出该二叉树，并写出它的后序遍历的序列。

4. 把如图 5-44 所示一般树转换为二叉树。

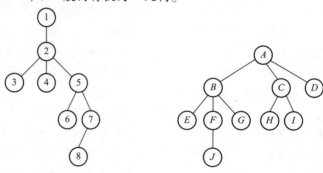

图 5-44 一般树

5. 把如图 5-45 所示森林转换为二叉树。

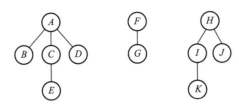

图 5-45　森林

6. 把如图 5-46 所示二叉树还原为森林。

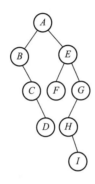

图 5-46　二叉树

7. 某二叉树的结点数据采用顺序存储,其结构如下:

1	2	3	4	5	6	7	8	9	10	11	12	13	14	15	16	17	18	19	20
E	A	F	∧	D	∧	H	∧	∧	C	∧	∧	∧	G	I	∧	∧	∧	∧	B

(1)画出该二叉树。

(2)写出按层次遍历的结点序列。

8. 某二叉树的存储如下:

	1	2	3	4	5	6	7	8	9	10
lChild	0	0	2	3	7	5	8	0	10	1
data	J	H	F	D	B	A	C	E	G	I
rChild	0	0	0	9	4	0	0	0	0	0

其中,根结点的指针为 6,lChild、rChild 分别为结点的左、右孩子的指针域,data 为数据域。

(1)画出该二叉树。

(2)写出该树的先序遍历序列。

9. 给定如图 5-47 所示的二叉树,画出与其对应的中序线索二叉树。

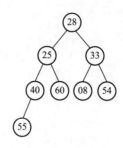

图 5-47　二叉树

10. 画出表达式 $-A+B-C+D$ 的标识符树,并求它们的后缀表达式。

11. 画出表达式 $(A+B/C-D)*(E*(F+G))$ 的标识符树,并求它们的后缀表达式。

12. 画出表达式 $(A+B*C/D)*E+F*G$ 的标识符树,并求它们的后缀表达式。

13. 给定一个权集 $W=\{4,5,7,8,6,12,18\}$,试画出相应的哈夫曼树(权值小的为左孩子,权值大的为右孩子),并计算其带权路径长度 WPL。

14. 给定一个权集 $W=\{3,15,17,14,6,16,9,2\}$,试画出相应的哈夫曼树(权值小的为左孩子,权值大的为右孩子),并计算其带权路径长度 WPL。

15. 假设用于通信的电文仅由 A、B、C、D、E、F、G、H 共 8 个字母组成,各字母在电文中出现的频率依次为 7、19、2、6、32、3、21、10。用这 8 个字母构造一棵哈夫曼树(权值小的为左孩子,权值大的为右孩子),根据构造的哈夫曼树,求其 WPL,并写出所有叶子结点的哈夫曼编码。

六、算法设计题

以二叉链表为存储结构,假设二叉树 T 的存储结构定义如下:

```
typedef struct _BiNode
{
    char data;                    // 数据域
    struct _BiNode *lChild;       // 左孩子指针
    struct _BiNode *rChild;       // 右孩子指针
}BiNode;                          // 二叉链表的结点类型
```

1. 求二叉树中的度数为 2 的结点。

2. 求二叉树中值最大的元素。

3. 将二叉树各结点存储到一维数组中。

4. 按先序输出二叉树中各结点,并输出它们所在的层次(根结点为第 1 层)。

5. 编写算法,判断二叉树 T 是否是完全二叉树。

6. 交换二叉树各结点的左右子树。

7. 写出在二叉树中查找值为 x 的结点在树中层数的算法。

8. 设计算法计算给定二叉树中单孩子结点的数目。

9. 设计算法,将二叉树的所有叶子结点,按从左到右的顺序连成一个单链表,得到的单链表用 rChild 域链接。

第6章

图 «‹‹

图是一种比树形结构更复杂的非线性结构。在图形结构中,每个结点都可以有多个直接前驱和多个直接后继。图形结构被用于描述各种复杂的数据对象,在计算机科学、社会科学、数学、化学、物理学、生物学、系统工程、日常生活等众多领域有着非常广泛的应用。本章主要介绍图的概念,图的存储表示,图的遍历、连通性、最小生成树,以及图的最短路径。

6.1 图的定义和基本操作

本节先给出图(Graph)的定义及相关术语,然后介绍图的基本操作。

6.1.1 图的定义

图是由非空的顶点(Vertices)集合和描述顶点之间关系的边(Edges)的有限集合组成的一种数据结构。可以用二元组定义为

$$G = (V, E)$$

其中,G 表示一个图,V 是图 G 中顶点的集合,E 是图 G 中边的集合。

图 6-1 给出了一个无向图的示例G_1,在该图中,(v_i, v_j)表示顶点v_i和顶点v_j之间有一条无向直接连线,也称为边。

$G_1 = (V, E)$

$V = \{v_1, v_2, v_3, v_4, v_5\}$

$E = \{(v_1, v_2), (v_1, v_4), (v_2, v_3), (v_3, v_4), (v_3, v_5), (v_2, v_5)\}$

图 6-2 则是一个有向图的示例G_2,在该图中,$<v_i, v_j>$表示顶点v_i和顶点v_j之间有一条有向直接连线,也称为弧。其中v_i称为弧尾,v_j称为弧头。

图 6-1　无向图G_1　　　　图 6-2　有向图G_2

$G_2 = (V, E)$

$V = \{v_1, v_2, v_3, v_4\}$

$E = \{<v_1, v_2>, <v_1, v_3>, <v_3, v_4>, <v_4, v_1>\}$

6.1.2 图的相关术语

图的相关术语介绍如下:

(1)无向图(Undigraph):在一个图中,如果每条边都没有方向(见图6-1),则称该图为无向图。

(2)有向图(Digraph):在一个图中,如果每条边都有方向(见图6-2),则称该图为有向图。

(3)无向完全图:在一个无向图中,如果任意两个顶点之间都有一条直接边相连,则称该图为无向完全图。可以证明,在一个含有 n 个顶点的无向完全图中,有 $\frac{n(n-1)}{2}$ 条边。

(4)有向完全图:在一个有向图中,如果任意两个顶点之间都有方向相反的两条弧相连,则称该图为有向完全图。在一个含有 n 个顶点的有向完全图中,有 $n(n-1)$ 条弧。

(5)稠密图、稀疏图:边数很多的图称为稠密图;边数很少的图称为稀疏图。

(6)顶点的度:

在无向图中:一个顶点拥有的边数,称为该顶点的度,记为 $TD(v)$。

在有向图中:

① 一个顶点拥有的弧头的数目,称为该顶点的入度,记为 $ID(v)$。

② 一个顶点拥有的弧尾的数目,称为该顶点的出度,记为 $OD(v)$。

③ 一个顶点的度等于顶点的入度 + 出度,即 $TD(v) = ID(v) + OD(v)$。

在图6-1 的 G_1 中有:

$TD(v_1) = 2$ $\quad$ $TD(v_2) = 3$ $\quad$ $TD(v_3) = 3$ $\quad$ $TD(v_4) = 2$ $\quad$ $TD(v_5) = 2$

在图6-2 的 G_2 中有:

$ID(v_1) = 1$ $\quad$ $OD(v_1) = 2$ $\quad$ $TD(v_1) = 3$

$ID(v_2) = 1$ $\quad$ $OD(v_2) = 0$ $\quad$ $TD(v_2) = 1$

$ID(v_3) = 1$ $\quad$ $OD(v_3) = 1$ $\quad$ $TD(v_3) = 2$

$ID(v_4) = 1$ $\quad$ $OD(v_4) = 1$ $\quad$ $TD(v_4) = 2$

可以证明,对于具有 n 个顶点、e 条边的图,顶点 v_i 的度与顶点的个数以及边的数目满足关系:

$$e = \frac{1}{2} \sum_{i=1}^{n} TD(v_i)$$

(7)权:图的边或弧有时具有与它有关的数据信息,这个数据信息就称为权(Weight)。在实际应用中,权值可以有某种含义。例如,在一个反映城市交通线路的图中,边上的权值可以表示该条线路的长度或者等级。

(8)网:边(或弧)上带权的图称为网(Network)。图6-3 所示为一个无向网。如果边是有方向的带权图,则是一个有向网。

(9)路径、路径长度:顶点 v_i 到顶点 v_j 之间的路径(Path)是指顶点序列 $v_i, v_{i1}, v_{i2}, \cdots, v_{im}, v_j$。其中,$(v_i, v_{i1}), (v_{i1}, v_{i2}), \cdots, (v_{im}, v_j)$ 分别为图中的边。路径上边的数目称为路径

长度。图 6-1 所示的无向图 G_1 中，$v_1 \rightarrow v_4 \rightarrow v_3 \rightarrow v_5$ 与 $v_1 \rightarrow v_2 \rightarrow v_5$ 是从顶点 v_1 到顶点 v_5 的两条路径，路径长度分别为 3 和 2。

（10）回路、简单路径、简单回路：在一条路径中，如果其起始点和终止点是同一顶点，则称其为回路或者环（Cycle）。如果一条路径上所有顶点除起始点和终止点外彼此都是不同的，则称该路径为简单路径。在图 6-1 中，前面提到的 v_1 到 v_5 的两条路径都为简单路径。除起始点和终止点外，其他顶点不重复出现的回路称为简单回路或者简单环。图 6-2 中所示的 $v_1 \rightarrow v_3 \rightarrow v_4 \rightarrow v_1$ 即为简单回路。

（11）子图：对于图 $G = (V, E)$，$G' = (V', E')$，若存在 V' 是 V 的子集，E' 是 E 的子集，则称图 G' 是 G 的一个子图。图 6-4（a）是图 6-1 无向图 G_1 的子图，图 6-4（b）是图 6-2 有向图 G_2 的子图。

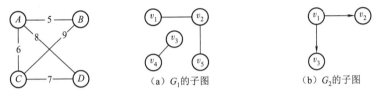

图 6-3　无向网 G_3　　　　（a）G_1 的子图　　　（b）G_2 的子图

图 6-4　图 G_1 和 G_2 的子图

（12）连通图、连通分量：在无向图中，如果从一个顶点 v_i 到另一个顶点 $v_j (i \neq j)$ 有路径，则称顶点 v_i 和 v_j 是连通的。任意两顶点都是连通的图称为连通图。无向图的极大连通子图称为连通分量。图 6-5（a）中有三个连通分量，如图 6-5（b）所示。

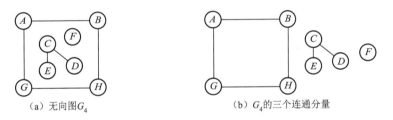

（a）无向图 G_4　　　　　　　（b）G_4 的三个连通分量

图 6-5　无向图 G_4 及其连通分量

（13）强连通图、强连通分量、弱连通图：对于有向图来说，若图中任意一对顶点 v_i 和 $v_j (i \neq j)$ 均有从一个顶点 v_i 到另一个顶点 v_j 有路径，也有从 v_j 到 v_i 的路径，则称该有向图是强连通图。有向图的最大强连通子图称为强连通分量。图 6-2 中有两个强连通分量，分别是 $\{v_1, v_3, v_4\}$ 和 $\{v_2\}$，如图 6-6 所示。如果有向图不考虑方向是连通的，而考虑方向时是不连通的，则称该有向图是弱连通图。

图 6-6　有向图 G_2 的两个强连通分量

（14）生成树：连通图 G 的一个子图如果是一棵包含 G 的所有顶点的树，则该子图称为 G 的生成树（Spanning Tree）。在生成树中添加任意一条属于原图中的边必定会产生回路，因为新添加的边使其所依附的两个顶点之间有了第二条路径。若生成树中减少任意一条边，则必然成为非连通的。n 个顶点的生成树，具有 $n-1$ 条边。

6.1.3 图的基本操作

图的基本操作主要有：

（1）creatGraph(G)：输入图 G 的顶点和边，建立图 G 的存储。

（2）dfsTraverse(G, v)：在图 G 中，从顶点 v 出发深度优先遍历图 G。

（3）bfsTraverse(G, v)：在图 G 中，从顶点 v 出发广度优先遍历图 G。

6.2 图的存储表示

图的存储结构比较多。图的存储结构的选择取决于具体的应用和运算。

下面介绍几种常用的图的存储结构。

6.2.1 邻接矩阵

邻接矩阵（Adjacency Matrix）是表示顶点之间相邻关系的矩阵。假设图 $G = (V, E)$ 有 n 个顶点，即 $V = \{v_0, v_1, v_2, \cdots, v_{n-1}\}$，则 G 的邻接矩阵是具有如下性质的 n 阶方阵：

$$\boldsymbol{adj}[i][j] = \begin{cases} 1 & \text{，若}(v_i, v_j)\text{或} <v_i, v_j> \text{是 } E(G) \text{中的边} \\ 0 & \text{，若}(v_i, v_j)\text{或} <v_i, v_j> \text{不是 } E(G) \text{中的边} \end{cases}$$

若 G 是网，则邻接矩阵可定义为：

$$\boldsymbol{adj}[i][j] = \begin{cases} w_{ij} & \text{，若}(v_i, v_j)\text{或} <v_i, v_j> \text{是 } E(G) \text{中的边} \\ \infty & \text{，若}(v_i, v_j)\text{或} <v_i, v_j> \text{不是 } E(G) \text{中的边} \end{cases}$$

其中，w_{ij} 表示边 (v_i, v_j) 或 $<v_i, v_j>$ 上的权值；∞ 表示大于所有边权值的数。

从图和网的邻接矩阵存储结构，容易得出以下性质：

（1）无向图或网的邻接矩阵一定是对称矩阵。因此，实际存储时可以只存放邻接矩阵上（或下）三角的元素。

（2）对于无向图，邻接矩阵第 i 行（或第 i 列）非零元素（或非 ∞ 元素）的个数正好是第 i 个顶点的度 $\mathrm{TD}(v_i)$。

（3）对于有向图，邻接矩阵第 i 行（或第 i 列）非零元素（或非 ∞ 元素）的个数正好是第 i 个顶点的出度 $\mathrm{OD}(v_i)$（或入度 $\mathrm{ID}(v_i)$）。

（4）用邻接矩阵存储图，很容易确定图中任意两个顶点之间是否有边相连；但是，要确定图中有多少条边，则必须按行、按列对每个元素进行检测，所花费的时间代价很大。这是用邻接矩阵存储图的局限性。

无向图用邻接矩阵表示如图 6-7 所示；有向网用邻接矩阵表示如图 6-8 所示。

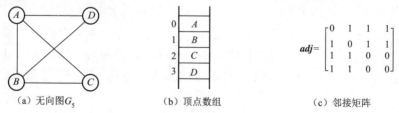

（a）无向图G_5 （b）顶点数组   （c）邻接矩阵

图 6-7 无向图 G_5 及其邻接矩阵存储结构

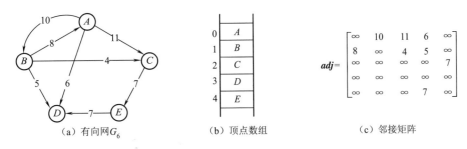

（a）有向网G_6　　　　（b）顶点数组　　　　（c）邻接矩阵

图6-8　有向网G_6及其邻接矩阵存储结构

假设顶点的类型 VertexType 为 char,则邻接矩阵存储结构的类型定义,以及建立一个有向图的邻接矩阵存储结构的算法,如伪代码6-1所示。

	伪代码6-1　创建有向图的邻接矩阵存储结构
1	`#include < stdio.h >`
2	`#define N　20　　　　　　　　　　// 假设最大顶点数为20`
3	`typedef char VertexType;`
4	`typedef struct`
5	`{`
6	`    VertexType vexs[N];`
7	`    int edges[N][N];`
8	`    int n, e;`
9	`} AdjMatrix;`
10	`//创建有向图的邻接矩阵`
11	`void createAdjMatrix(AdjMatrix &g)`
12	`{`
13	`    int i, j, k;`
14	`    char c, v1, v2;`
15	`    printf("请输入顶点数和边数(用空格分隔):\n");`
16	`    scanf("%d%d", &(g.n), &(g.e));`
17	`    printf("请输入顶点标志(用回车分隔):\n");`
18	`    for (i = 0; i < g.n; i++)`
19	`    {`
20	`        //清空缓冲区,Windows 下可用 fflush(stdin)`
21	`        while ((c = getchar()) != '\n' && c != EOF)`
22	`            ;`
23	`        scanf("%c", &(g.vexs[i]));`
24	`    }`
25	`    for (i = 0; i < g.n; i++)`
26	`        for (j = 0; j < g.n; j++)`
27	`            g.edges[i][j] = 0;　　　　// 初始化邻接矩阵`
28	`    printf("请输入所有边(格式:弧尾,弧头):\n");`
29	`    for (k = 0; k < g.e; k++)`
30	`    {`
31	`        //清空缓冲区,Windows 下可用 fflush(stdin)`

```
32          while ((c = getchar()) != '\n' && c != EOF)
33              ;
34          printf("请输入第%d条边(用逗号分隔):", k + 1);
35          scanf("%c,%c", &v1, &v2);
36          //查找两个顶点的行列下标(暂不考虑输入错误的情况)
37          for (i = 0; i < g.n; i++)
38              if (v1 == g.vexs[i])
39                  break;
40          for (j = 0; j < g.n; j++)
41              if (v2 == g.vexs[j])
42                  break;
43          g.edges[i][j] = 1;            // 将边对应的矩阵元素值设为1
44      }
45  }
46  int main()
47  {
48      //邻接矩阵graph为局部变量,存放于栈内存区
49      AdjMatrix graph;
50      createAdjMatrix(graph);           // 创建图的邻接矩阵graph
51      // ⋯                              //后续操作
52      return 0;
53  }
```

如果是建立无向图的邻接矩阵,则只需在以上代码的第 43 行,每次将输入边对应的矩阵元素值设为 1 的同时,将其在邻接矩阵中的对称元素 g.edges[j][i] 也设置为 1。

6.2.2 邻 接 表

邻接表(Adjacency List)是一种将顺序存储与链式存储相结合的存储方法。邻接表表示法类似于树的孩子链表表示法,是图最重要的存储方法之一。

在邻接表中有两种结点,分别如图 6-9(a)和图 6-9(b)所示。一种是顶点的结点,它由顶点标志域(vertex)和指向第一条邻接边的指针域(firstEdge)构成,另一种是边结点,它由邻接顶点的下标域(adjVex)和指向下一条邻接边的指针域(next)构成。对于网的边结点还需要再增设一个权值域(weight)用于存储边的权值等信息,网的边结点结构如图 6-10 所示。

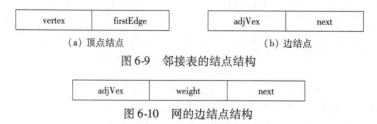

vertex	firstEdge

(a) 顶点结点

adjVex	next

(b) 边结点

图 6-9　邻接表的结点结构

adjVex	weight	next

图 6-10　网的边结点结构

图 6-11 给出了图 6-7 所示无向图 G_5 所对应的邻接表存储结构。

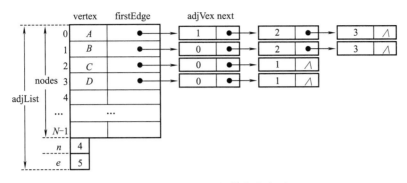

图 6-11   无向图 G_5 的邻接表表示

邻接表的结构体类型定义如下：

```
#define N 10              // 假设最大顶点数为 10
typedef struct _EdgeNode
{
    int adjVex;           // 邻接顶点的下标
    struct _EdgeNode *next;   // 指向下一个邻接边结点的指针
} EdgeNode;               // 定义边结点类型
typedef struct
{
    VertexType vertex;    // 顶点标志或信息
    EdgeNode *firstEdge;  // 保存第一个边结点的地址
} VertexNode;             // 定义顶点结点类型
typedef struct
{
    VertexNode nodes[N];  // 顶点数组
    int n, e;             // 顶点数和边数
} AdjList;                // 定义邻接表类型 AdjList
```

若无向图中有 n 个顶点、e 条边，则它的邻接表需要 n 个头结点和 $2e$ 个表结点。显然，在边稀疏 $\left(e \ll \dfrac{n(n-1)}{2}\right)$ 的情况下，用邻接表比用邻接矩阵更节省存储空间，当与边相关的信息较多时更是如此。

在无向图的邻接表中，顶点 v_i 的度恰好为顶点 v_i 之后链表中的结点数；但在有向图中，顶点 v_i 之后链表中的结点个数只是顶点 v_i 的出度。如果要求入度，则必须遍历整个邻接表才能得到结果。有时，为了便于确定顶点的入度或以顶点 v_i 为头的弧，可以建立一个有向图的逆邻接表，即对每个顶点 v_i 建立一个以 v_i 为弧头的所有弧的链表。图 6-12(a)和图 6-12(b)，分别为图 6-8 中有向网 G_6 的邻接表和逆邻接表。

在建立邻接表或逆邻接表时，若输入的顶点信息即为顶点的编号，则建立邻接表的复杂度为 $O(n+e)$，否则，需要通过查找才能得到顶点在图中的位置，则时间复杂度为 $O(n \times e)$。

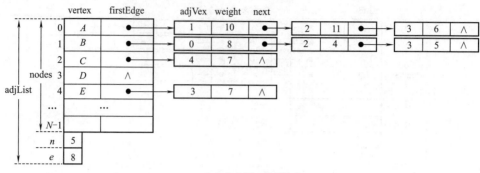

（a）有向网G_6的邻接表

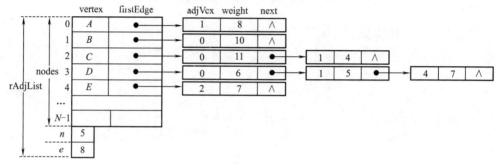

（b）有向网G_6的逆邻接表

图6-12　有向网G_6的邻接表和逆邻接表

对于无向图（或网）而言，由于边没有方向（实际上应看作是双向的），顶点与顶点之间只有邻接关系，其边并没有头和尾的区别，因此无向图（或网）只有邻接表而没有逆邻接表。

6.2.3　十字链表

由于邻接表中查找以某顶点为弧尾的所有弧结点很方便，但是通过该顶点查找以其为弧头的所有弧结点则需要遍历整个邻接表；而逆邻接表在查找弧结点方面的优缺点，则刚好与邻接表相反。为了通过某顶点能够方便地同时查找到以该顶点为弧尾和弧头的所有弧结点，可以将邻接表和逆邻接表合并，这样就构成了有向图的十字链表存储结构。

十字链表的结点结构如图6-13所示。

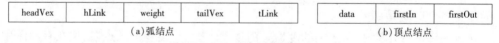

（a）弧结点　　　　　　　　　　　　　　　　（b）顶点结点

图6-13　十字链表的结点结构

十字链表的结点结构定义如下：

```
#define N 10
typedef struct _ArcNode
{
    int tailVex, headVex;          // 弧尾和弧头顶点的下标
    struct _ArcNode *tLink;        // 指向同弧尾的下一个弧结点
```

```
        struct _ArcNode *hLink;              // 指向同弧头的下一个弧结点
        int weight;                          // 弧的权值信息
    } ArcNode;                               // 定义弧结点的类型
    typedef struct
    {
        VertexType vertex;                   // 顶点标志或信息
        ArcNode *firstIn;                    // 指向第一个弧头结点
        ArcNode *firstOut;                   // 指向第一个弧尾结点
    } VexNode;                               // 定义顶点结点的类型
    typedef struct
    {
        VexNode nodes[N];                    // 顶点数组
        int vexNum, arcNum;                  // 顶点数和弧数
    } OrthoList;                             // 定义十字链表的类型
```

图 6-8 所示有向网G_6的十字链表存储结构，如图 6-14 所示。

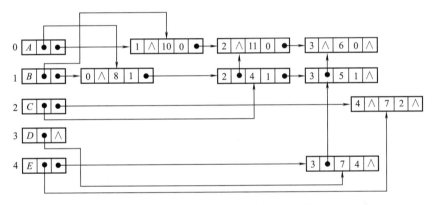

图 6-14　有向网G_6的十字链表存储结构

创建十字链表的算法如伪代码 6-2 所示。

伪代码6-2　创建有向网的十字链表存储结构	
1	void createOrthList(OrthoList &g)
2	{
3	ArcNode *p;
4	int i, j;
5	char arcTail, arcHead;
6	printf("请输入有向网的顶点数和弧数:\n");
7	scanf("%d%d", &g.vexNum, &g.arcNum);
8	printf("请依次输入%d个顶点:\n", g.vexNum);
9	for (i = 0; i < g.vexNum; i++)
10	{
11	scanf("%c", &g.nodes[i].vertex);　　// 输入顶点标志
12	g.nodes[i].firstIn = NULL;　　// 初始化弧结点指针
13	g.nodes[i].firstOut = NULL;

```
14          }
15      printf("顶点数组创建成功！\n");
16      for (i = 0; i < g.arcNum; i ++)
17      {
18          //开辟一个新的弧结点空间
19          p = (ArcNode *)malloc(sizeof(ArcNode));
20          printf("请输入第%d条弧:\n", i + 1);
21          scanf("%c,%c,%d", &arcTail, &arcHead, &p->weight);
22          for (j = 0; j < g.vexNum; j ++)
23          {
24              //将弧尾和弧头的下标存入新弧结点空间中
25              if (g.nodes[j].vertex == arcTail)
26                  p->tailVex = j;
27              if (g.nodes[j].vertex == arcHead)
28                  p->headVex = j;
29          }
30          //链接好弧结点的弧尾指针链
31          p->tLink = g.nodes[p->tailVex].firstOut;
32          g.nodes[p->tailVex].firstOut = p;
33          //链接好弧结点的弧头指针链
34          p->hLink = g.nodes[p->headVex].firstIn;
35          g.nodes[p->headVex].firstIn = p;
36      }
37      printf("十字链表构造成功！\n");
38  }
```

类似于有向图(或网)的十字链表存储结构,无向图(或网)还有一种邻接多重表(Adjacency Multilist)的存储结构。

6.2.4　邻接多重表

虽然邻接表是一种很有效的存储结构,但是在无向图的邻接表结构中,每条边都存在两个边结点,并且这两个边结点分别位于它两个顶点后面的链表中,这给无向图的某些操作带来了不便。例如在某些无向图中,需要对边进行某种操作,如插入或删除一条边等,此时必须找到表示同一条边的两个边结点,并分别对其操作,这样显得比较烦琐。因此,在无向图(或网)中处理大量和边有关的问题时,邻接多重表比邻接表更为合适。

邻接多重表的每条边都仅用一个边结点表示,其边结点和顶点结点的结构分别如图 6-15(a)和图 6-15(b)所示。

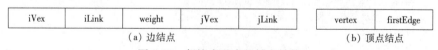

iVex	iLink	weight	jVex	jLink		vertex	firstEdge

(a) 边结点　　　　　　　　　　　　　　　　　　　　(b) 顶点结点

图 6-15　邻接多重表的结点结构

邻接多重表及其边结点和顶点结点的类型定义如下:

```
#define N 10
typedef struct _EdgeNode
{
    int iVex, jVex;                   // 边两端顶点的下标
    struct _EdgeNode *iLink;          // 优先指向同 iVex 端点的下一个边结点
    struct _EdgeNode *jLink;          // 优先指向同 jVex 端点的下一个边结点
    double weight;                    // 边的权值信息
} EdgeNode;                           // 定义边结点的类型
typedef struct
{
    VertexType vertex;                // 顶点标志
    EdgeNode *firstEdge;              // 指向第一个邻接边结点的指针
} VexNode;                            // 定义顶点结点的类型
typedef struct
{
    VexNode nodes[N];                 // 顶点数组
    int vexNum, edgeNum;              // 顶点数和边数
} AdjMultiList;                       // 定义邻接多重表的类型
```

对于图 6-16 所示的无向网 G_7，其邻接多重表如图 6-17 所示。

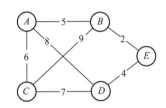

图 6-16　无向网 G_7

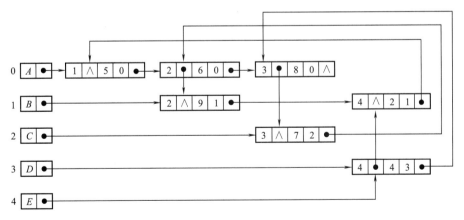

图 6-17　无向网 G_7 的邻接多重表存储结构

6.3 图的遍历

与树的遍历类似,图的遍历(Traversing Graph)是指从图中的某一顶点出发,对图中的所有顶点访问一次,而且仅访问一次。图的遍历是图的一种基本操作。由于图结构本身的复杂性,图的遍历操作也较复杂,主要表现在以下四方面:

(1)在图结构中,每一个结点的地位都是相同的,没有一个"自然"的首结点,图中任意一个顶点都可作为访问的起始结点。

(2)在非连通图中,从一个顶点出发,只能访问它所在的连通分量上的所有顶点,因此,还需要考虑如何访问图中其余的连通分量。

(3)在图结构中,如果有回路存在,那么一个顶点被访问之后,有可能沿回路又回到该顶点。遍历过程中访问不能重复。

(4)在图结构中,一个顶点可以和其他多个顶点相连,这样当这个顶点访问过后,就要考虑如何选取下一个要访问的顶点。

本节介绍两种图的遍历方式:深度优先搜索和广度优先搜索。这两种方法既适用于无向图,也适用于有向图。

6.3.1 深度优先搜索

深度优先搜索(Depth-First Search,DFS)遍历类似于树的先根遍历,是树的先根遍历的推广。

假设初始状态是图中所有顶点未曾被访问,则深度优先搜索可从图中某个顶点 v 出发,首先访问此顶点,然后任选一个 v 的未被访问的邻接点 w 出发,继续进行深度优先搜索,直到图中所有和 v 路径相通的顶点都被访问到;若此时图中还有顶点未被访问到,则另选一个未被访问的顶点作为起始点,重复上面的做法,直至图中所有的顶点都被访问。

以图 6-18 的无向图 G_8 为例,进行图的深度优先搜索。假设从顶点 A 出发进行搜索,在访问了顶点 A 之后,选择邻接点 B。因为 B 未曾访问,则从 B 出发进行搜索。依此类推,接着依次从 D、H、E 出发进行搜索。在访问了 E 之后,由于 E 的邻接点都已经被访问,则搜索回到 H,由于 H 的邻接点也都已经访问过,所以继续回退。搜索继续回到 D,接着是 B,直至 A,此时由于 A 的另一个邻接点 C 未被访问,则搜索又从 A 到 C,再继续进行下去。

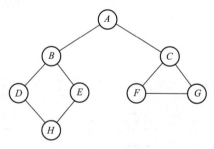

图 6-18 无向图 G_8

由此,得到的顶点访问序列为 $A{\rightarrow}B{\rightarrow}D{\rightarrow}H{\rightarrow}E{\rightarrow}C{\rightarrow}F{\rightarrow}G$。

显然,以上方法是一个递归的过程。为了在遍历过程中便于区分顶点是否已被访问,需要附设访问标志数组 visited$[0\ldots n-1]$,其中 n 为顶点数,每个单元的初值均设为 0(表示所有顶点都尚未访问),一旦某个顶点被访问,则其相应的单元置为 1。

从图 g 的某一点 v 出发,对图 g 的所有顶点进行深度优先遍历的算法,如程序 6-1 的第 194 ~ 223 行所示。分析该算法易知,遍历时对图中每个顶点至多调用一次 dfs( )函数,因为一旦某个顶点被标志成已被访问,就不再从它出发进行搜索。

因此,图的遍历过程实质上是对每个顶点查找其邻接点的过程。其耗费的时间则取决于所采用的存储结构。当用邻接矩阵作为图的存储结构时,查找每个顶点的邻接点所需时间为 $O(n^2)$,其中 n 为图中顶点数。而当以邻接表作图的存储结构时,找邻接点所需的时间为 $O(e)$,其中 e 为无向图中的边数或有向图中的弧数。由此,当以邻接表作存储结构时,深度优先搜索遍历图的时间复杂度为 $O(n+e)$。

6.3.2　广度优先搜索

广度优先搜索(Breadth-First Search,BFS)遍历类似于树的层次遍历。

假设从图中某顶点 v 出发,在访问了顶点 v 之后依次访问 v 的各个尚未访问的邻接点,然后分别从这些邻接点出发依次访问它们的邻接点,并使"先被访问的顶点的邻接点'先于'后被访问的顶点的邻接点"被访问,直至图中所有已被访问的顶点的邻接点都被访问到。若此时图中尚有顶点未被访问,则另选图中一个未曾被访问的顶点为起始点,重复上述过程,直至图中所有顶点都被访问到为止。换句话说,广度优先遍历图的过程中以 v 为起始点,由近至远,依次访问和 v 有路径相通并且路径长度为1、2、3……的顶点。

例如,对图 6-18 所示无向图 G_8 进行广度优先搜索遍历,首先访问 A 和 A 的邻接点 B 和 C,然后依次访问 B 的邻接点 D 和 E 及 C 的邻接点 F 和 G,最后访问 D 的邻接点 H。由于这些顶点的邻接点均已被访问,并且图中所有顶点都被访问,由此完成了图的遍历。广度优先遍历得到的顶点访问序列为 $A \rightarrow B \rightarrow C \rightarrow D \rightarrow E \rightarrow F \rightarrow G \rightarrow H$。

与深度优先搜索类似,在遍历的过程中也需要一个访问标志数组,标记已被访问的顶点。并且,为了顺次访问路径长度为1、2、3……的顶点,需要附设队列存储已被访问的顶点。

从图 g 的某一点 v 出发,对图 g 的所有顶点进行广度优先遍历的算法,如程序 6-1 的第 225 ~ 263 行所示。分析该算法易知,每个顶点至多进队一次。图的遍历过程实质是通过边或弧寻找其邻接点的过程,因此广度优先搜索遍历图和深度优先搜索遍历图的时间复杂度是相同的,两者不同之处仅仅在于对顶点访问的顺序不同。

假设顶点标志为 char 类型,程序 6-1 的第 112 ~ 173 行建立了一个有向网的邻接表存储结构,并对其进行了深度优先和广度优先遍历。

程序 6-1　建立有向网的邻接表存储结构,并对其进行深度和广度优先遍历

```
1    // Program6 - 1.cpp
2    #define _CRT_SECURE_NO_WARNINGS
3    #include < stdio.h >
4    #include < stdlib.h >
5    #include < ctype.h >
6    #define V_MAX  32
7    #define Q_MAX  32
8
9    typedef struct _ArcNode
10   {
```

```c
11          int adjVex;
12          struct _ArcNode * next;
13          int weight;                      // 权值
14      } ArcNode;                           // 定义弧结点
15      typedef struct
16      {
17          char data;
18          ArcNode *firstArc;
19      } VNode;                             // 定义顶点结点
20      typedef struct
21      {
22          VNode nodes[V_MAX];
23          int vexNum, arcNum;
24      } AdjList;                           // 定义有向网的邻接表
25
26      typedef struct
27      {
28          int data[Q_MAX];
29          int front;
30          int rear;
31      } SeqQueue;                          // 顺序队列的结构体类型
32
33      //判断队列是否为空
34      int queueIsEmpty(SeqQueue q)
35      {
36          if (q.front == q.rear)
37              return 1;
38          else
39              return 0;
40      }
41
42      //判断队列是否为满
43      int queueIsFull(SeqQueue q)
44      {
45          if (q.front == (q.rear + 1) %Q_MAX)
46              return 1;
47          else
48              return 0;
49      }
50
51      //获得当前队列中的元素个数
52      int getElemNum(SeqQueue q)
53      {
54          return (q.rear - q.front + Q_MAX) %Q_MAX;
55      }
```

```
56
57      //初始化为空队列
58      void initQueue(SeqQueue &q)
59      {
60          q.front = q.rear = Q_MAX - 1;
61      }
62
63      //进队一个元素
64      int inQueue(SeqQueue &q, int e)
65      {
66          if (1 == queueIsFull(q))
67              return 0;                        // 队列已满,无法进队
68          else
69          {
70              q.rear = (q.rear + 1) %Q_MAX;
71              q.data[q.rear] = e;
72              return 1;                        // 进队成功
73          }
74      }
75
76      //出队一个元素
77      int outQueue(SeqQueue &q, int &x)
78      {
79          if (1 == queueIsEmpty(q))
80              return 0;                        // 队列已空,无法出队
81          else
82          {
83              q.front = (q.front + 1) %Q_MAX;
84              x =q.data[q.front];
85              return 1;                        // 出队成功
86          }
87      }
88
89      //读取队头和队尾元素的信息(不出队列)
90      int getFrontRear(SeqQueue queue, int &ef, int &er)
91      {
92          if (1 == queueIsEmpty(queue))
93              return 0;                        // 队列已空,无队头和队尾
94          else
95          {
96              ef = queue.data[queue.front + 1];
97              er =queue.data[queue.rear];
98              return 1;
99          }
100     }
101
```

```
102     //返回顶点 v 在顶点数组中的下标,若 v 不存在,则返回 -1
103     int locateVex(AdjList g, char v)
104     {
105         int i;
106         for (i = 0; i < g.vexNum; i++)
107             if (v == g.nodes[i].data)
108                 return i;
109         return -1;
110     }
111
112     // 1 -- 创建图的邻接表存储结构
113     void createAdjList(AdjList &g)
114     {
115         int i;
116         char tailVex, headVex, vex, c;
117         int tailIdx = -1, headIdx = -1, weight;
118         ArcNode *p;
119         //打开图的数据文件
120         FILE *fp = fopen("g.txt", "r");
121         if (NULL == fp)
122         {
123             printf("g.txt 文件打开失败! \n");
124             exit(-1);
125         }
126
127         printf("输入顶点数和边数:");
128         fscanf(fp, "%d%d", &g.vexNum, &g.arcNum);
129         printf("%d %d\n", g.vexNum, g.arcNum);
130         printf("请输入%d 个顶点的标志:\n", g.vexNum);
131         for (i = 0; i < g.vexNum; i++)
132         {
133             vex = fgetc(fp);
134             while (!isalpha(vex))            // 要求顶点标志为字母
135             {
136                 vex = fgetc(fp);
137             }
138             g.nodes[i].data = vex;
139             g.nodes[i].firstArc = NULL;
140         }
141         printf("输入的%d 个顶点的标志如下:\n", g.vexNum);
142         for (i = 0; i < g.vexNum; i++)
143             printf("%2c", g.nodes[i].data);
144
145         printf("\n 输入%d 条弧(格式:A,B,3)\n", g.arcNum);
146         for (i = 0; i < g.arcNum; i++)
147         {
```

```
148         //先清空缓冲区
149         while ((c = getchar()) != '\n' && c != EOF)
150             ;
151         //输入一条弧的弧尾,弧头,权值
152         printf("\n 输入第%d 条弧:", i + 1);
153         fscanf(fp, "%c,%c,%d", &tailVex, &headVex, &weight);
154         printf("% c,%c,%d", tailVex, headVex, weight);
155         //在顶点数组中找到弧尾,弧头的下标
156         tailIdx = locateVex(g, tailVex);
157         headIdx = locateVex(g, headVex);
158         if (-1 == tailIdx || -1 == headIdx)
159         {
160             printf("弧尾或弧头顶点不存在,请检查 g.txt! \n");
161             exit(-1);
162         }
163         //开辟结点空间,构造弧结点
164         p = (ArcNode *)malloc(sizeof(ArcNode));
165         p->adjVex = headIdx;
166         p->weight = weight;
167         p->next = NULL;
168         //将弧结点插入弧尾顶点的后续链表中
169         p->next = g.nodes[tailIdx].firstArc;
170         g.nodes[tailIdx].firstArc = p;
171     }
172     fclose(fp);
173 }
174
175 void outAdjList(AdjList g)              // 2 -- 输出邻接表中的数据
176 {
177     int i;
178     ArcNode *p;
179     printf("邻接表中的信息如下: \n");
180     printf("下标 - 顶点-边结点链表 \n");
181     for (i = 0; i < g.vexNum; i++)
182     {
183         printf("%3d |%c", i, g.nodes[i].data);
184         p = g.nodes[i].firstArc;
185         while (p)
186         {
187             printf(" *  -- > %d %d", p->adjVex, p->weight);
188             p = p->next;
189         }
190         printf(" $ \n");
191     }
192 }
193
```

```
194  // 3 - 1 一次深度优先遍历(遍历一个连通分量)
195  void dfs(AdjList g, int v, int visited[])
196  {
197      ArcNode *p;
198      int w;
199      visited[v] = 1;
200      printf("%2c", g.nodes[v].data);   // 访问 v
201      // p 先指向 v 后链表中的第一个结点
202      p = g.nodes[v].firstArc;
203      while (p != NULL)
204      {
205          w = p->adjVex;                 // 用 w 保存邻接顶点的下标
206          if (0 == visited[w])           // 如果 w 号顶点尚未访问
207              dfs(g, w, visited);        // 则以 w 为起始,递归
208          p = p->next;
209      }
210  }
211
212  // 3 - 2 深度优先遍历(遍历整个图)
213  void dfsTraverse(AdjList g)
214  {
215      int visited[V_MAX] = {0};          // 顶点的访问标志全部设为 0
216      int v;
217      for (v = 0; v < g.vexNum; v++)
218      {
219          //若顶点 v 尚未访问,则以 v 为起始,调用递归函数 dfs()
220          if (0 == visited[v])
221              dfs(g, v, visited);
222      }
223  }
224
225  void bfsTraverse(AdjList g)            // 4 - - 广度优先遍历
226  {
227      SeqQueue queue;
228      int visited[V_MAX] = {0};          // 顶点的访问标志全部设为 0
229      ArcNode *p;
230      int v, u = -1, w;
231      initQueue(queue);                  // 初始化队列为空
232      for (v = 0; v < g.vexNum; v++)
233      {
234          //如果顶点 v 尚未访问,则先访问并标记,并将其进队
235          if (0 == visited[v])
236          {
237              printf("%2c", g.nodes[v].data访问
238              visited[v] = 1;            // 标记
```

```
239          inQueue(queue, v);                    // 进队
240
241          while (!queueIsEmpty(queue))         // 如果队列不为空
242          {
243              //出队一个元素给u,然后访问和u邻接的所有顶点
244              outQueue(queue, u);
245              // p 先指向 u 之后弧结点链表中的第一个弧结点
246              p =g.nodes[u].firstArc;
247              while (p ! = NULL)
248              {
249                  w = p->adjVex;                // w 为邻接顶点的下标
250                  //若w尚未访问,则访问并标记,并将其进队
251                  if (0 == visited[w])
252                  {
253                      //先访问w,将其标记为已访问并进队
254                      printf("%2c", g.nodes[w].data);
255                      visited[w] =1;
256                      inQueue(queue, w);
257                  }
258                  p = p->next;
259              }
260          }
261      }
262  }
263  }
264
265  void menu() // 功能菜单
266  {
267      printf("\n\t********* 有向网的邻接表********* \n");
268      printf("\t*      1 -- 创建邻接表                * \n");
269      printf("\t*      2 -- 输出邻接表                * \n");
270      printf("\t*      3 -- 深度优先遍历(DFS)        * \n");
271      printf("\t*      4 -- 广度优先遍历(BFS)        * \n");
272      printf("\t*      0 -- 退出程序                  * \n");
273      printf("\t************************** \n");
274      printf("\t 请选择一个菜单项:");
275  }
276
277  void init(AdjList &graph)                        // 初始化图
278  {
279      graph.arcNum = 0;
280      graph.vexNum = 0;
281  }
282
283  int main()
```

```
284    {
285        AdjList graph;
286        char c;
287        int item = -1;
288        system("color F0");                    // 设置控制台为白底黑字
289        system("chcp 65001");                  // 设置控制台的字符编码为 UTF - 8
290        init(graph);
291
292        while (1)
293        {
294            menu();
295            scanf("%d", &item);
296            switch (item)
297            {
298            case 1:
299                createAdjList(graph);
300                printf("\n 成功创建邻接表！\n");
301                break;
302            case 2:
303                if (graph.vexNum != 0)
304                    outAdjList(graph);
305                else
306                    printf("当前图为空,请先创建邻接表！\n");
307                break;
308            case 3:
309                if (graph.vexNum != 0)
310                {
311                    printf("深度优先遍历序列:");
312                    dfsTraverse(graph);
313                }
314                else
315                    printf("图为空,请先创建邻接表！\n");
316                printf("\n");
317                break;
318            case 4:
319                if (graph.vexNum != 0)
320                {
321                    printf("广度优先遍历序列:");
322                    bfsTraverse(graph);
323                }
324                else
325                    printf("图为空,请先创建邻接表！\n");
326                printf("\n");
327                break;
328            case 0:
```

329	exit(0);
330	default:
331	//输入的菜单项错误或有不合法的值,则清空缓冲区
332	while ((c = getchar()) != '\n' && c != EOF)
333	;
334	printf("\t您选择的菜单项错误,请重新选择! \n");
335	}
336	//操作结束,将 item 赋值为不存在的菜单项
337	item = -1;
338	}
339	return 0;
340	}

6.4　图的连通性

判定图的连通性是图的一个应用问题,可以利用图的遍历算法来求解这一问题。本节将讨论无向图的连通性问题,并讨论最小代价生成树等问题。

6.4.1　连通分量和生成树

在对无向图进行遍历时,对于连通图,仅需要从图中任一顶点出发,进行深度优先搜索或广度优先搜索,便可访问到图中所有顶点。对非连通图,则需要从多个顶点出发进行搜索,而每次从一个新的起始点出发进行搜索的过程中得到的顶点访问序列,恰为其各个连通分量的顶点集。

例如,图 6-19(a)的无向图 G_9 为非连通图,图 6-19(b)是它的邻接表。进行深度优先搜索遍历时需要两次调用 DFS 过程(即分别从顶点 A 和 C 出发),得到顶点的访问序列为 $A\ B\ F\ E$ 和 $C\ D$。

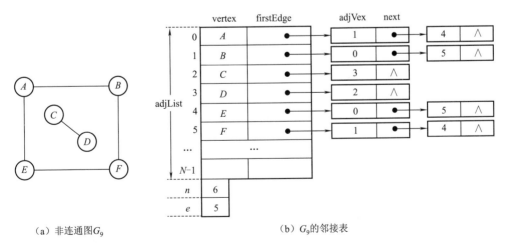

（a）非连通图 G_9　　　　　　　　　　（b）G_9 的邻接表

图 6-19　非连通图 G_9 及其邻接表

这两个顶点集和所有依附于这些顶点的边,构成了非连通图G_9的两个连通分量。因此,要想判定一个无向图是否为连通图,或有几个连通分量,可设一个初始值为0的计数变量 count,在深度优先搜索算法中,每调用一次 DFS 过程,就给 count 加1。当算法结束时,count 的值即为图中连通分量的个数。

设$E(G)$为连通图G中所有边的集合,则从图中任一顶点出发遍历图时,必定将$E(G)$分成两个集合$T(G)$和$B(G)$,其中$T(G)$是遍历图过程中历经的边的集合;$B(G)$是剩余的边的集合。显然,$T(G)$和图G中所有顶点一起构成极小连通子图。按照 6.1.2 节的定义,它是连通图的一棵生成树,并且由深度优先搜索得到的为深度优先生成树,由广度优先搜索得到的为广度优先生成树。例如,图 6-20(a)和图 6-20(b)分别为连通图G_8的深度优先生成树和广度优先生成树。图中虚线为集合$B(G)$中的边,实线为集合$T(G)$中的边。

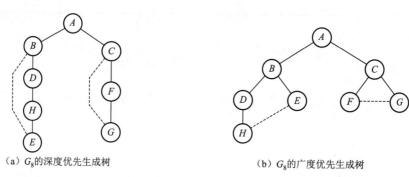

（a）G_8的深度优先生成树　　　　　（b）G_8的广度优先生成树

图 6-20　由无向图G_8得到的生成树

对于非连通图,通过这样的遍历将得到生成森林。例如,图 6-21(a)和图 6-21(b)所示即为非连通无向图G_{10}及其深度优先生成森林,该森林由 3 棵深度优先生成树组成。

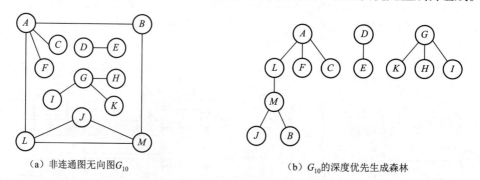

（a）非连通图无向图G_{10}　　　　　（b）G_{10}的深度优先生成森林

图 6-21　非连通图G_{10}及其生成森林

6.4.2　最小生成树

1.最小生成树的基本概念

由生成树的定义可知,无向连通图的生成树不一定是唯一的。连通图的一次遍历所经过的边的集合及图中所有顶点的集合就构成了该图的一棵生成树,对连通图的不同遍历,就可能得到不同的生成树。

图 6-22(a)、图 6-22(b)和图 6-22(c)所示的生成树,均为图 6-18 中图G_8的生成树。

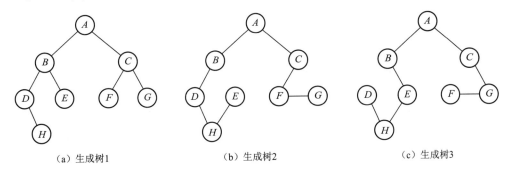

（a）生成树1   （b）生成树2   （c）生成树3

图 6-22　无向连通图G_8的三棵生成树

可以证明,对于有 n 个顶点的无向连通图,无论其生成树的形态如何,所有生成树中都有且仅有 $n-1$ 条边。

如果无向连通图是一个网,那么它的所有生成树中必有一棵边的权值之和为最小的生成树,简称最小生成树。

最小生成树的概念可以应用到许多实际问题中。例如,有这样一个问题:以尽可能低的总造价建造城市间的通信网络,把 10 个城市联系在一起。在这 10 个城市中,任意两个城市之间都可以建造通信线路,通信线路的造价依据城市间的距离不同而不同,可以构造一个通信线路造价网络。在网络中,每个顶点表示城市,顶点之间的边表示城市之间可建造的通信线路,每条边的权值表示该条通信线路的造价。要想使总的造价最低,实际上就是寻找该网络的最小生成树。

2. 常用的构造最小生成树的方法

（1）构造最小生成树的 Prim 算法

假设 $G=(V, E)$ 为一连通网,顶点集 $V=\{v_1, v_2, v_3, \cdots, v_n\}$,$E$ 为网中所有带权边的集合。设置两个新的集合 U 和 T,其中集合 U 用于存放 G 的最小生成树中的顶点,集合 T 存放 G 的最小生成树中的边。令集合 U 的初值为 $U=\{v_1\}$(假设构造最小生成树时,从顶点v_1出发),集合 T 的初值为 $T=\{\}$。

Prim 算法的基本思想:从所有 $u \in U, v \in V-U$ 的边中,选取具有最小权值的边(u, v),将顶点 v 加入集合 U 中,将边(u, v)加入集合 T 中,如此不断重复,直到 $U=V$ 时,最小生成树构造完毕,这时集合 T 中包含了最小生成树的所有边。

图 6-23(a)所示的一个网,按照 Prim 算法,从顶点 A 出发,该网的最小生成树的产生过程如图 6-23(b) ~ 图 6-23(f)所示。

（2）构造最小生成树的 Kruskal 算法

Kruskal 算法是一种按照网中边的权值递增的顺序构造最小生成树的方法。

Kruskal 算法的基本思想是:首先选取全部 n 个顶点,将其看成 n 个连通分量;然后按照网中所有边的权值由小到大的顺序,不断从当前未被选取的边集中选取权值最小的边。但是,所选的边不能与前面选取的边构成回路,若构成回路,则放弃该条边,改选后面权值稍大的边。

依据生成树的概念,n 个结点的生成树共有 $n-1$ 条边,故重复上述过程,直到选取了

$n-1$ 条边为止,就构成了一棵最小生成树。

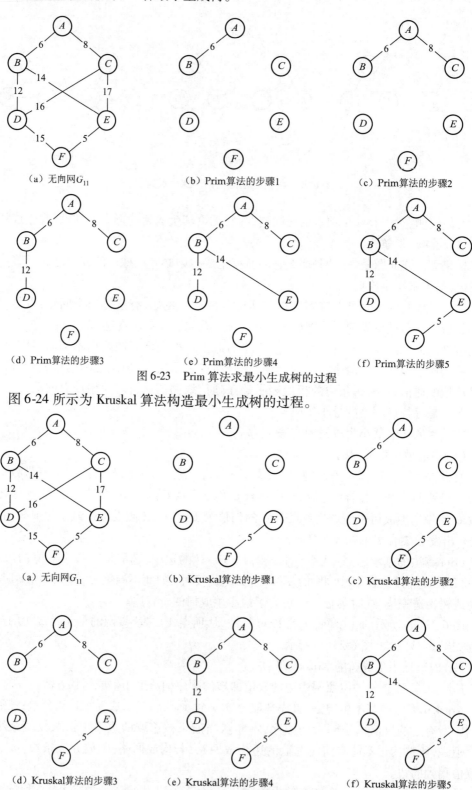

图 6-23　Prim 算法求最小生成树的过程

图 6-24 所示为 Kruskal 算法构造最小生成树的过程。

图 6-24　Kruskal 算法构造最小生成树的过程

6.5 最短路径

最短路径问题是图的又一个比较典型的应用问题。例如,某一地区的一个交通网,给定了该网内的 n 个城市以及这些城市之间的相通公路的距离,问题是如何在城市 A 和城市 B 之间找一条最近的通路。如果将城市用顶点表示,城市间的公路用边表示,公路的长度则作为边的权值,那么,这个问题就可归结为在网中,求点 A 到点 B 的所有路径中,边的权值之和最短的那一条路径。这条路径就称为两点之间的最短路径,并称路径上的第一个顶点为源点(Source),最后一个顶点为终点(Destination)。在不带权的图中,最短路径是指两点之间经历的边数最少的路径。

例如,在图 6-25 中,设 A 为源点,则从 A 出发的路径有(括号里为路径长度):

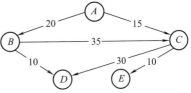

图 6-25 有向网 G_{12}

(1) A 到 B 的路径有: $A \rightarrow B(20)$。

(2) A 到 C 的路径有: $A \rightarrow C(15)$, $A \rightarrow B \rightarrow C(55)$。

(3) A 到 D 的路径有: $A \rightarrow B \rightarrow D(30)$, $A \rightarrow C \rightarrow D$ (45), $A \rightarrow B \rightarrow C \rightarrow D(85)$。

(4) A 到 E 的路径有: $A \rightarrow B \rightarrow C \rightarrow E(65)$, $A \rightarrow C \rightarrow E(25)$。

选出 v_1 到其他各顶点的最短路径,并按路径长度递增顺序排列如下: $A \rightarrow C(15)$, $A \rightarrow B$ (20), $A \rightarrow C \rightarrow E(25)$, $A \rightarrow B \rightarrow D(30)$。

从上面的序列中,可以看出一个规律:按路径长度递增顺序生成从源点到其他各顶点的最短路径时,当前正生成的最短路径上除终点外,其他顶点的最短路径已经生成。迪杰斯特拉(Dijkstra)算法正是根据此规律得到的。

迪杰斯特拉算法的基本思想:设置两个顶点集 S 和 T,S 中存放已确定最短路径的顶点,T 中存放待确定最短路径的顶点。初始时 S 中仅有一个源点,T 中含除源点以外的其余顶点,此时源点到其余各顶点的当前最短路径长度为源点到该顶点的弧上的权值。接着选取 T 中当前最短路径长度最小的顶点 v,将 v 从集合 T 移到集合 S 中,然后修改从源点到 T 中剩余顶点的当前最短路径长度,修改原则是当 v 的最短路径长度与 v 到 T 中顶点之间的权值之和小于该顶点的当前最短路径长度时,用前者替换后者。重复以上过程,直到 S 中包含所有顶点为止,其过程如图 6-26所示。

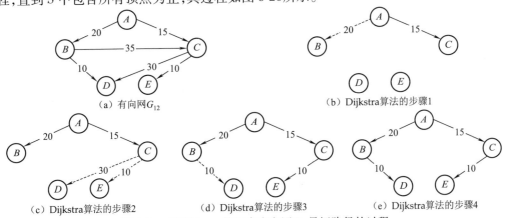

图 6-26 用 Dijkstra 算法求有向网 G_{12} 最短路径的过程

基于6.2.1节定义的邻接矩阵存储类型 AdjMatrix,用 Dijkstra 算法求最短路径的过程描述如伪代码6-3所示。函数 ShortestPath( )将用 Dijkstra 算法求得有向网 g 的 u 顶点到其余顶点 v 的最短路径 path[v] 及其带权路径长度 dis[v]。

其中,参数 u 为起始顶点在邻接矩阵顶点数组中的下标;PathMatrix 为二维矩阵类型,矩阵 path 用来存储当前已经求得的所有最短路径;若 path[v][w] 为 True,则表示 w 是当前求得的从 u 到 v 最短路径上的顶点。ShortPathTable 为整型数组类型,数组 dis 用来存储从 u 到所有顶点的带权路径长度。

伪代码6-3　用 Dijkstra 算法求最短路径

```
1   #define INFINITY 0x7FFFFFFF
2   #define N 20
3   #define FALSE 0
4   #define TRUE 1
5   typedef int PathMatrix[N][N];
6   typedef int ShortPathTable[N];
7   void ShortestPath(AdjMatrix g, int u,
8                     PathMatrix &path, ShortPathTable &dis)
9   {
10      int i, j, v, w, min;
11      // final[v]为 TRUE,当且仅当 v∈S,即已求得从 u 到 v 的最短路径
12      int final[N];
13      for (v = 0; v < g.n; v++)
14      {
15          final[v] = FALSE;          // 初始化 S 集合为空
16          //初始化最短路径矩阵 path
17          for (w = 0; w < g.n; w++)
18              path[v][w] = FALSE;
19          //初始的最短路径长度设置为 u 到相应顶点弧的权值
20          dis[v] = g.adj[u][v];
21          //若 u 到顶点 v 的弧存在,则在 path 中设置好相应路径
22          if (dis[v] < INFINITY)
23          {
24              path[v][u] = TRUE;
25              path[v][v] = TRUE;
26          }
27      }
28      dis[u] = 0;                     // 设置 u 到自身的最短路径为 0
29      final[u] = TRUE;               // 将顶点 u 加入已选取顶点集合 S 中
30      //主循环,每次求得 u 到某个顶点 v 的最短路径,并加 v 到 S 集合
31      for (i = 1; i < g.n; i++)
32      {
33          min = INFINITY;
34          //查找尚未加入集合 S 中,并且带权路径长度最小的
35          //最短路径终点,该终点的下标保存在 v 中
```

36	`for (w = 0; w < g.n; w++)`
37	`//若顶点 w 的最短带权路径长度更小,则更新 v 的值`
38	`if (! final[w] && dis[w] < min)`
39	`{`
40	`v = w;`
41	`min = dis[w];`
42	`}`
43	`final[v] = TRUE;` `// 将顶点 v 加入已选取顶点集合 S 中`
44	`//更新当前最短带权路径长度向量 dis 及路径矩阵 path`
45	`for (w = 0; w < g.n; w++)`
46	`if (!final[w] && min + g.adj[v][w] < dis[w])`
47	`{`
48	`dis[w] = min + g.adj[v][w];`
49	`//将第 v 行的最短路径赋值给第 w 行`
50	`for (j = 0; j < N; j++)`
51	`path[w][j] = path[v][j];`
52	`path[w][w] = TRUE;`
53	`}`
54	`}`
55	`}`

如图 6-27 所示的有向网 G_{13},从顶点 A 到其余各顶点的最短路径如表 6-1 所示。

表 6-1   顶点 A 到其他顶点的最短路径

始 点	终 点	最短路径	路径长度
	B	无	∞
	C	(A,C)	10
A	D	(A,E,D)	50
	E	(A,E)	30
	F	(A,E,D,F)	60

以图 6-27 所示的有向网 G_{13} 为例,迪杰斯特拉算法求解该网中从源点 A 到其余各顶点最短路径的过程,如图 6-28 所示。

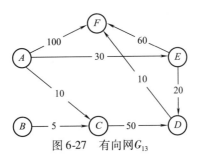

图 6-27   有向网 G_{13}

从起始顶点A到所有顶点最短路径的求解过程

顶点		A	B	C	D	E	F	未被选取且路径最短的终点	集合S
初始值	长度D	0	∞	10	∞	30	100		$\{A\}$
	路径P			(A,C)		(A,E)	(A,F)		
$i=1$	长度D	0	∞	10	∞	30	100	C	$\{A,C\}$
	路径P			(A,C)		(A,E)	(A,F)		
$i=2$	长度D	0	∞	10	60	30	100	E	$\{A,C,E\}$
	路径P			(A,C)	(A,C,D)	(A,E)	(A,F)		
$i=3$	长度D	0	∞	10	50	30	90	D	$\{A,C,D,E\}$
	路径P			(A,C)	(A,E,D)	(A,E)	(A,E,F)		
$i=4$	长度D	0	∞	10	50	30	60	F	$\{A,C,D,E,F\}$
	路径P			(A,C)	(A,E,D)	(A,E)	(A,E,D,F)		
$i=5$	长度D	0	∞	10	50	30	60	无	$\{A,C,D,E,F\}$
	路径P			(A,C)	(A,E,D)	(A,E)	(A,E,D,F)		

图 6-28　迪杰斯特拉算法求解有向网G_{13}最短路径的过程

6.6　有向无环图及其应用

一个不存在环的有向图称为有向无环图（Directed Acyclic Graph，DAG）。

有向无环图可用于描述某项工程的进行过程。除最简单的情况之外，几乎所有工程都可分为若干个称作活动的子工程，而这些子工程之间，通常受一定条件的约束，如其中某些子工程的开始必须在另一些子工程完成之后。对于整个工程，人们往往最关心两方面的问题：一是工程能否顺利进行；二是估算整个工程完成所必需的最短时间。其中，前一个问题就是有向图能否拓扑排序的问题，后一个问题则和关键路径有关，下面分别进行讨论。

6.6.1　拓扑排序

拓扑排序是有向图的一个重要操作。在给定的有向图 G 中，若顶点序列 v_1，v_2，v_3，$\cdots$，v_n满足下列条件：若在有向图 G 中从顶点v_i到顶点v_j有一条路径，则在序列中顶点v_i必在顶点v_j之前，则称这个序列为一个拓扑序列。求一个有向图拓扑序列的过程称为拓扑排序（Topological Sort），实质上，拓扑排序是由某个集合上的偏序关系得到该集合上的一个全序关系的过程。

在离散数学课程中关于偏序关系和全序关系有如下定义：

若集合 S 上的关系 R 是自反的、反对称的和传递的，则称 R 是集合 S 上的偏序关系。

设 R 是集合 S 上的偏序（Partial Order），如果对每个 $x,y \in S$ 必有 xRy 或 yRx，则称 R 是集合 S 上的全序关系。

直观地看，偏序指集合中仅有部分成员之间可比较，而全序指集合中全体成员之间均可比较。

例如，图 6-29 中所示的两个有向图，假设图中弧 $< x , y >$ 表示的关系为 $x \leqslant y$，则图 6-29（a）表示偏序关系，图 6-29（b）表示全序关系。图 6-29（a）之所以为偏序关系，是因为(a)图中存在顶点 B 和顶点 C 是不可比较的;由于关系是传递的,显然图 6-29(b)中的所有顶点之间均是可比较的,所以(b)图表示的是全序关系。

（a）偏序关系　　　　　　　　　　　　　（b）全序关系

图 6-29　表示偏序和全序关系的有向图

一个偏序关系的有向图可用来表示一个流程图。它或者是一个施工流程图,或者是一个产品生产的流程图,再或者是一个数据流图(每个顶点表示一个过程或活动)。图中每一条有向边表示两个子工程完成的先后次序。

这种用顶点表示活动,用弧表示活动间优先关系的有向图称为顶点表示活动的网(Activity On Vertex),简称 AOV 网。

在 AOV 网中,不应该出现有向环,因为存在环意味着某项活动应以自己为先决条件,如果这样,只能说明该活动是无法完成的,整个工程也无法再进行下去。因此,对 AOV 网应首先进行是否存在环的判定,如果不存在环,则可以进行拓扑排序得到相应的拓扑序列,反之,则不能得到拓扑序列。

拓扑排序及检测是否存在环的步骤如下:

(1)从有向图中选取一个入度为零的顶点将其输出,如果同时有多个顶点的入度为零,则从这些顶点中任选一个。

(2)从图中删除选取的顶点以及以它为弧尾的所有弧。

(3)不断重复以上两步,直至所有顶点全部输出,则所有顶点的输出顺序即为该图的拓扑序列;如果图中还有剩余顶点尚未输出,但是图中已找不到入度为零的顶点,则说明图中存在环,不能进行拓扑排序。

6.6.2　关键路径

与 AOV 网相对应的是 AOE(Activity On Edge)网。AOE 网中是用边表示活动的,它是一种边带权值的有向无环图。AOE 网中的顶点表示事件,弧表示活动,弧的权值一般表示执行活动需要的时间。通常,AOE 网用来估算工程的完成时间。

例如,图 6-30 是一个有 11 项活动的 AOE 网。其中有 9 个事件 A、B、C、D、E、F、G、H、I,每个事件表示所有指向它的活动(即弧)全部完成,以它为弧尾的活动才可以开始。例如,A 表示整个工程开始,I 表示整个工程结束,E 表示 a_4 和 a_5 都已经完成,a_7 和 a_8 才可以开始。与每个活动相联系的数是执行该活动所需的时间。例如,a_1 活动需要 6 个时间单位,a_2 活动需要 4 个时间单位。

一般情况下,整个工程只有一个开始点(入度为零的顶点)和一个完成点(出度为零的顶点),开始点也称为源点,完成点也称为汇点。

与 AOV 网不同,对 AOE 网有待研究的问题是:

(1)完成整项工程至少需要多少时间?

（2）网中的哪些活动是影响工程进度的关键？

由于 AOE 网中有些活动可以并行地进行，所以完成工程的最短时间是从开始点到完成点的最长路径的长度（这里所说的路径长度是指路径上各活动持续时间之和，不是路径上弧的数目）。从开始点到完成点之间路径长度最长的路径称作关键路径（Critical Path），关键路径上的所有活动称为关键活动。

由于 AOE 网中的顶点代表事件，事件的发生有早有晚，假设顶点 V 的最早发生时刻为 $\text{Early}(V)$，最晚发生时刻为 $\text{Late}(V)$，则图 6-31 中的弧头顶点 V 的最早发生时刻的计算方式为

$$\text{Early}(V) = \text{Max}(\text{Early}(R_i) + rw_i)$$

即为所有弧尾顶点的最早发生时刻 $\text{Early}(R_i)$ 和对应弧的权值 rw_i 之和的最大值。

图 6-31 中弧尾顶点 V 的最晚发生时刻的计算方式为

$$\text{Late}(V) = \text{Min}(\text{Late}(H_i) - hw_i)$$

即为所有弧头顶点的最晚发生时刻 $\text{Late}(H_i)$ 和对应弧的权值 hw_i 之差的最小值。

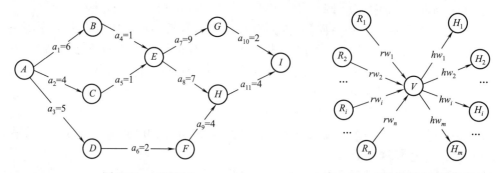

图 6-30　AOE 网 G_{14}　　　　　图 6-31　直接前驱 R_i 和直接后继 H_i

规定起始点的最早发生时刻为 0，所有顶点的最早发生时刻应从起始点开始，沿着弧的指向方向逐个顶点计算，直至完成点；计算出完成点的最早发生时刻后，规定其最晚发生时刻和最早发生时刻相等；然后从完成点开始，沿着弧的逆向方向逐个顶点计算所有顶点的最晚发生时刻。最终求出起始点的最晚发生时刻应该也为 0。

按以上方法求出图 6-30 中所有顶点的最早和最晚发生时刻，如表 6-2 所示。

表 6-2　所有顶点的最早和最晚发生时刻

事件（结点）	发生时刻		事件（结点）	发生时刻	
	最早	最晚		最早	最晚
A	0	0	F	7	10
B	6	6	G	16	16
C	4	6	H	14	14
D	5	8	I	18	18
E	7	7			

由于 AOE 网中的弧代表活动，活动的开始和完成均有早有晚，假设活动 a_i 的最早开始时刻为 $\text{EarlyStart}(a_i)$，最晚开始时刻为 $\text{LateStart}(a_i)$，最早完成时刻为 EarlyFinish

(a_i),最晚完成时刻为 LateFinish(a_i)。

此外,假定活动a_i的持续时间为w_i,富余时间为 Surplus(a_i)。

当事件发生,以该事件为弧尾的所有活动方可开始,所以活动的开始时刻取决于其弧尾顶点的发生时刻。当以某顶点为弧头的所有活动都完成时,该顶点代表的事件方可发生,所以活动的完成时刻决定了其弧头顶点的发生时刻。

因此,计算图 6-32 中弧a_i的各个相关属性值可以通过下列公式:

EarlyStart(a_i) = Early(R)

LateStart(a_i) = Late(R)

EarlyFinish(a_i) = Early(R) + w_i

LateFinish(a_i) = Late(H)

Surplus(a_i) = LateFinish(a_i) − EarlyStart(a_i) − w_i

图 6-32　弧a_i的弧尾 R 和弧头 H

根据以上公式,计算所有活动的相关属性值,如表 6-3 所示。富余时间为 0 的活动,即为关键活动。

表 6-3　所有活动的相关属性值

活动(弧)	开始时刻		完成时刻		富余时间	是否为关键活动
	最早	最晚	最早	最晚		
a_1	0	0	6	6	0	是
a_2	0	0	4	6	2	否
a_3	0	0	5	8	3	否
a_4	6	6	7	7	0	是
a_5	4	6	7	7	2	否
a_6	5	8	7	10	3	否
a_7	7	7	16	16	0	是
a_8	7	7	14	14	0	是
a_9	7	10	14	14	3	否
a_{10}	16	16	18	18	0	是
a_{11}	14	14	18	18	0	是

从表 6-3 可知,图 6-30 所示 AOE 网的关键路径由a_1、a_4、a_7、a_8、a_{10}、a_{11}这 6 个关键活动构成。

分析关键路径的目的在于辨别哪些活动是关键活动,只有缩短关键活动的持续时间,才有可能缩短整个工程的工期。

实践证明:用 AOE 网来估算某些工程的完成时间是非常有用的。实际上,求关键路径的方法本身最初就是与维修和建造工程一起发展的。但是,由于网中各项活动是互相牵涉的,因此,影响关键活动的因素也是多方面的,任何一项活动持续时间的改变都可能会使关键路径发生改变。

对于如图 6-33(a)所示的 AOE 网来说,若将活动a_5的持续时间改为 3,则发现,关键活动的数量增加,关键路径也增加。若同时将a_4的时间改为4,则(A,C,D,F)将不再是关键路径。由此可见,关键活动速度的提高是有限度的。只有在不改变关键路径的前提下,提高关键活动的速度才有效。

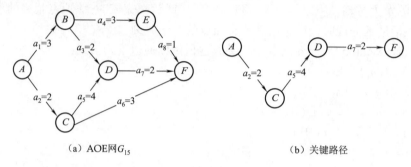

(a) AOE网G_{15} (b) 关键路径

图6-33   AOE网G_{15}及其关键路径

另一方面,若网中有几条关键路径,那么单单提高一条关键路径上的关键活动的速度,并不能缩短整个工程的工期,而必须同时提高关键路径上几条活动的速度。

小 结

(1)图是一种复杂的数据结构,图中的每一个顶点都可以有多个直接前驱和多个直接后继,所以是一种非线性的数据结构。

(2)因为图是由顶点的集合和顶点间边的集合组成,所以图的存储也包括顶点信息和边的信息两方面。

(3)图的常用存储结构有邻接矩阵和邻接表等。

(4)对于有n个顶点的图来说,它的邻接矩阵是一个$n \times n$阶的方阵。邻接矩阵中的元素取值只能是0或1,若图为无向图,则矩阵一定是对称矩阵,所以可以采用压缩存储;若是网,则邻接矩阵中的元素取值是边的权值。

(5)对于有n个顶点和e条边的图,它的邻接表由n个单向链表所组成。无向图的邻接表占用$n+2e$个存储单元;有向图的邻接表占用$n+e$个存储单元。

(6)图的遍历就是从图的某一顶点出发,访问图中每个顶点一次且仅一次。遍历的基本方法有深度优先搜索遍历和广度优先搜索遍历两种。深度优先遍历类似于树的先序遍历;广度优先遍历类似于树的按层次遍历。

(7)取一个无向连通图的全部顶点和一部分边构成一个子图,若其中所有顶点仍是连通的,但各边不构成回路,则这个子图称为原图的一个生成树,同一个图可以有多个不同的生成树。对于带权的图,其各条边权值之和为最小的生成树即最小生成树。求最小生成树的方法,得到最小生成树中边的次序也可能不同,但最小生成树的权值之和却相同。

(8)对于带权的有向图,求从某一顶点出发到其余各顶点的最短路径(所经过的有向边权值总和最小的路径)或求每对顶点之间的最短路径称为最短路径问题。

实 验

【实验名称】 图

1. 实验目的

（1）掌握图的邻接表存储结构的创建方法,实现图中顶点和边的增加和删除。

（2）掌握图深度优先遍历的基本思想和实现。

（3）掌握图广度优先遍历的基本思想和实现。

2. 实验内容

（1）从文件 g. txt 中读入图中顶点和边的信息,建立其邻接表存储结构并输出验证。

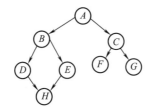

图 6-34 有向图

（2）实现图中顶点和边的增加和删除,并将修改之后图的数据保存回文件 g. txt。

（3）实现图的深度优先遍历。

（4）实现图的广度优先遍历。

3. 实验要求

（1）以数字菜单的形式列出程序的所有功能。

（2）能够识别图创建过程中的简单错误(如输入边时出现不存在的顶点等)。

（3）增删顶点和边之后,可以将图的数据保存回 g. txt 文件,下次启动程序时,能够将其正确读入。

（4）对于深度优先遍历,可用递归形式实现;对于广度优先遍历过程中需要用到的队列,需要用规范的方法实现进队、出队、判队空、判队满、读取队头和队尾元素等各种操作。

（5）分析各算法的时间和空间复杂度,比较顺序存储和链式存储的优缺点。

习 题

一、判断题(下列各题,正确的请在后面的括号内打√;错误的打×)

1. 在无向图中,(v_1,v_2) 与 (v_2,v_1) 是两条不同的边。 （ ）

2. 图可以没有边,但不能没有顶点。 （ ）

3. 若一个无向图以顶点 v_1 为起点进行深度优先遍历,所得的遍历序列唯一,则可以唯一确定该图。 （ ）

4. 用邻接矩阵法存储一个图时,所占用的存储空间大小与图中顶点个数无关,而只与图的边数有关。 （ ）

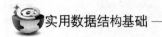

5. 存储无向图的邻接矩阵是对称的,因此只要存储邻接矩阵的上三角(或下三角)部分即可。 (   )

二、填空题

1. 有向图的边也称为_____。

2. 有向图 G 用邻接矩阵存储,其第 i 行的所有元素之和等于顶点 i 的_____。

3. 图的逆邻接表存储结构只适用于_____图。

4. n 个顶点的完全无向图有_____条边。

5. 图常用的存储方式有邻接矩阵和_____等。

6. 有 n 条边的无向图邻接矩阵中,1 的个数有_____个。

7. 图的邻接矩阵表示法是表示_____之间相邻关系的矩阵。

8. n 个顶点 e 条边的图若采用邻接矩阵存储,则空间复杂度为_____。

9. n 个顶点 e 条边的图若采用邻接表存储,则空间复杂度为_____。

10. 设有一稀疏图 G,则 G 采用_____存储比较节省空间。

11. 设有一稠密图 G,则 G 采用_____存储比较节省空间。

12. 对有 n 个顶点,e 条弧的有向图,其邻接表表示中,需要_____个结点。

13. 无向图的邻接矩阵一定是_____矩阵。

14. 有向图的邻接表表示适于求顶点的_____。

15. 有向图的邻接矩阵表示中,第 i 列上非 0 元素的个数为顶点 v_i 的_____。

16. 从图中某一顶点出发,访遍图中其余顶点,且使每一顶点仅被访问一次,称这一过程为图的_____。

17. 具有 6 个顶点的无向图至少应有_____条边才能确保是一个连通图。

18. 对于具有 n 个顶点的图,其生成树有且仅有_____条边。

19. 一个连通网的最小生成树是该图所有生成树中_____最小的生成树。

20. 若要求一个稠密图 G 的最小生成树,最好用_____算法来求解。

三、选择题

1. 在一个有向图中,所有顶点的入度之和等于所有顶点的出度之和的(   )倍。
   A. 1/2   B. 1   C. 2   D. 4

2. 对于一个具有 n 个顶点的有向图其弧数最多有(   )条。
   A. n B. $n(n-1)$ C. $n(n-1)/2$ D. $2n$

3. 在一个具有 n 个顶点的无向图中,要连通全部顶点至少需要(   )条边。
   A. n B. $n+1$ C. $n-1$ D. $n/2$

4. 下面关于图的存储结构的叙述中正确的是(   )。
   A. 用邻接矩阵存储图,占用空间大小只与图中顶点数有关,而与边数无关
   B. 用邻接矩阵存储图,占用空间大小只与图中边数有关,而与顶点数无关
   C. 用邻接表存储图,占用空间大小只与图中顶点数有关,而与边数无关
   D. 用邻接表存储图,占用空间大小只与图中边数有关,而与顶点数无关

5. 无向图顶点 v 的度是关联于该顶点(   )的数目。
   A. 顶点   B. 边   C. 序号   D. 下标

6. 有 n 个顶点的无向图的邻接矩阵是用(   )数组存储。

A.一维　　　　　　　　B. n 行 n 列　　　　　C.任意行 n 列　　　　D. n 行任意列

7.一个具有 n 个顶点和 e 条边的无向图,采用邻接表表示,则表头向量大小为(　　　)。

A. $n-1$　　　　　　B. $n+1$　　　　　　C. n　　　　　　　D. $n+e$

8.在图的表示法中,表示形式唯一的是(　　　)。

A.邻接矩阵表示法　　　　　　　　　B.邻接表表示法

C.逆邻接表表示法　　　　　　　　　D.邻接表和逆邻接表表示法

9.在一个具有 n 个顶点 e 条边的图中,所有顶点的度数之和等于(　　　)。

A. n　　　　　　　　B. e　　　　　　　　C. $2e$　　　　　　　D. $2n$

10.连通分量是(　　　)的极大连通子图。

A.树　　　　　　　　B.图　　　　　　　　C.无向图　　　　　　D.有向图

11.图 6-35 中,度为 3 的结点是(　　　)。

A. v_1　　　　　　　B. v_2　　　　　　　C. v_3　　　　　　　D. v_4

12.图 6-36 是(　　　)。

A.连通图　　　　　　B.强连通图　　　　　C.生成树　　　　　　D.无环图

13.如图 6-37 所示,从顶点 a 出发,按深度优先进行遍历,则可能得到的一种顶点序列为(　　　)。

A. a、b、e、c、d、f　　　　　　　　B. a、c、f、e、b、d

C. a、e、b、c、f、d　　　　　　　　D. a、e、d、f、c、b

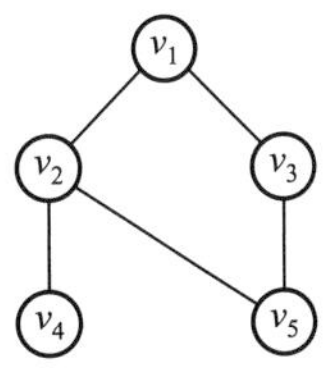

图 6-35　第 11 题图示 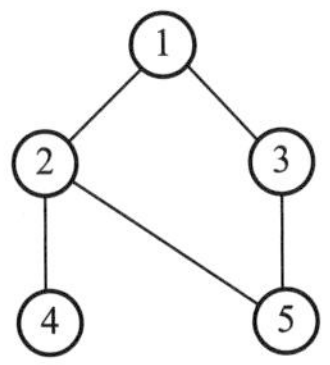　　　　　图 6-36　第 12 题图示 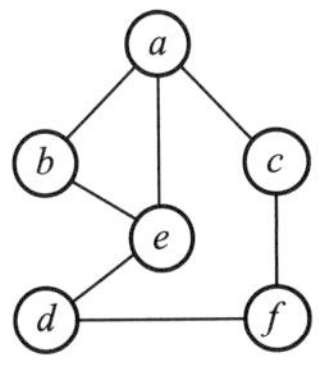　　　　　图 6-37　第 13、14 题图示

14.如图 6-37 所示,从顶点 a 出发,按广度优先进行遍历,则可能得到的一种顶点序列为(　　　)。

A. a、b、e、c、d、f　　　　　　　　B. a、b、e、c、f、d

C. a、e、b、c、f、d　　　　　　　　D. a、e、d、f、c、b

15.深度优先遍历类似于二叉树的(　　　)。

A.先序遍历　　　　　B.中序遍历　　　　　C.后序遍历　　　　　D.层次遍历

16.广度优先遍历类似于二叉树的(　　　)。

A.先序遍历　　　　　B.中序遍历　　　　　C.后序遍历　　　　　D.层次遍历

17.如果从无向图的任意一个顶点出发进行一次深度优先遍历即可访问所有顶点,则该图一定是(　　　)。

A.强连通图　　　　　B.连通图　　　　　　C.回路　　　　　　　D.一棵树

18.任何一个无向连通图的最小生成树(　　　)。

A.只有一棵　　　　　　　　　　　　　B.一棵或多棵

C.一定有多棵　　　　　　　　　　　　D.可能不存在

19. 在一个带权连通图 G 中,权值最小的边一定包含在 G 的( )生成树中。

  A. 最小   B. 任何   C. 广度优先   D. 深度优先

20. 求最短路径的 Dijkstra 算法的时间复杂度为( )。

  A. $O(n)$ B. $O(n+e)$ C. $O(n^2)$ D. $O(n \times e)$

四、应用题

1. 有向图如图 6-38 所示,画出邻接矩阵和邻接表。

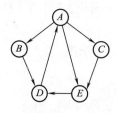

图 6-38   有向图

2. 已知一个无向图有 6 个结点、9 条边。9 条边依次为 (0,1)、(0,2)、(0,4)、(0,5)、(1,2)、(2,3)、(2,4)、(3,4)、(4,5)。试画出该无向图,并从顶点 0 出发,分别写出按深度优先搜索和按广度优先搜索进行遍历的结点序列。

3. 已知一个无向图的顶点集为 $\{a,b,c,d,e\}$,其邻接矩阵如下:

$$adj = \begin{bmatrix} 0 & 1 & 0 & 0 & 1 \\ 1 & 0 & 0 & 1 & 0 \\ 0 & 0 & 0 & 1 & 1 \\ 0 & 1 & 1 & 0 & 1 \\ 1 & 0 & 1 & 1 & 0 \end{bmatrix}$$

分别写出从顶点 a 出发的深度优先搜索和广度优先搜索的结点序列。

4. 网 G 的邻接矩阵如下,试画出该图,并画出它的一棵最小生成树。

$$adj = \begin{bmatrix} 0 & 8 & 10 & 11 & 0 \\ 8 & 0 & 3 & 0 & 13 \\ 10 & 3 & 0 & 4 & 0 \\ 11 & 0 & 4 & 0 & 7 \\ 0 & 13 & 0 & 7 & 0 \end{bmatrix}$$

5. 已知某图 G 的邻接矩阵如下:

$$adj = \begin{bmatrix} 0 & 1 & 0 & 1 \\ 1 & 0 & 1 & 0 \\ 0 & 1 & 0 & 1 \\ 1 & 0 & 1 & 0 \end{bmatrix}$$

(1) 画出相应的图。

(2) 要使此图为完全图需要增加几条边?

6. 已知某有向图如图 6-39 所示。

(1) 给出该图每个顶点的入/出度。

(2) 给出该图的邻接表。

（3）给出该图的邻接矩阵。

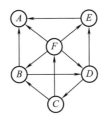

图 6-39 有向图

7. 根据图 6-40 所示，完成以下操作：

（1）写出无向带权图的邻接矩阵。

（2）设起点为 a，求其最小生成树。

8. 给定网 G 如图 6-41 所示。

（1）画出网 G 的邻接矩阵。

（2）画出网 G 的最小生成树。

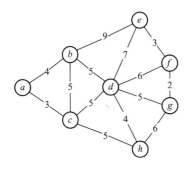

图 6-40 无向图

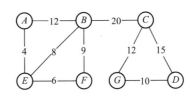

图 6-41 无向图

五、程序填空题

图 g 为有向无权图，试在邻接矩阵存储结构上实现删除一条边（v,w）的操作 delArc（g,v,w）。若无顶点 v 或 w，返回 −1；若成功删除，则边数减 1，并返回 1。（提示：从邻接矩阵中删除一条边，即将邻接矩阵中相应的某个单元置 0）

```
//从邻接矩阵表示的有向图 g 中删除边(v,w),删除成功返回1,失败返回0
int delArc(AdjMatrix &g, char v, char w)
{
    int vIdx, wIdx;
    if ((vIdx = locateVex(g, v)) < 0)
        return _____; // 1
    if ((wIdx = locateVex(g, w)) < 0)
        return _____; // 2
    if (g.adj[vIdx][wIdx])
    {
        g.adj[vIdx][wIdx] = _____; // 3
```

```
            _____; // 边数减 1   // 4
      }
   return _____; // 5
}
```

六、算法题

1. 编写一个无向图的邻接矩阵转换成邻接表的算法。

2. 已知有 n 个顶点的有向图的邻接表，设计算法分别实现下列要求：

    (1) 求出图 G 中每个顶点的出度、入度。

    (2) 求出 G 中出度最大的一个顶点，输出其顶点序号。

    (3) 计算图中出度为 0 的顶点数。

3. 设计算法判断无向图 G 是否是连通的。

4. 试用 Kruskal 算法设计构造最小生成树的程序。

第7章

查 找 ≪

前几章介绍了各种线性和非线性的数据结构,讨论了它们的逻辑结构、存储结构和相关算法。本章将讨论另一种数据结构——查找表。据统计,商业计算机应用系统花费在查找方面的计算时间超过计算机总运行时间的 25% 以上。因此,查找算法的优劣对系统运行效率的影响是相当大的。本章主要介绍查找的基本概念、静态查找、动态查找,以及哈希查找。

7.1 查找的基本概念

有关查找的基本概念如下:

(1)查找表:由同一类型的数据元素(或记录)构成的集合称为查找表。表 7-1 所示的学生招生录取登记表,就可以作为一个查找表。

表 7-1 学生招生录取登记表

学号	姓名	性别	入学总分	录取专业
...	...	...	...	...
20010983	张三	女	438	物联网
20010984	李四	男	450	计算机
20010985	王五	女	445	英语
...	...	...	...	...
20010998	张三	男	458	人工智能
...	...	...	...	...

(2)对查找表进行的操作:

① 查找某个特定的数据元素是否存在。

② 检索某个特定数据元素的属性。

③ 在查找表中插入一个数据元素。

④ 在查找表中删除一个数据元素。

(3)静态查找(Static Search Table):在查找过程中仅查找某个特定元素是否存在或查找其属性,称为静态查找。

(4)动态查找(Dynamic Search Table):在查找过程中除了可以验证某个指定元素或者某个属性的元素是否存在,还可以对其进行插入、删除或修改操作的查找,称为动态查找。

（5）关键字（Key）：数据元素（或记录）中某个数据项的值，用它可以标识数据元素（或记录）。

（6）主关键字（Primary Key）：可以唯一标识一个记录的关键字称为主关键字，如表7-1所示的"学号"。

（7）次关键字（Secondary Key）：可以标识若干个记录的关键字称为次关键字，如表7-1所示的"姓名"，其中"张三"就有两位。

（8）查找（Searching）：在查找表中确定是否存在一个数据元素的关键字等于给定值的操作，称为查找（又称为检索）。若表中存在这样一个数据元素（或记录），则查找成功；否则，查找失败。

（9）内查找和外查找：若整个查找过程全部在内存进行，则称为内查找；若查找过程中还需要访问外存，则称为外查找。本书仅介绍内查找。

（10）平均查找长度（Average Search Length，ASL）：查找算法的效率，主要看要查找的值与关键字的比较次数，通常用平均查找长度来衡量。对一个含 n 个数据元素的表，查找成功时：

$$ASL = \sum_{i=1}^{n} P_i \times C_i$$

式中　P_i——找到表中第 i 个数据元素的概率，且有 $\sum_{i=1}^{n} P_i = 1$；

C_i——查找表中第 i 个数据元素所用到的比较次数，不同的查找方法 C_i 不同。

如果查找表中的数据元素很多，则查找算法非常消耗时间，好的查找方法会大幅提高程序的运行速度。

7.2　静态查找表

静态查找表是数据元素的线性表，可以是顺序存储也可以是链表存储。

1. 顺序存储

顺序存储结构的定义，如本书2.2节所述。由于实现细节的不同，顺序表的定义方式有多种，本节默认以2.2节中顺序表的第2种定义方式作为查找表。不同的是，为了处理方便，查找表中的数据元素并不总是从0号单元开始存储，也经常从数组的1号单元开始存储。

2. 链式存储

链式存储结构的定义，如本书2.3节所述。由于实现细节的差异，链表可以分为有无头结点、是否为环状、单向或双向链表等多种形式，本节默认以无头结点的单向非循环链表作为查找表。

7.2.1　顺序查找

顺序查找又称线性查找，是最基本的查找方法之一。顺序查找既适用于顺序表，也适用于链表。

1. 基本思想

从表的一端开始，按顺序扫描线性表，依次将给定值与元素的关键字进行比较，若相等，则查找成功，并给出数据元素在表中的位置；若整个表扫描完毕，仍未找到与给定值相同的关键字,则查找失败,给出失败信息。

2. 算法的实现

以顺序存储为例,数据元素从下标为 1 的数组单元开始存放,0 号单元作为监测哨,用来存放待查找的值。

伪代码7-1 基于顺序表的顺序查找	
1	`int seqSearch(SeqList list, ElemType x)` // 顺序查找
2	`{`
3	`    int i = list.length;` // 从数组的高下标端开始查找
4	`    //0 号单元用作监视哨,存放待查找的元素值或关键字,即形参 x`
5	`    list.data[0] = x;`
6	`    // while (i > 0 && list.data[i] != x)`
7	`    while (list.data[i] != x)`
8	`        i--;`
9	`    if (i == 0)`
10	`        return -1;` // 查找失败,返回 -1,表示没有找到
11	`    else`
12	`        return i;` // 查找成功,返回其下标
13	`}`

注意:

(1)伪代码7-1 的第 7 行,不需要写成第 6 行注释的这种形式。因为第 5 行将待查找的元素 x 存入 data[0] 作为监视哨了,当 i==0 时,while 循环肯定会结束。因此,在循环过程中,已经无须判断数组下标是否越界。

(2)第 7 行的循环条件 list.data[i] != x,可能需要根据实际情况修改。如果 data[i] 和 x 的类型 ElemType 为 int 或 char,目前的写法并无问题。但是,如果 ElemType 为 float 或 double,因为浮点数存在误差,此时不能用关系运算符判断相等或不等。

如果 data[i] 为 Student 之类的结构体类型,此时 x 的类型可能为 Student 中某个数据项的类型,比如 x 为学号时,其类型为字符串(字符数组或字符指针)类型,则要使用 strcmp(),即字符串比较函数,来判断是否相等。此时 x 的类型应为 char *,第 7 行的循环条件应改为 strcmp(list.data[i].stuId, x)!=0。

监测哨的作用:

(1)省去判定循环中下标越界的条件,从而节约比较时间。

(2)保存查找值的副本,查找时若遇到它,则表示查找不成功。这样,在从后向前查找失败时,不必判断查找表是否检测完,从而实现了查找失败和成功时的算法统一。

3. 顺序查找性能分析

对一个含有 n 个数据元素的表,查找成功时有

$$ASL = \sum_{i=1}^{n} P_i \times C_i$$

就上述算法而言,对于有 n 个数据元素的表,给定值与表中第 i 个元素关键字相等,即定位第 i 个记录时,需要进行 $n-i+1$ 次关键字比较,即 $C_i = n-i+1$。查找成功时,顺

序查找的平均查找长度为

$$\text{ASL} = \sum_{i=1}^{n} P_i \times (n - i + 1)$$

设每个数据元素的查找概率相等,即 $P_i = \dfrac{1}{n}$,则等概率情况下有

$$\text{ASL} = \sum_{i=1}^{n} \frac{1}{n} \times (n - i + 1) = \frac{n + 1}{2}$$

查找不成功时,关键字的比较次数总是 $n + 1$ 次。

算法中的主要工作是关键字的比较,因此,顺序查找的时间复杂度为 $O(n)$。

顺序查找的缺点是当 n 很大时,平均查找长度较大,效率低;优点是对表中数据元素的存储没有要求。另外,对于线性链表,只能进行顺序查找。

7.2.2 二分查找

二分查找也称折半查找,是一种效率很高的查找方法,但前提是表中元素必须采用顺序存储,并且所有元素必须按关键字有序(递增或递减)排列。

1. 二分查找的基本思想

在有序顺序表(默认按关键字递增的顺序排列)中,取中间元素作为比较对象,若给定值与中间元素的关键字相等,则查找成功;若给定值小于中间元素的关键字,则在中间元素的左半区间继续查找;若给定值大于中间元素的关键字,则在中间元素的右半区间继续查找。

不断重复上述查找过程,直到查找成功;若查找的区域不再存在,则查找失败。

假定数组 data 的第 1～n 号单元为有序序列,则从中查找值为 x 的元素,并返回其所在单元下标的流程,如图 7-1 所示。

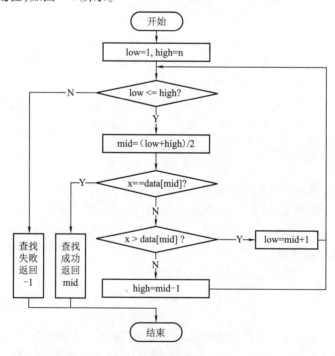

图 7-1　二分查找的流程

2. 查找过程举例

【**例 7-1**】有序表按关键字排列如下：5、14、18、21、23、29、31、35、38、42、46、49、52。在表中查找关键字为 14 和 22 的数据元素。

（1）按二分查找算法，查找关键字 14 的过程如图 7-2 所示。

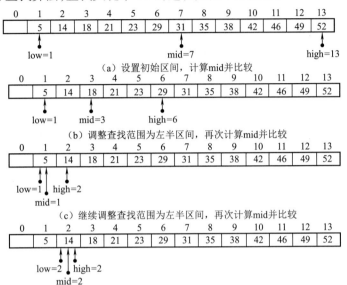

图 7-2　查找成功的过程

（2）按二分查找算法，查找关键字 22 的过程如图 7-3 所示。

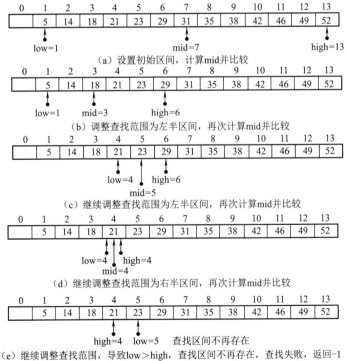

图 7-3　查找失败的过程

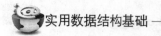

3. 算法

从有序的顺序表 list 中,使用二分查找算法查找元素 x 的过程描述,如伪代码 7-2 所示。需要注意的是,和伪代码 7-1 一样,如果 x 为 float 或 double 类型或者为结构体的某个数据项,则需要对第 9 行和第 11 行的比较细节进行修改。

伪代码 7-2　二分查找(折半查找)

```
1    int binSearch(SeqList list, ElemType x)      // 二分查找
2    {
3        int i, mid, m, nn;
4        int low = 1;                             // 设置初始查找范围
5        int high = list.length;
6        while (low < = high)                     // 若查找区间存在
7        {
8            mid = (low + high) /2;
9            if (list.data[mid] > x)
10               high = mid -1;                    // 范围缩小为左半区间
11           else if (list.data[mid] < x)
12               low = mid +1;                     // 范围缩小为右半区间
13           else
14               return mid;                       // 查找成功
15       }
16       return -1;
17   }
```

4. 二分查找的性能分析

从二分查找的过程看,每次查找都是以当前查找范围的中点为比较对象,并以中点将当前查找范围分割为两个子表,对定位到的子表继续做同样的操作。所以,对表中每个数据元素的查找过程可用二叉树来描述,称这个描述查找过程的二叉树为判定树。

从图 7-4 所示的判定树可以看到,查找第一层的根结点 31,一次比较即可找到;查找第二层的 18 或 42,二次比较可以找到;查找第三层的 5、23、35、49,三次比较可以找到;查找第四层的 14、21、29、38、46、52,四次比较可以找到。

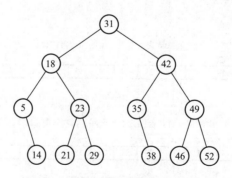

图 7-4　描述二分查找过程的判定树

查找表中任一元素的过程,即是从判定树的根结点到该元素的路径上各结点关键字

的比较次数,即该元素在树中的层次数。对于 n 个结点的判定树,树高为 k,则有 $2^{k-1}-1<n \leqslant 2^k-1$,即 $k-1<\log_2(n+1) \leqslant k$,所以 $k=\log_2(n+1)$。因此,二分查找在查找成功时,所进行的关键字比较次数至多为 $\log_2(n+1)$。

现以高为 h,总结点数为 n 的满二叉树($n=2^h-1$)为例,假设表中每个元素被查找的概率 P_i 是相等的,即 $P_i=\dfrac{1}{n}$,由于二叉树的第 i 层有 2^{i-1} 个结点,因此,二分查找的平均查找长度为:

$$\text{ASL}=\sum_{i=1}^{n} P_i \times C_i = \frac{1}{n}(1 \times 2^0 + 2 \times 2^1 + \cdots + h \times 2^{h-1})$$

假设 $S=1 \times 2^0 + 2 \times 2^1 + 3 \times 2^2 + \cdots + h \times 2^{h-1}$

则有 $2S=1 \times 2^1 + 2 \times 2^2 + \cdots + h \times 2^h$

两式相减,则有

$$2S-S = h \times 2^h - 2^0 - 2^1 - 2^2 - \cdots - 2^{h-1}$$
$$= h \times 2^h - (2^h-1)$$

因为 $n=2^h-1$,所以

$$h=\log_2(n+1)$$
$$S=(n+1)\log_2(n+1)-n$$
$$\text{ASL}=\frac{1}{n}S=\frac{n+1}{n}\log_2(n+1)-1 \approx \log_2(n+1)-1$$

因此,二分查找的时间复杂度为 $O(\log_2 n)$。

二分查找的优点主要是效率高,但二分查找也有如下两个大的缺点:

(1)查找表必须按关键字有序,排序多数情况下比查找更费时。

(2)二分查找算法只适用于顺序存储,不仅链式结构中无法使用,而且如果需要在查找过程中进行插入、删除操作,则必须移动大量元素。

因此,二分查找适用于那种一经建立就很少改动,但是却经常需要查找的线性表。对于那些经常需要改动的线性表,可以采用链式存储结构进行顺序查找。

7.2.3 分块查找

顺序查找几乎没有条件限制,但是查找效率太低;二分查找的条件要求非常苛刻,但是其查找效率很高。可以将顺序查找和二分查找折中,构造一种分块查找表,其查找条件和查找效率均介于顺序查找和二分查找之间。汉语字典中,按部首查字法查找某个汉字时,使用的就是这种方法。

1. 基本思想

将具有 n 个元素的查找表分成 m 个块(又称为子表),每块内的元素可以无序,但是要求块与块之间必须有序,并建立索引表。索引表包括两个字段:关键字(存放对应块中的最大关键字值)和指针(存放指向对应块的首地址)。查找方法如下:

(1)查询索引表,以确定待查找的值所处的分块(索引表为顺序存储且有序,可使用二分查找)。

(2)根据索引表指示的块的起始位置,在块内进行顺序查找。

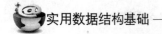

2. 分块查找举例

【例7-2】设关键字集合为 90、43、14、30、78、8、62、49、35、71、22、80、18、52、85。按关键字值 30、62、90 分为三块建立的查找表及其索引表如图 7-5 所示。

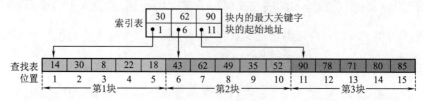

图 7-5　分块查找示例

3. 分块查找性能分析

分块查找由查找索引表和查找子表两步完成。假设 n 个数据元素的查找表分为 m 个子表，且每个子表均为 t 个元素，则 $t = \dfrac{n}{m}$。这样，分块查找的平均查找长度为

$$ASL = ASL_{索引表} + ASL_{子表} = \frac{1}{2}(m+1) + \frac{1}{2}\left(\frac{n}{m}+1\right) = \frac{1}{2}\left(m+\frac{n}{m}\right) + 1$$

可见，分块查找的平均查找长度不仅与表中元素个数 n 有关，而且与所分的块数 m 有关。在表长 n 确定的情况下，当 m 的值为 $\sqrt{n}$ 时，$ASL = \sqrt{n}+1$ 达到最小值。

7.3　动态查找表

本节主要介绍二叉搜索树（Binary Search Tree，也称二叉查找树，或称二叉排序树）和平衡二叉树（Balanced Binary Search Tree，也称 AVL 树）。

7.3.1　二叉搜索树

1. 二叉搜索树的定义

二叉搜索树或者是一棵空树，或者是具有下列性质的二叉树：

（1）若左子树不空，则左子树上所有结点的值均小于根结点的值。

（2）若右子树不空，则右子树上所有结点的值均大于根结点的值。

（3）左、右子树也都是二叉搜索树。

图 7-6 所示为一棵二叉搜索树。从上述的定义可知，对二叉搜索树进行中序遍历，便可得到一个有序序列：

12、21、28、33、43、49、55、61、77、98

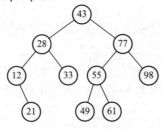

图 7-6　二叉搜索树

2. 二叉搜索树的插入

（1）插入原则

① 若二叉树为空，则插入结点为根结点。

② 否则，插入结点小于根结点，在左子树上查找；插入结点大于根结点，在右子树上查找，直至某个结点用于查找的左子树或右子树为空。

③ 若插入结点小于该结点，则作为该结点的左孩子，否则作为该结点的右孩子。

（2）二叉搜索树的构造过程

【例7-3】记录的关键字序列为 33、50、42、18、39、9、77、44、2、11、24，则构造一棵二叉搜索树的过程如图 7-7 所示。

① 一个无序序列可以通过构造二叉搜索树而成为一个有序序列（中序遍历）。

② 每次插入新结点都是二叉搜索树上新的叶子结点，不必移动其他结点，仅需改动某个结点指针，由空变为非空即可。

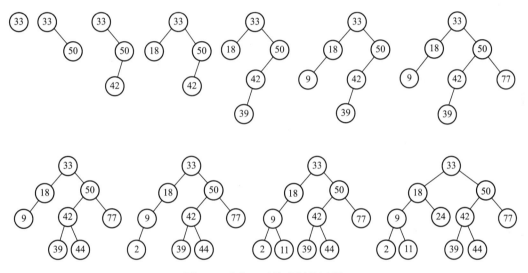

图 7-7　建立二叉搜索树的过程

（3）生成二叉搜索树的算法

二叉搜索树的结点类型定义如下：

```
typedef struct _BiNode
{
    ElemType data;              // 数据域
    struct _BiNode *lChild;     // 左孩子指针
    struct _BiNode *rChild;     // 右孩子指针
}BiNode, *BSTree;               // 二叉链表的结点类型
```

假设二叉搜索树中的元素类型 ElemType 为 int，则在二叉搜索树 T 中插入一个元素 x 的过程如伪代码 7-3 所示。多次调用函数 insertBSTNode( )，即可生成一棵二叉搜索树。

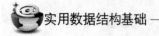

伪代码 7-3　二叉搜索树 T 中插入一个元素 x

```
1   //向二叉搜索树 T 中,插入一个元素 x,使其仍为二叉搜索树
2   //插入成功返回 1,失败返回 0
3   int insertBSTNode(BiNode *&T, ElemType x)
4   {
5       BiNode *f, *p = T;
6       while (p != NULL)                       // 先寻找插入位置的双亲 f
7       {
8           if (p->data == x)
9           {
10              printf("树中已有%d,不能重复插入! \n", x);
11              return 0;
12          }
13          f = p;
14          p = (x < p->data) ? p->lChild : p->rChild;
15      }
16      //为待插入元素 x 开辟空间,将其构造为结点并用 p 指向
17      p = (BiNode *)malloc(sizeof(BiNode));
18      p->data = x;
19      p->lChild = p->rChild = NULL;
20      //插入 p 所指结点到二叉搜索树 T 中
21      if (T == NULL)
22          T = p;
23      else if (x < f->data)
24          f->lChild = p;
25      else
26          f->rChild = p;
27      return 1;
28  }
```

3. 二叉搜索树的删除操作

从二叉搜索树中删除一个结点,若要删除之后仍为二叉搜索树,则需要按以下 3 种情况分别进行考虑。

(1)删除的结点是叶子结点

将其父结点与该结点相连接的指针设为 NULL。如图 7-8 所示,要删除结点 11,则只需将其父结点 9 的右指针设为 NULL。

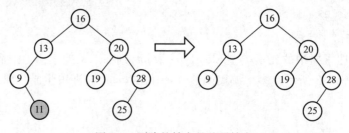

图 7-8　删除的结点是叶子结点

（2）删除的结点只有一棵子树

将被删除结点的子树向上提升，用子树的根结点取代被删除结点。如图7-9所示，要删除结点9，则用结点11取代结点9。

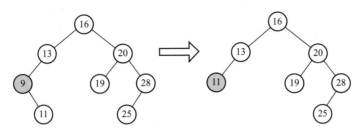

图7-9 删除的结点只有一棵子树

（3）删除的结点有左、右两棵子树（两种方法）

① 中序直接前驱替代法：先用被删除结点在中序遍历序列中的直接前驱结点的值，替代被删除结点的值，然后再删除其中序序列中的直接前驱结点。如图7-10所示，如果要删除结点20，则先用中序直接前驱结点19替代结点20，然后再删除原来值为19的结点即可。

不难证明，度为2的待删除结点 X，其中序直接前驱结点肯定位于 X 的左子树的右下角，即该中序直接前驱结点肯定无右孩子。即该中序直接前驱结点最多只有一个孩子，因此比较容易删除。

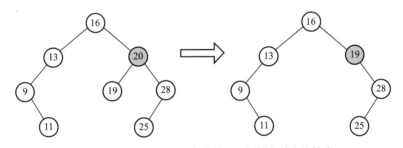

图7-10 用中序遍历的直接前驱，取代被删除的结点

② 中序直接后继替代法：先用被删除结点在中序遍历序列中的直接后继结点的值，替代被删除结点的值，然后再删除其中序序列中的直接后继结点。如图7-11所示，如果要删除结点20，则先用中序直接后继结点25替代结点20，然后再删除原来值为25的结点即可。

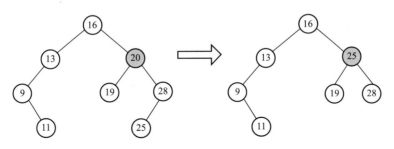

图7-11 用中序遍历的直接后继，取代被删除的结点

不难证明，度为 2 的待删除结点 X，其中序直接后继结点肯定位于 X 的右子树的左下角，即该中序直接后继结点肯定无左孩子。即该中序直接后继结点最多只有一个孩子，因此比较容易删除。

采用直接后继替代法，从二叉搜索树 T 中删除元素 x 的算法如伪代码 7-4 所示。

	伪代码 7-4　从二叉搜索树 T 中删除指定元素 x
1	`int delBSTNode(BiNode *&T, ElemType x)`
2	`{`
3	`    BiNode *parent = NULL, *p = T, *q, *child;`
4	`    while (p)` // 查找要删除的结点 p，其双亲为 parent
5	`    {`
6	`        if (p->data == x)`
7	`            break;`
8	`        parent = p;`
9	`        p = (x < p->data) ? p->lChild : p->rChild;`
10	`    }`
11	`    if (p == NULL)`
12	`    {`
13	`        printf("没有找到要删除的结点！\n");`
14	`        return 0;`
15	`    }`
16	`    q = p;` // q 也指向待删除结点（其双亲为 parent）
17	`    //若 p 的左右子树都不为空，采用中序直接后继替代法`
18	`    if (p->lChild != NULL && p->rChild != NULL)`
19	`    {`
20	`        parent = p;`
21	`        p = p->rChild;`
22	`        // parent 和 p 向左走到底，则 p 所指结点即为 q 的直接后继`
23	`        while (p->lChild)`
24	`        {`
25	`            parent = p;`
26	`            p = p->lChild;`
27	`        }`
28	`        //然后用 p 所指结点的值，覆盖 q 所指结点的值`
29	`        //改为删除 q 的直接后继，即 p 所指结点`
30	`        q->data = p->data;`
31	`    }`
32	`    //删除 p 所指的结点（该结点最多只有一个孩子）`
33	`    child = (p->lChild != NULL) ? p->lChild : p->rChild;`
34	`    if (parent == NULL)` // 若 p 无双亲，则要删除的 p 为根结点
35	`        T = child;` // p 的孩子成为新的根结点
36	`    else` // 若 p 的双亲 parent 不为空
37	`    {`
38	`        if (p == parent->lChild)`
39	`            parent->lChild = child;`

```
40              else
41                  parent- > rChild = child;
42          }
43      free(p);
44      return 1;
45  }
```

4. 二叉搜索树的查找

（1）二叉搜索树的查找过程如下：

① 若查找树为空，查找失败。

② 查找树非空，将给定值与查找树的根结点关键字比较。

③ 若相等，查找成功，结束查找过程，否则：

当给定值小于根结点关键字时，查找将在左子树上继续进行，转到①。

当给定值大于根结点关键字时，查找将在右子树上继续进行，转到①。

（2）二叉搜索树的查找算法：

伪代码 7-5　从二叉搜索树 T 中查找指定元素 x

```
1   BiNode *searchBSTNode(BSTree T, ElemType x)
2   {
3       BiNode *p = T;
4       while (p ! = NULL)
5       {
6           if (p- > data == x)
7               return p;                   // 查找成功
8           p = (x < p- > data) ? p- > lChild : p- > rChild;
9       }
10      return NULL;                        // 查找失败
11  }
```

若元素类型 ElemType 为 Student 之类的结构体，则伪代码 7－5 第 1 行中形参 x 的类型应为某个特定数据项的类型。例如，若 x 为学号，则形参 x 的定义形式应为 char ＊x 或 char x[ ]，同时第 6 行的 if 条件应为：strcmp(p- > data. stuId, x) ＝＝0。

5. 二叉搜索树的查找分析

在二叉搜索树上查找其关键字等于给定值的过程，恰是走了一条从根结点到该结点的路径。含有 n 个结点的二叉搜索树，其形态并不确定，如何来进行查找分析呢？

例如，在图 7-12 所示的两棵二叉搜索树中，虽然结点的值都相同，但图 7-12(a)的深度为 3，而图 7-12(b)的深度为 6。在等概率的情况下，其平均查找长度分别为：

$$ASL(a) = \frac{1 \times 1 + 2 \times 2 + 3 \times 3}{6} = \frac{14}{6} = \frac{7}{3}$$

$$ASL(b) = \frac{1 \times 1 + 2 \times 1 + 3 \times 1 + 4 \times 1 + 5 \times 1 + 6 \times 1}{6} = \frac{21}{6} = \frac{7}{2}$$

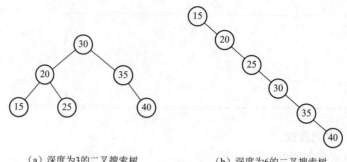

（a）深度为3的二叉搜索树　　　　　　（b）深度为6的二叉搜索树

图 7-12　不同深度的二叉搜索树

由此可见：在二叉搜索树上进行查找的平均查找长度，和二叉树的形态有关。

（1）在最坏情况下，二叉搜索树是通过一个有序表的 n 个结点依次插入生成的，此时所得的二叉搜索树蜕化为一棵深度为 n 的单支树，如图 7-12（b）所示，它的平均查找长度和单向链表的顺序查找相同，为 $(n+1)/2$。

（2）在最好情况下，生成的二叉搜索树中所有左右子树的高度大致相等，得到的是一棵形态与二分查找判定树相似的二叉搜索树，如图 7-12（a）所示。

对所有左右子树高度大致相等的二叉搜索树，进行插入或删除结点后，应对其进行调整，使其所有左右子树高度仍大致相等，以维持其高效的查找效率。

7.3.2　平衡二叉树

所谓平衡二叉树，是一种特殊的二叉搜索树，是指所有结点的左右子树的高度大致相等的二叉搜索树。平衡二叉树有很多种，最著名的是由数学家 Adelse-Velskil 和 Landis 在 1962 年提出的，称为 AVL 树。

图 7-13 给出了两棵二叉搜索树，每个结点旁边的数字是以该结点为根的子树中，左子树与右子树的高度之差，这个数字称为该结点的平衡因子（Balance Factor，BF）。平衡二叉树规定，所有结点平衡因子的绝对值必须小于等于 1，即只能取 -1、0、1 三个值之一。图 7-13（a）就是一棵平衡二叉树。若二叉搜索树中存在平衡因子绝对值大于 1 的结点，则这棵树就不是平衡二叉树。图 7-13（b）就是非平衡二叉树。

因此，平衡二叉树若非空，则是具有以下性质的二叉搜索树：

（1）它的左子树和右子树的高度之差（称为平衡因子）的绝对值不超过 1。

（2）它的左子树和右子树又都是平衡二叉树。

在平衡二叉树上插入或删除结点后，可使原二叉树失去平衡。此时，为了保持原二叉树的平衡状态，可以对失去平衡的二叉树进行平衡化处理。下面重点介绍一种因插入结点引起平衡二叉树不平衡的处理方法——旋转调整法。

在不断插入结点生成平衡二叉树的过程中，每次新插入的结点都是叶子结点，该叶子结点的插入如果引起了平衡二叉树的不平衡，则在很多情况下都是插入结点所在子树的局部不平衡导致了整棵二叉树的不平衡。因此，在很多情况下，只需将插入结点所在的最小不平衡子树调整为平衡，这样整棵二叉树也就能够维持平衡了。

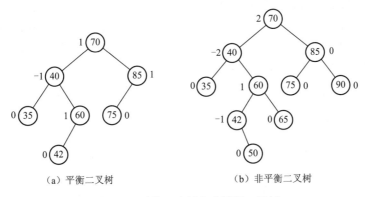

(a) 平衡二叉树　　　　　　　(b) 非平衡二叉树

图 7-13　平衡二叉树和非平衡二叉树

一般情况下,假设在平衡二叉树上插入结点后,失去平衡的最小子树的根结点为 A (该结点应为插入结点的祖先结点,并且是离插入结点最近的,平衡因子绝对值超过 1 的结点),则以 A 为根结点的子树即为最小不平衡子树。

如图 7-14 所示,插入新结点 88 到平衡二叉树中将引起不平衡,从插入结点 88 的双亲 85 开始,依次向上寻找离插入点最近的不平衡祖先结点。显然,结点 85 和结点 93 的不平衡因子绝对值都没有超过 1,而结点 72 的不平衡因子绝对值为 2。因此,无论结点 54 的平衡因子绝对值是否超过 1,结点 72 都是离插入点 88 最近的不平衡祖先结点,它才是失去平衡的最小子树的根结点 A。

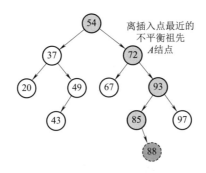

图 7-14　平衡二叉树中插入结点 88

因此,将插入结点 88 后的这棵不平衡二叉树调整为平衡时,只需调整以结点 72 为根的这棵子树即可。

平衡二叉树插入结点失去平衡后,进行调整的规律可归纳为以下 4 种情况。

(1) 不平衡子树形态为 LL 型,采用单向右旋平衡处理。

LL 型不平衡是由于在 A 结点的左子树 B 的左子树上插入结点,使得 A 结点的平衡因子由 1 增至 2,致使以 A 结点为根的子树失去平衡。对于这种形态的不平衡,则需要对以 A 结点为根的不平衡子树,进行一次向右的顺时针旋转。单向右旋之后,A 结点的左孩子 B 将变为整棵原不平衡子树的根,具体过程如图 7-15 所示。

(2) 不平衡子树形态为 LR 型,采用先局部左旋,后整体右旋平衡处理。

LR 型不平衡是由于在 A 结点的左子树 B 的右子树 C 上插入结点,使得 A 结点的平衡因子由1增至2,致使以 A 结点为根的子树失去平衡。对于这种形态的不平衡,则需要先对以 B 结点为根的不平衡子树,进行一次向左的逆时针旋转,即先局部左旋;然后再对以 A 结点为根的整棵不平衡子树,进行一次向右的顺时针旋转,即后整体右旋。经两次旋转后,二叉树的形态变化如图7-16所示。

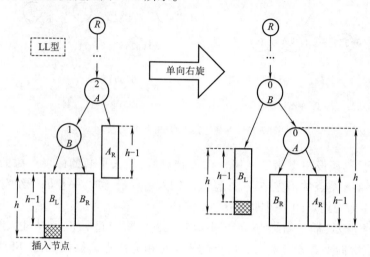

图7-15　单向右旋

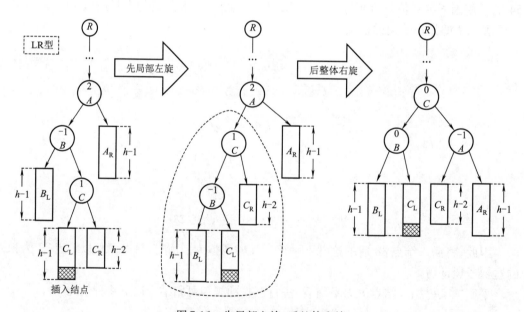

图7-16　先局部左旋,后整体右旋

（3）不平衡子树形态为 RR 型,采用单向左旋平衡处理。

RR 型不平衡是由于在 A 结点的右子树 B 的右子树上插入结点,使得 A 结点的平衡因子由 -1 增至 -2,使得以 A 结点为根的子树失去平衡。对于这种形态的不平衡,则需要对以 A 结点为根的不平衡子树,进行一次向左的顺时针旋转。单向左旋之后,A 结点的右孩子 B 将变为整棵原不平衡子树的根,具体过程如图7-17所示。

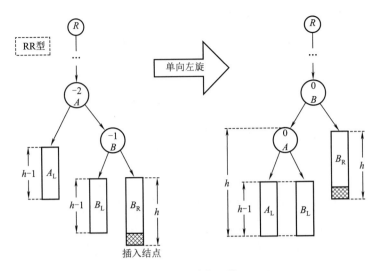

图 7-17　单向左旋

（4）不平衡子树形态为 RL 型，采用先局部右旋，后整体左旋平衡处理。

RL 型不平衡是由于在 A 结点的右子树 B 的左子树 C 上插入结点，使得 A 结点的平衡因子由 −1 增至 −2，致使以 A 结点为根的子树失去平衡。对于这种形态的不平衡，则需要先对以 B 结点为根的不平衡子树，进行一次向右的顺时针旋转，即先局部右旋；然后再对以 A 结点为根的整棵不平衡子树，进行一次向左的逆时针旋转，即后整体左旋。经两次旋转后，二叉树的形态变化如图 7-18 所示。

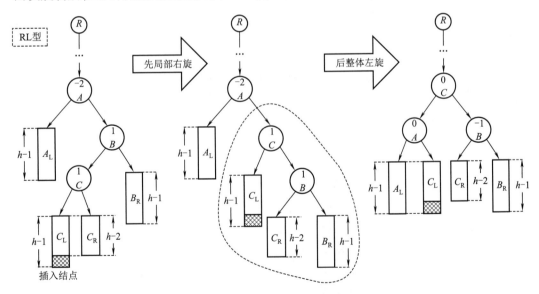

图 7-18　先局部右旋，后整体左旋

在图 7-15 ~ 图 7-18 所示的各种不平衡形态中，结点 A 均是离插入点最近的不平衡祖先结点，结点 A 的地址可以通过从插入结点不断寻找双亲得到。由于插入结点仅可能影响其祖先结点的平衡因子，因此除了以 A 为根的子树需要调整为平衡之外，该二叉树的其他部分无须做任何形态调整。A 结点可能位于整棵二叉树 R 的左子树中，也可能位于

R 的右子树中,还有可能 A 就是树根 R。

因为以上平衡化处理方法需要经常从某个结点寻找其双亲,所以该平衡二叉树最好采用三叉链表的方式来实现,这样从任何结点寻找其双亲都比较方便。

三叉链表的结构体类型定义如下:

```
typedef struct _TriNode
{
    ElemType data;                  // 数据域
    struct _TriNode *lChild;        // 左孩子的指针
    struct _TriNode *rChild;        // 右孩子的指针
    struct _TriNode *parent;        // 双亲结点的指针
}TriNode;                           // 三叉链表的结点类型
```

注意:在三叉链表中插入删除结点,或者调整任何左右孩子的指针指向时,相应孩子结点的双亲指针域也必须随之调整。

从平衡二叉树中删除某个结点时,可按二叉搜索树中的删除方法先将指定结点删除,显然删除之后也可能引起不平衡。将其调整为平衡的过程,与插入结点时的调整类似,也是先找到离实际删除位置最近的不平衡祖先结点,将其标记为 A,然后对以 A 结点为根的不平衡子树,根据所属的 4 种不同形态进行旋转。

平衡二叉树中删除结点时,和插入结点主要有两点不同:一是判定不平衡形态时,需要根据 A 结点左右子树的高度来判定,而不是根据插入结点与 A 结点的相对位置;二是将以 A 结点为根的不平衡子树调整为平衡之后,还需要继续依次判断 A 结点的双亲直至根结点等所有祖先结点是否平衡并进行相应的调整,直到根结点为平衡或被调整为平衡为止。

📚 7.4　平衡多路查找树

前面所讨论的各种查找树都是二叉树,但是还有一种常用的查找树并不是二叉树,这种树称为 B-树(B-Tree,B 即 Balanced)。B-树是一种平衡的多路查找树,通常也写作 B 树。

平衡二叉树中执行查找算法的时间复杂度 $O(\log_2 n)$ 与树的高度相关,降低树的高度即可提高查找效率。如果查找表的数据量不大,所有数据都处于内存,平衡二叉树的查找速度和比较次数都是最小的。但是存在这样一个实际问题:如果查找表的数据量特别大,而树中每个结点存储的元素数量又很少,就会导致树的高度非常大。

例如数据库的索引表,可能有几 GB 甚至更多,导致表中部分数据必须存储在外部存储器(一般指磁盘),访问索引树的结点时可能经常要读取外存。如果树的高度过大,则在查找过程中会造成磁盘的读/写过于频繁,而外存的访问速度一般远低于内存,所以会导致查找效率低下。

另外,平衡二叉树每次插入或删除结点都可能会破坏其平衡,而要动态保持平衡则需要进行旋转,而这些重新调整为平衡的操作则会影响整个结构的性能。除非是在树的结构变化特别少的情况下,否则调整为平衡所带来的搜索性能提升,可能还不足以弥补维持其平衡的性能损耗。

因此,在数据量很大的情况下,适当增加树结点中的元素数量,从而控制树的高度;并且,将树结点中的元素数量控制在一定范围而不是取某个固定值,从而减少维持其平衡的操作次数,就成了必然的选择。这就是数据库系统等涉及磁盘 I/O 的大规模查找算法,广泛采用平衡多叉树结构的重要原因。

平衡多叉树即平衡多路树,如果树中结点允许拥有的最多孩子数为 $M(M \geqslant 3)$,则称其为 M 阶 B 树(Balanced Tree of Order M)。下面依次介绍比较简单的 3 阶和 4 阶 B 树,至于其他的高阶 B 树,可依此类推。

7.4.1 3 阶 B 树(2-3 树)

3 阶 B 树的所有结点必为 2 型或 3 型,因此又称其为 2-3 树(读作:二三树)。3 阶 B 树的每个分支结点必有 2 个或 3 个孩子,如图 7-19 所示。

2 型、3 型和 4 型结点的特点分别如下:

(1)2 型结点:包含 1 个元素和 2 个指针域。

(2)3 型结点:包含 2 个元素和 3 个指针域。

(3)4 型结点:包含 3 个元素和 4 个指针域。

以上各种类型结点的多个指针域,要么都为空,要么都不为空。

1. 定义及特点

2-3 树若不为空,则必须满足如下性质:

(1)对于 2 型结点,和普通的二叉搜索树结点一样,其中有一个数据域和 2 个孩子结点的指针域。2 个孩子指针域要么都为空,要么也都是 2-3 树,当前结点数据域的值必须大于左子树中所有结点的值,并且必须小于右子树中所有结点的值。

(2)对于 3 型结点,有两个数据域 a 和 b,以及 3 个孩子结点的指针域。左子树中所有结点的值要小于 a,中子树中所有结点的值要大于 a 且小于 b,右子树中所有结点的值要大于 b。

(3)2-3 树的所有叶子点必须在同一层。

2. 从 2-3 树中查找指定元素

2-3 树的查找,与二叉搜索树的查找过程类似,需要根据关键字值的比较来决定查找的方向。例如,从图 7-19 所示的 2-3 树中查找元素 63 的过程如图 7-20 所示。

从图 7-19 所示 2-3 树中查找元素 12 的过程如图 7-21 所示。

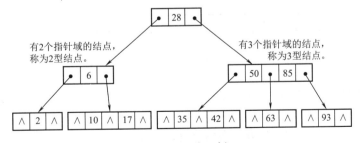

图 7-19　3 阶 B 树

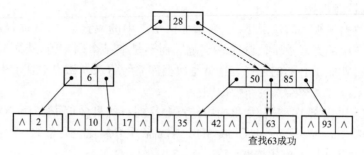

图 7-20　从 2-3 树中查找 63 的过程

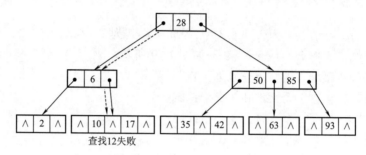

图 7-21　从 2-3 树中查找 12 的过程

3. 向 2-3 树中插入元素

插入之前需要先查找待插入的元素,如果 2-3 树中已有该元素则不能插入;如果没有查找到该元素,则记录查找结束时最后访问的那个结点的地址,即为插入位置。

空树的插入最为简单,只要为插入元素创建一个 2 型结点即可。

对于非空 2-3 树的插入,主要分为如下 4 种情况:

(1)向 2 型结点中插入新元素

若插入位置为 2 型结点,直接将该 2 型结点替换为一个 3 型结点,并将要插入的元素保存其中。在图 7-19 所示 2-3 树中插入元素 4 的过程如图 7-22 所示。

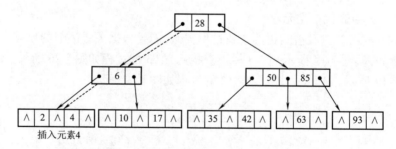

图 7-22　向 2-3 树中插入元素 4 的过程

(2)向一棵只含 3 型结点的树中插入新元素

先将插入元素存入 3 型结点中,使其成为一个临时的 4 型结点,再将它转化为一棵由 3 个 2 型结点构成的 2-3 树,分解后树高增加 1,如图 7-23 所示。

(3)向一个父结点为 2 型结点的 3 型结点中插入新元素

先构造一个临时的 4 型结点并将其分解为 3 个 2 型结点,将分解后的子树的根合并到其父结点中。从图 7-19 所示 2-3 树中插入元素 8 的过程,如图 7-24(a)～图 7-24(c)所示。

图 7-23 向 2-3 树中插入元素 21 的过程

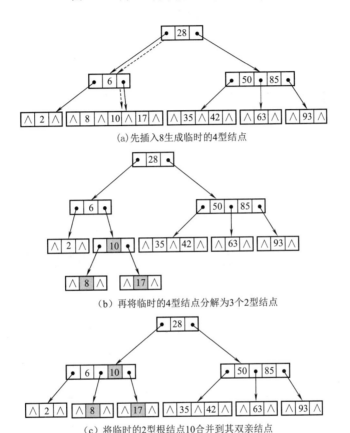

图 7-24 向 2-3 树中插入元素 8 的过程

(4)向一个父结点为 3 型的 3 型结点中插入新元素

先插入新元素构造一个临时的 4 型结点,并将其分解为 3 个 2 型结点,将分解后的子树的根合并到其父结点中(分解生成的子树的根在其父结点中的位置,由该根元素值的大小确定)。此时该父结点也将成为一个临时的 4 型结点,同样将其分解为 3 个 2 型结点,并将分解后的子树的根合并到其更高层次的父结点中。一直向上分解生成的临时 4 型结点,并将分解后的根合并到其父结点,直到遇到一个 2 型结点,将其替换为一个不需要继续分解的 3 型结点或将整棵树的根结点也分解为止。从图 7-19 所示 2-3 树中插入元素 46 的过程,如图 7-25(a)～图 7-25(e)所示。

4. 从 2-3 树中删除元素

删除之前,先要在 2-3 树中查找待删除元素,查找成功才可以进行删除操作。

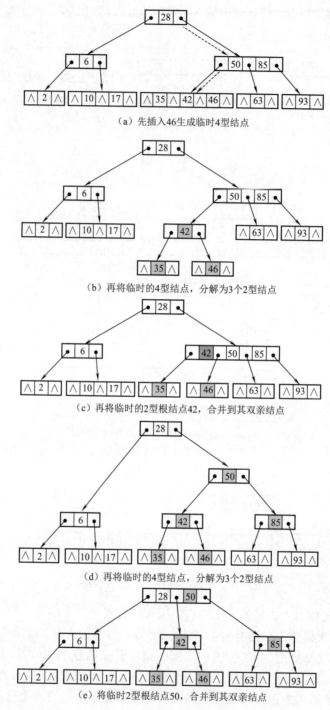

（a）先插入46生成临时4型结点

（b）再将临时的4型结点，分解为3个2型结点

（c）再将临时的2型根结点42，合并到其双亲结点

（d）再将临时的4型结点，分解为3个2型结点

（e）将临时2型根结点50，合并到其双亲结点

图 7-25　向一个父结点为 3 型的 3 型结点中插入元素 46 的过程

在 2-3 树中删除结点主要有如下 3 种情形：

（1）删除非叶子结点中的元素

先用待删除元素在中序遍历序列中的直接前驱或直接后继元素值，覆盖当前待删除元素的值,再去删除用于覆盖的直接前驱或直接后继元素。

从图7-19所示2-3树中删除元素6的过程,如图7-26(a)～图7-26(c)所示。

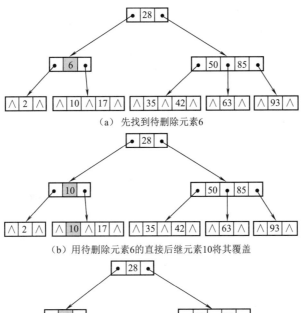

图 7-26 删除非叶子结点中的元素 6 的过程

(2)删除 3 型叶子结点中的元素

删除 3 型叶子结点中的元素,直接删除该元素,变更结点类型即可。

从图7-19所示2-3树中删除元素 42 的过程,如图7-27(a)和图7-27(b)所示。

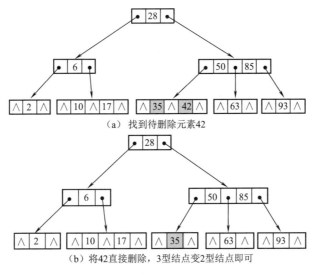

图 7-27 删除 3 型叶子结点中的元素 42

（3）删除 2 型叶子结点中的元素

删除 2 型叶子结点中的元素，步骤相对比较复杂，删除结点后可能需要根据不同情况调整树的结构。主要分为如下 4 种情形：

① 删除元素的相邻兄弟结点中存在 3 型结点。

先将待删除元素父结点中的元素，移动到待删除元素的位置，再将相邻兄弟结点中最接近当前位置的元素移动到父结点中。相当于删除相邻兄弟结点中的元素，使其从 3 型结点变为 2 型结点。

从图 7-19 所示 2-3 树中删除元素 2 的过程，如图 7-28（a）～图 7-28（c）所示。

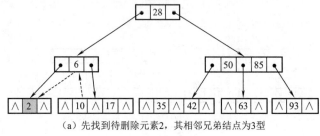

（a）先找到待删除元素2，其相邻兄弟结点为3型

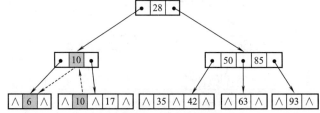

（b）用父结点中的元素6覆盖待删除元素2，再用相邻兄弟结点中最接近的
元素10覆盖父结点中的元素6

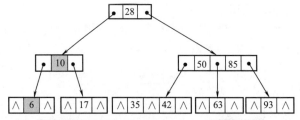

（c）删除相邻3型兄弟结点中的元素10，使其成为2型结点

图 7-28　删除 2 型叶子结点中元素 2 的过程

② 删除元素的相邻兄弟结点为 2 型，但其父结点为 3 型。

先删除元素所在的 2 型叶子结点，然后拆分 3 型父结点使其成为 2 个 2 型结点，再将拆分出的其中一个 2 型结点向下与其值相近的孩子结点合并。

从图 7-19 所示 2-3 树中删除元素 93 的过程，如图 7-29（a）和图 7-29（b）所示。

③ 删除元素的相邻兄弟结点为 2 型，父结点也为 2 型。

先依次移动其他 3 型结点中的中序遍历相邻元素到待删除元素的兄弟结点中，使待删除元素的兄弟结点变为 3 型结点；再执行第①种情形中的删除操作。

从图 7-30（a）所示 2-3 树中删除元素 6 的过程，如图 7-30（a）～图 7-30（c）所示。

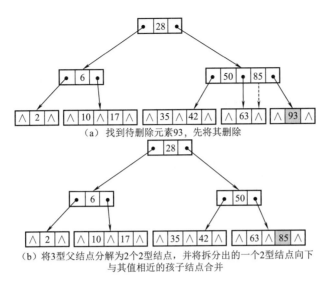

（a）找到待删除元素93，先将其删除

（b）将3型父结点分解为2个2型结点，并将拆分出的一个2型结点向下
与其值相近的孩子结点合并

图 7-29　删除 2 型叶子结点中的元素 93 的过程

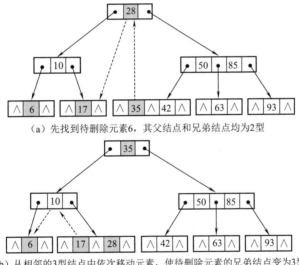

（a）先找到待删除元素6，其父结点和兄弟结点均为2型

（b）从相邻的3型结点中依次移动元素，使待删除元素的兄弟结点变为3型

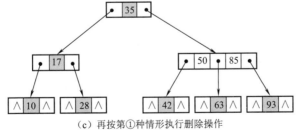

（c）再按第①种情形执行删除操作

图 7-30　删除元素 6 为 2 型叶子结点，其父结点和兄弟结点也均为 2 型

④ 所有结点均为 2 型结点（即 2-3 树类似于满二叉树）。

先找到待删除结点将其删除，然后将删除结点的兄弟合并到其父结点中，同时将新合并结点的所有兄弟结点也合并到其父结点中。合并过程中如果生成了 4 型结点，则将其分解为 3 个 2 型结点。

从图 7-31(a)所示 2-3 树中删除元素 17 的过程,如图 7-31(a)~图 7-31(c)所示。

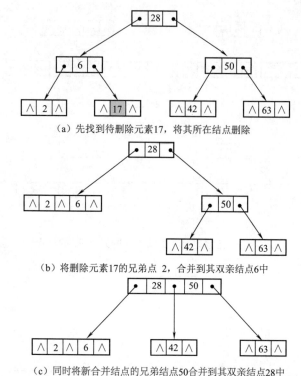

(a)先找到待删除元素17,将其所在结点删除

(b)将删除元素17的兄弟点 2,合并到其双亲结点6中

(c)同时将新合并结点的兄弟结点50合并到其双亲结点28中

图 7-31　所有结点均为 2 型时,删除元素 17 的过程

通过上述插入和删除操作过程可知,向 2-3 树中插入元素时,会优先改变结点的结构(将 2 型结点变为 3 型)而不改变高度。当插入元素的结点及其祖先结点都为 3 型结点时,才会增加树的高度。而删除操作的原则也是如此,只有当删除元素及其兄弟结点和祖先结点都为 2 型结点时,才会减小树的高度。

7.4.2　4 阶 B 树(2-3-4 树)

1. B 树的简化表示

4 阶 B 树为 3 阶 B 树的扩展,其定义和操作均与 3 阶的情况类似。在 4 阶 B 树中,除了 2 型和 3 型结点之外,还允许有 4 型结点。4 阶 B 树也称为 2-3-4 树,其每个分支结点必有 2 个、3 个或 4 个孩子,如图 7-32(a)所示。

显而易见,4 阶 B 树中结点的插入和删除比 3 阶时更为复杂,但是其操作原则基本与 3 阶 B 树一致。为了看起来简洁和作图方便,后面一律将 B 树用图 7-32(b)所示的简化形式来表示。

2. 2-3-4 树的生成过程

将集合{42,91,53,29,17,49,35,74,23,83,33}中的元素依次插入,生成 2-3-4 树的过程如图 7-33 所示。

通过上述插入过程可知,向 2-3-4 树中插入元素时,也是先向叶子结点中插入元素,

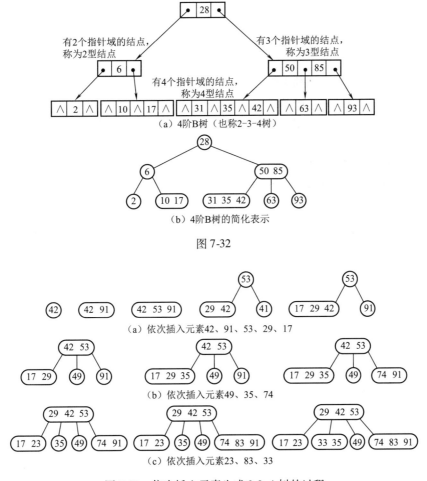

（a）4阶B树（也称2-3-4树）

（b）4阶B树的简化表示

图 7-32

（a）依次插入元素42、91、53、29、17

（b）依次插入元素49、35、74

（c）依次插入元素23、83、33

图 7-33　依次插入元素生成 2-3-4 树的过程

如果发现插入后叶子结点中的元素个数超出范围，则将其分裂为 3 个结点，并将分裂出的根元素合并到其双亲结点中。如果双亲结点中的元素个数也超出范围，则继续分裂并合并分裂出的根元素到其双亲结点。

从 2-3-4 树中删除元素的过程，请参照 2-3 树中的元素删除，在此不再赘述。

3. 2-3-4 树与红黑树

在二叉搜索树中，还有一种结点带有颜色属性的自平衡二叉树（Self-Balancing Binary Search Tree），这种树就是红黑树（Red-Black Tree，RBT）。红黑树具有良好的效率，它可以在近似 $O(\log N)$ 的时间复杂度下完成插入、删除、查找等操作，因此红黑树在 Java 中的 TreeMap 和 HashMap、C++ STL 中的 map、Linux 系统的任务调度等方面都有着重要的应用。

本书无意于在此讨论更深的红黑树，只是想说明如下事实：

2-3-4 树是多叉树，而红黑树是二叉树，它们看上去可能完全不同，但是实际上它们是完全等价的。2-3-4 树与红黑树之间，可以通过一些简单的规则实现相互转换。有兴趣的读者可以查阅其他相关资料，进一步深入研究。

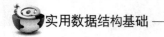
7.4.3 M 阶 B 树

前面介绍的 2-3 树为 3 阶 B 树,2-3-4 树为 4 阶 B 树,它们都是 B 树的特例,下面介绍一般 M 阶 B 树的定义。

M 阶 B 树是一棵具有下列结构特性的树:

(1)树根结点若非叶子,则其孩子数在 2～M 之间。

(2)除树根之外,所有分支结点中都有 $k-1$ 个元素和 k 个孩子指针,$\lceil M/2 \rceil \leqslant k \leqslant M$;其中的 k 个孩子指针,要么都不为空,要么都为空。

(3)具有 k 个孩子指针域的结点,可称其为 k 型结点。若数据域为 D_i,指针域为 P_i,则 k 型结点中存储的信息应包括$(k,P_1,D_1,P_2,D_2,\cdots,P_{k-1},D_{k-1},P_k)$。

其中,$D_i < D_{i+1}(1 \leqslant i \leqslant k-2)$,并且 P_i 所指子树中的元素值,都介于 D_i 和 D_{i+1} 之间;P_1 所指子树中的所有元素,都小于 D_1;P_k 所指子树中的所有元素,都大于 D_{k-1}。

(4)所有叶子结点都在同一层。

涉及符号 $\lceil \ \ \rceil$ 时表示向上取整,如 $\lceil x \rceil$ 的含义为不小于 x 的最小整数。

若 $M=5$,则 $\lceil M/2 \rceil = 3$。显然,在 5 阶或更高阶的 B 树中,除了根和叶子仍可能为 2 型结点,其他结点都不能为 2 型结点。

显然,B 树是在平衡二叉树的基础上,允许每个结点中存放多个数据元素,将平衡二叉树改造成平衡多叉树,使其形态从"高瘦"变得"矮胖",从而减少了调整为平衡的操作次数和开销,提高了插入和删除元素的效率。

虽然 4 阶 B 树中已允许存在 3 型和 4 型结点,但是仍可能存在大量的 2 型结点。极端情况下,如果所有结点均为 2 型,则 4 阶 B 树将退化为满的平衡二叉树,B 树的优势将无法体现,即便是更高阶的 B 树,也可能存在大量结点中存储元素过少的类似问题。因此,M 阶 B 树的一般定义中限定了每个分支结点中数据域的最少个数。

7.4.4 B + 树

B + 树是 B 树的一种变体,其大体结构与 B 树相同。B + 树也属于平衡多路查找树,主要用于数据库和操作系统的文件系统。但是 B + 树和 B 树有如下两个明显不同:

(1)B + 树的所有分支结点中不保存元素的数据,只保存元素的关键字,B + 树中所有元素的数据都存储在叶子结点。

(2)B + 树中底部的所有叶子结点通过指针链接,可通过叶子结点实现顺序查找。

例如,将集合{42,91,53,29,17,49,35,74,23,11}中的元素依次插入,生成一棵 4 阶 B + 树的过程如图 7-34 ～ 图 7-40 所示。

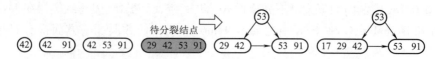

图 7-34 依次插入元素 42、91、53、29、17,插入 29 后执行了分裂操作

插入元素 29 之后,结点中将有 4 个元素,超出 4 阶 B + 树中结点的存储容量,因此选取其中间位置的元素 53,复制其关键字到创建的父结点中,原来小于 53 的那些元素则成

为其左子树,原来大于等于53的那些元素则成为其右子树。此外,还需添加一个指针,由左子树指向右子树。

需要强调的是:B+树的分支结点中存放的都只是用作索引的关键字,所以父结点中的53只是一个关键字,该元素如果还有其他数据项,只会存放于底层的叶子结点中。

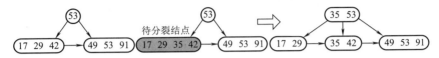

图7-35　继续插入元素49和35,插入35后执行了分裂操作

选取待分裂结点中间位置的元素35,复制其关键字插入到父结点中,按大小顺序将关键字35放在53之前,原来小于35的那些元素成为其左子树,原来大于等于35的那些元素成为其右子树。此外,还需要在其左子树中添加一个指向右子树的指针。

图7-36　继续插入元素74,插入74后执行了分裂操作

选取待分裂结点中间位置的元素74,复制其关键字插入到父结点中,按大小顺序将关键字74放在53之后,原来小于74的那些元素成为其左子树,原来大于等于74的那些元素成为其右子树。此外,还需在其左子树中添加一个指向右子树的指针。

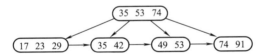

图7-37　继续插入元素23,因为23小于35,所以将其插入到35左子树中的合适位置

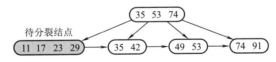

图7-38　继续插入元素11,插入11后将执行分裂操作

选取待分裂结点中间位置的元素23,复制其关键字插入到父结点中,按大小顺序将关键字23放在35之前,原来小于23的那些元素成为其左子树,原来大于等于23的那些元素成为其右子树。此外,还需要在其左子树中添加一个指向右子树的指针。

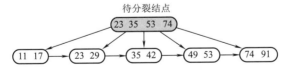

图7-39　分裂元素11所在的结点之后,需要继续对根结点也执行分裂操作

选取待分裂结点中间位置的元素53,复制其关键字到创建的父结点中,原来小于53的那些关键字成为其左孩子,原来大于53的那些关键字成为其右孩子。此外,还需要在

其左孩子中添加一个指向右孩子的指针。

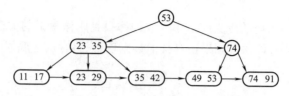

图 7-40　分裂根结点之后,得到最终生成的 B + 树

注意:

(1)图 7-39 中最后一次分裂的不是叶子结点,而是索引结点,因此分裂产生的右孩子结点 74 中无须包含根结点的关键字 53。因为图 7-34 ~ 图 7-38 中每次分裂的都是叶子结点,而叶子结点中存放的都是待查找的元素,所以每次分裂产生的左右孩子结点中,必须包含分裂之前结点中的所有元素。

(2)B + 树的所有分支结点中存放的都只是关键字,即所有分支结点均为索引结点。因此,在 B + 树中执行查找操作时,无论查找成功或失败,都必须从根找到最底层的叶子结点。

7.5　哈　希　表

前几节中所讨论的各种查找算法,由于记录在表中的存储位置与关键字没有直接联系,因此必须通过对所给关键字值进行一系列比较,才能确定被查找记录在表中的位置,其查找时间与表的长度有关。本节要介绍的哈希查找,则是基于建立从关键字到记录存储地址之间的函数关系而进行的另一类不同的查找方法。

7.5.1　哈希表与哈希方法

哈希查找也称为散列查找,它既是一种查找方法,又是一种存储方法,称为散列存储。散列存储的内存存放形式称为散列表,也称为哈希表。

散列查找与前述的方法不同,散列表中数据元素的存储位置与其关键字之间存在确定的对应关系,删除不需要进行一系列的关键字比较。它是依据关键字直接得到其对应的数据元素存储位置,即要求关键字与数据元素的存储位置之间存在一一对应的关系。通过这个关系,很快地由关键字得到对应的数据元素存储位置。

【例 7-4】11 个元素的关键字分别为 18、27、1、20、22、6、10、13、41、15、25。选取关键字与元素位置间的函数为 $f(key) = key\% 11$。

(1)通过这个函数对 11 个元素建立查找表,如图 7-41 所示。

0	1	2	3	4	5	6	7	8	9	10
22	1	13	25	15	27	6	18	41	20	10

图 7-41　关键字与函数的对应关系

(2)查找时,对给定值依然通过这个函数计算出地址,再将给定值与该地址单元中元素的关键字比较,若相等,则查找成功。

(3)哈希表与哈希方法。选取某个函数,依该函数按关键字计算元素的存储位置,并按此位置存放该数据元素;查找时,由同一个函数将给定关键字转换为存储位置,将给定关键字与该存储位置中数据元素的关键字进行比较,确定查找是否成功,这就是哈希方法。哈希方法中使用的转换函数称为哈希函数。按这个思想构造的表称为哈希表。

对于 n 个数据元素的集合,总能找到关键字与存放地址一一对应的函数。若最大关键字为 m,可以分配 m 个数据元素存放单元,选取函数 $f(\text{key}) = \text{key}$ 即可,但这样会造成存储空间的很大浪费,甚至不可能分配这么大的存储空间。

通常关键字的集合比哈希地址集合大得多,因而经过哈希函数变换后,可能将不同的关键字映射到同一个哈希地址上,这种现象称为冲突(Collision),映射到同一哈希地址上的关键字称为同义词。可以说,冲突不可能避免,只能尽可能减少。所以,哈希方法需要解决以下两个问题:

① 构造好的哈希函数。所选函数尽可能简单,以便提高转换速度。并且,所选函数对关键字计算出的地址,应在哈希地址集合中大致均匀分布,以减少存储空间的浪费。

② 制订解决冲突的方案。

7.5.2 哈希函数的构造方法

1. 直接定址法

$$\text{Hash}(\text{key}) = a \times \text{key} + b \quad (\text{其中 } a \text{、} b \text{ 为常数})$$

直接定址法是取关键字的某个线性函数值为哈希地址,这类函数是单调函数,不会产生冲突,但要求地址集合与关键字集合大小相同,因此,对于较大的关键字集合不适用。

【例 7-5】关键字集合为 $\{20,30,50,60,80,90\}$,选取哈希函数为 $\text{Hash}(\text{key}) = \text{key}/10$,则关键字存放地址如图 7-42 所示。

0	1	2	3	4	5	6	7	8	9
		20	30		50	60		80	90

图 7-42   关键字存放地址

2. 除留余数法

$$\text{Hash}(\text{key}) = \text{key} \% p \quad (p \text{ 是一个整数})$$

除留余数法是取关键字除以 p 的余数作为哈希地址。使用除留余数法,选取合适的 p 很重要。若哈希表表长为 m,则要求 $p \leq m$,且接近 m 或等于 m。

p 一般选取质数,也可以是不包含小于 20 的质因子的合数。

3. 平方取中法

平方取中法是对关键字值取平方以后,按哈希表大小,取中间的若干位作为哈希地址。

【例 7-6】若存储区域可存储 100 个以内的记录,假设某元素的关键字 = 4 731,则 $4\,731 \times 4\,731 = 22\,3\underline{82}\,361$,取中间 2 位,即该元素应存入下标为 82 的单元。

【例 7-7】若存储区域可存储 10 000 个以内的记录,假设某元素的关键字 = 14 625,则 $14\,625 \times 14\,625 = 213\,\underline{890}\,625$,取中间 4 位,即该元素应存入下标为 8 906 的单元。

7.5.3 处理冲突的方法

1. 开放定址法

所谓开放定址法,即由关键字得到的哈希地址一旦产生了冲突,也就是说,该地址已经存放了数据元素,就去寻找下一个空的哈希地址。只要哈希表足够大,空的哈希地址总能找到,并将数据元素存入。

寻找空哈希地址的方法很多,下面介绍 3 种常用的方法。

（1）线性探测法

$$H_i = (\mathrm{Hash(key)} + d_i)\% m \quad (1 \leqslant i \leqslant m)$$

式中,Hash(key)为哈希函数;m 为哈希表的长度;d_i 为增量序列 $1,2,3,\cdots$。

【例 7-8】关键字集合为 $\{47, 7, 29, 11, 16, 92, 22, 8, 3\}$,哈希表的表长为 11,Hash (key) = key% 11,用线性探测法处理冲突,建立的哈希表如图 7-43 所示。

	0	1	2	3	4	5	6	7	8	9	10
	11	22		47	92	16	3	7	29	8	
比较次数	1	2		1	1	1	4	1	2	2	

图 7-43　用线性探测法处理冲突建立的哈希表

其中,47、7、11、16、92 均是由哈希函数得到的没有冲突的哈希地址而直接存入的。

Hash(29) = 7,哈希地址上冲突,需寻找下一个空的哈希地址,由 H_1 = (Hash(29) + 1)% 11 = 8,哈希地址 8 为空,将 29 存入。另外,22、8 同样在哈希地址上有冲突,也是由 H_1 找到空的哈希地址。

而 Hash(3) = 3,哈希地址上冲突,由 H_1 = (Hash(3) + 1)% 11 = 4,仍然冲突;H_2 = (Hash(3) + 2)% 11 = 5,仍然冲突;H_3 = (Hash(3) + 3)% 11 = 6,找到空的哈希地址,将其存入。

线性探测法可能使第 i 个哈希地址的同义词存入第 $i+1$ 个哈希地址,这样本应存入第 $i+1$ 个哈希地址的元素变成了第 $i+2$ 个哈希地址的同义词,……因此,可能出现很多元素在相邻的哈希地址上"堆积"起来,大大降低了查找效率。为此,可采用二次探测法,或双哈希函数探测法,以改善"堆积"问题。

（2）二次探测法（平方探测法）

$$H_i = (\mathrm{Hash(key)} \pm d_i^2)\% m$$

式中,Hash(key)为哈希函数;m 为哈希表长度,一般要求 m 是 $4k+3$ 的质数（k 是整数）;$\pm d_i^2$ 为增量序列 $+1^2, -1^2, +2^2, -2^2, \cdots, +q^2, -q^2$ 且 $q \leqslant \dfrac{1}{2}(m-1)$。

仍以上例为例,用二次探测法处理冲突,建立的哈希表如图 7-44 所示。

	0	1	2	3	4	5	6	7	8	9	10
	11	22	3	47	92	16		7	29	8	
比较次数	1	2	3	1	1	1		1	2	2	

图 7-44　用二次探测法处理冲突建立的哈希表

对关键字寻找空的哈希地址只有"3"这个关键字与上例不同。

若 Hash(3) = 3，哈希地址上冲突，由 $H_1 = ($ Hash(3) $ + 1^2)$ % 11 = 4，仍然冲突；$H_2 = ($ Hash(3) $ - 1^2)$ % 11 = 2，找到空的哈希地址，将其存入。

（3）双哈希函数探测法

$$H_i = ($ Hash(key) $ + i \times$ ReHash(key) $)$ % $m \quad (i = 1, 2, \cdots, m-1)$$

式中，Hash(key)、ReHash(key)为两个哈希函数；m 为哈希表的长度。

双哈希函数探测法，先用第一个函数 Hash(key)对关键字计算哈希地址，一旦产生地址冲突，则用第二个函数 ReHash(key)确定移动的步长因子，最后通过步长因子序列由探测函数寻找空的哈希地址。

例如，Hash(key) = a 时发生冲突，则计算 ReHash(key) = b，则探测的地址序列为：

$$H_1 = (a+b)$ % $m, H_2 = (a+2b)$ % $m, \cdots, H_{m-1} = (a + (m-1) \times b)$ % $m$$

2. 拉链法

拉链法也称为链地址法。

假设哈希函数得到的哈希地址位于区间 $[0, N-1]$，则拉链法的每个哈希单元为一个指针，每个指针可以拉出一条链，即指针数组 ElemType $*$ ePtr$[N]$ 中有 N 个空的链表。由哈希函数对关键字进行转换后，映射到同一哈希地址 i 的元素均添加到 ePtr$[i]$ 指向的单链表中。

【例7-9】关键字序列为 47、7、29、22、27、92、33、8、3、51、37、78、94、21，哈希函数为 Hash(key) = key % 11，用拉链法处理冲突，建立的哈希表如图 7-45 所示。

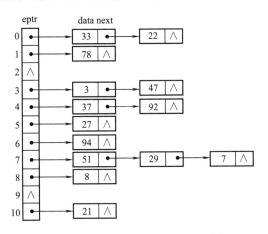

图 7-45　拉链法处理冲突时的哈希表

3. 建立一个公共溢出区

设哈希函数产生的哈希地址集为 $[0, m-1]$，则分配两个表：

（1）一个基本表 ElemType baseTbl$[m]$，每个单元只能存放一个元素。

（2）一个溢出表 ElemType overTbl$[k]$，只要关键字对应的哈希地址在基本表上产生冲突，则所有这样的元素一律存入该表中。查找时，对给定值通过哈希函数计算出哈希地址 i，先与基本表的 base_tbl$[i]$ 单元比较，若相等，则查找成功；否则，再到溢出表中进行查找。

小 结

(1)查找又称搜索或检索,是从一个数据元素(记录)的集合中,按某个关键字的值查找特定数据元素(记录)的一种操作。若表中存在这样一个数据元素(或记录),则查找成功;否则,查找失败。

(2)查找可分为静态查找和动态查找。如果在查找过程中仅判定某个特定元素是否存在或获取它的属性值,称其为静态查找;如果在查找过程中还需要对查找表进行插入或删除元素的操作,则称为动态查找。

(3)查找算法的效率,主要根据待查找的值与表中关键字的比较次数来计算,通常用平均查找长度(ASL)来衡量。

(4)顺序查找对查找表无任何要求,无论是顺序存储还是链式存储,无论是否有序,均可使用,其查找成功的平均查找长度为$(n+1)/2$,时间复杂度为$O(n)$。

(5)二分查找要求表中元素必须顺序存储并且必须按关键字有序排列,其平均查找长度近似为$\log_2(n+1)-1$,时间复杂度为$O(\log_2 n)$。

(6)分块查找是顺序查找和二分查找的折中,其前提条件和查找效率也介于两者之间。每个块内部元素的关键字可以无序,但是要求块与块之间必须有序,并需要为块建立索引表。

(7)二叉搜索树是一种有序树,该结构上的查找类似于二分查找的判定树,为保证其查找效率,应维持其形态为平衡二叉树。

(8)B树和B+树主要为提高大规模数据的磁盘I/O效率而设计,广泛应用于数据库和操作系统的文件系统。

(9)哈希查找是通过构造哈希函数来计算关键字存储地址的一种查找方法,其主要特点是时间复杂度为$O(1)$,即查找效率与问题规模无关。

(10)两个不同关键字,其哈希函数值相同,因而得到哈希表中相同存储地址的现象称为冲突。常用的解决冲突的方法有线性探测法、平方探测法、链地址法等。

实 验

【实验名称】 平衡二叉树

1. 实验目的
(1)通过平衡二叉树的定义及规则,理解动态查找表的构造及其基本算法。
(2)掌握平衡二叉树中元素的查找、插入、删除等算法的实现。
(3)学会分析各种查找方法的适用场合及平均查找长度。

2. 实验内容
(1)定义平衡二叉树中结点的三叉链表存储结构。
(2)实现平衡二叉树中元素的查找、插入、删除(选做)等函数。
(3)能判断插入和删除元素之后的平衡或不平衡形态,并能根据4种不平衡形态,将其旋转为平衡。

(4)编写统计平衡二叉树中各层结点数的函数,据此求平衡二叉树的平均查找长度并将其输出。

3. 实验要求

(1)以数字菜单的形式列出程序的主要功能。

(2)结点采用三叉链表存储结构,且不要将平衡因子存储在结点中。

(3)选取的测试数据,应覆盖到4种不平衡形态处理的主要分支。

(4)算法的实现细节应尽可能考虑其时间和空间复杂度。

(5)分析各算法的时间和空间复杂度。

习 题

一、判断题(下列各题,正确的请在后面的括号内打√;错误的打×)

1. 在有序顺序表和有序链表上,均可采用二分查找来提高查找速度。 ( )

2. 在有 123 个元素的有序顺序表中查找,若每个元素的查找概率相等,则成功检索的平均查找长度 ASL 为 61。 ( )

3. 在等概率的情况下,对有序表和无序表进行顺序查找,它们查找成功时的平均查找长度是相同的,而查找失败时的平均查找长度是不同的。 ( )

4. 在二叉搜索树中,根结点的值都小于孩子结点的值。 ( )

5. 在二叉排序树中插入一个新结点,总是插入到叶子结点的下面。 ( )

6. 在二叉排序树中插入一个新结点,插入的结点肯定是叶子结点。 ( )

7. 在平衡二叉树中插入一个新结点,插入的结点肯定是叶子结点。 ( )

8. 选择好的哈希函数就可以完全避免冲突的发生。 ( )

9. 散列存储法的基本思想是由关键字的值决定数据的存储地址。 ( )

10. 在散列存储中,装载因子 α 的值越大,发生冲突的可能性就越大。 ( )

11. 用链地址法解决冲突时,若总是在链首插入,则插入时间是相同的。 ( )

12. B + 树的所有叶子结点都处于同一层次。 ( )

二、填空题

1. 在查找过程中有插入元素或删除元素操作的,称为_____查找。

2. 对于长度为 n 的线性表,若进行顺序查找,则时间复杂度为_____。

3. 对于长度为 n 的线性表,若采用二分查找,则时间复杂度为_____。

4. 二分查找法要求待查表的关键字值_____。

5. 在关键字序列(7,10,12,18,28,36,45,92)中,用二分查找法查找关键字92,要比较_____次才能找到。

6. 设有 100 个元素,采用二分查找法查找时,最大的比较次数是_____次。

7. 折半查找的平均查找长度近似等于_____。

8. 进行分块查找时,首先查找_____,然后再查找相应的块。

9. 在二叉搜索树中查找时,若待查找的值比根结点的值小,则继续在_____子树中查找。

10. 二叉搜索树某结点左子树和右子树的高度之差,称为_____。

11. 根据关键字序列(19,22,01,38,10)建立的二叉排序树的高度为_____。

12. 平衡因子的绝对值_____的二叉树称为平衡二叉树。

13. 在查找表中引入 B 树的根本原因是_____。

14. 在一棵高度为 2 的 5 阶 B 树中,所含关键字的个数最少是_____。

15. 在具有 15 个关键字的 4 阶 B 树中,含关键字的结点个数最多是_____。

16. 哈希法既是一种存储方法,又是一种_____方法。

17. 理想情况下,在散列表中查找一个元素的时间复杂度为_____。

18. 设散列函数 H 和键值 k_1、k_2,若 $k_1 \neq k_2$,而 $H(k_1) = H(k_2)$,则称这种现象为_____。

19. 散列表的查找效率主要取决于选取的散列函数和处理_____的方法。

20. 在哈希函数 $H(\text{key}) = \text{key}\% p$ 中,p 一般应取_____。

三、选择题

1. 在查找过程中,不做增加、删除或修改的查找称为( )。

    A. 静态查找　　　　　B. 内查找　　　　　C. 动态查找　　　　　D. 外查找

2. 顺序查找法适合于存储结构为( )的线性表。

    A. 散列存储　　　　　　　　　　B. 顺序存储或链接存储

    C. 压缩存储　　　　　　　　　　D. 索引存储

3. 在表长为 n 的链表中进行线性查找,它的平均查找长度为( )。

    A. $\text{ASL} = (n+1)/2$　　B. $\text{ASL} = n$　　　C. $\text{ASL} = \sqrt{n} + 1$　　D. $\text{ASL} \approx \log_2 n$

4. 对线性表进行二分查找时,要求线性表必须( )。

    A. 以顺序方式存储

    B. 以链接方式存储,且结点按关键字有序排序

    C. 以链接方式存储

    D. 以顺序方式存储,且结点按关键字有序排序

5. 衡量查找算法效率的主要标准是( )。

    A. 平均查找长度　　B. 元素个数　　　C. 所需的存储量　　D. 算法难易程度

6. 如果要求一个线性表既能较快地查找,又能适应动态变化的要求,可以采用( )查找方法。

    A. 分块　　　　　B. 顺序　　　　　C. 二分　　　　　D. 散列

7. 链表适用于( )查找。

    A. 顺序　　　　　B. 二分　　　　　C. 随机　　　　　D. 顺序或二分

8. 采用二分查找法查找长度为 n 的有序表,查找每个元素的数据比较次数( )对应二叉判定树的高度(设高度≥2)。

    A. 小于　　　　　B. 大于　　　　　C. 等于　　　　　D. 小于等于

9. 一个有序表为{1,3,9,12,32,41,45,62,75,77,82,95,100},当二分查找值为 82 的结点时,( )次比较后查找成功。

    A. 2　　　　　B. 3　　　　　C. 4　　　　　D. 5

10. 二分查找有序表{4,6,10,12,20,30,50,70,88,100},若查找表中元素58,则它将依次与表中( )比较大小,查找结果为失败。

A. 30,88,70,50　　　　　　　　　　　B. 20,70,30,50

C. 20,50　　　　　　　　　　　　　　D. 30,88,50

11. 对有 14 个元素的有序表 A[1...14] 作二分查找,查找元素 A[4] 时,依次比较的元素为(　　)。

A. A[1]、A[2]、A[3]、A[4]　　　　　B. A[1]、A[14]、A[7]、A[4]

C. A[7]、A[3]、A[5]、A[4]　　　　　D. A[7]、A[5]、A[3]、A[4]

12. 对长度为 9 的有序顺序表,若采用二分查找,在相等查找概率的情况下,查找成功的平均长度为(　　)。

A. 20/9　　　　　B. 18/9　　　　　C. 25/9　　　　　D. 34/9

13. 采用分块查找时,若线性表共有 625 个元素,查找每个元素的概率相等,假设采用顺序查找来确定结点所在的块时,每块分(　　)个结点最佳。

A. 6　　　　　　B. 10　　　　　　C. 25　　　　　　D. 625

14. 已知 8 个元素为{34,76,45,18,26,54,92,65},按照依次插入结点的方法生成一棵二叉树,最后两层上结点的总数为(　　)。

A. 1　　　　　　B. 2　　　　　　C. 3　　　　　　D. 4

15. 不可能生成图 7-46 所示的二叉搜索树的关键字的序列是(　　)。

A. 4 5 3 1 2　　　　B. 4 2 5 3 1　　　　C. 4 5 2 1 3　　　　D. 4 2 3 1 5

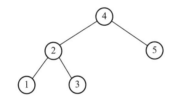

图 7-46　二叉搜索树

16. 设哈希表长 $m = 14$,哈希函数 $H(\text{key}) = \text{key} \% 11$,表中已有 4 个结点:

addr(15) = 4

addr(38) = 5

addr(61) = 6

addr(84) = 7

若用平方探测再散列处理冲突,关键字为 49 的结点的地址是(　　)。

A. 8　　　　　　B. 3　　　　　　C. 5　　　　　　D. 9

17. 冲突指的是(　　)。

A. 两个元素具有相同序号　　　　　B. 两个元素的键值不同

C. 不同键值对应相同的存储地址　　D. 两个元素的键值相同

18. 若存储地址与关键字之间存在某种映射关系,则称这种存储结构为(　　)。

A. 顺序存储结构　　　　　　　　　B. 链式存储结构

C. 索引存储结构　　　　　　　　　D. 散列存储结构

19. 散列函数有一个共同性质,即函数值应当以(　　)取其值域的每个值。

A. 最大概率　　　B. 最小概率　　　C. 同等概率　　　D. 平均概率

20. 以下有关 m 阶 B 树的叙述中,错误的是( )。

A. 根结点至多有 m 棵子树　　　　　B. 每个结点至少有 $\lceil \frac{m}{2} \rceil$ 棵子树

C. 所有叶子结点都在同一层上　　　　D. 每个结点至多有 $m-1$ 个关键字

四、应用题

1. 对于给定结点的关键字集合 $K = \{5,7,3,1,9,6,4,8,2,10\}$：

(1) 试构造一棵二叉搜索树。

(2) 求等概率情况下的平均查找长度 ASL。

2. 对于给定结点的关键字集合 $K = \{10,18,3,5,19,2,4,9,7,15\}$：

(1) 试构造一棵二叉搜索树。

(2) 求等概率情况下的平均查找长度 ASL。

3. 将数据序列 25、73、62、191、325、138 依次插入图 7-47 所示的二叉搜索树,并画出最后结果。

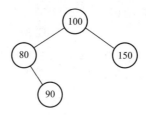

图 7-47　二叉搜索树

4. 对于给定结点的关键字集合 $K = \{1,12,5,8,3,10,7,13,9\}$：

(1) 试构造一棵二叉搜索树。

(2) 在二叉树排序 BT 中删除关键字 12 后的树结构。

5. 对于给定结点的关键字集合 $K = \{34,76,45,18,26,54,92,38\}$：

(1) 试构造一棵二叉搜索树。

(2) 求等概率情况下的平均查找长度 ASL。

6. 对于给定结点的关键字集合 $K = \{4,8,2,9,1,3,6,7,5\}$：

(1) 试构造一棵二叉搜索树。

(2) 求等概率情况下的平均查找长度 ASL。

7. 画出对长度为 10 的有序表进行折半查找的判定树,并求其等概率时查找成功的平均查找长度。

8. 二叉搜索树如图 7-48 所示,分别画出:

(1) 删除关键字 15 以后的二叉树,并要求其平均查找长度尽可能小。

(2) 在原二叉搜索树(即没有删除 15)上插入关键字 20。

9. 给定结点的关键字序列为 19、14、23、1、68、20、84、27、55、11、10、79,设散列表的长度为 13,散列函数为 $H(K) = K \% 13$,试画出线性探测再散列解决冲突时所构造的散列表,并求出其平均查找长度。

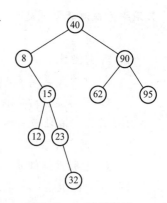

图 7-48　二叉搜索树

10. 给定结点的关键字序列为 47、7、29、11、16、92、22、8、3,哈希表的长度为 11,设散列函数为 $H(K) = K\%11$,试画出平方探测再散列解决冲突时所构造的散列表,并求出其平均查找长度。

11. 给定结点的关键字序列为 19、14、23、1、68、20、84、27、55、11、10、79,设散列表的长度为 13,散列函数为 $H(K) = K\%13$,试画出链地址法解决冲突时所构造的哈希表,并求出其平均查找长度。

12. 给定结点的关键字序列为 47、7、29、11、16、92、22、8、3,哈希表的长度为 11,设散列函数为 $H(K) = K\%11$,试画出链地址法解决冲突时所构造的哈希表,并求出其平均查找长度。

五、算法设计题

1. 设单向链表的结点是按关键字从小到大排列的,试写出对此链表进行查找的算法。如果查找成功,则返回指向关键字为 x 的结点的指针,否则返回 NULL。

2. 试设计一个在用开放地址法解决冲突的散列表上删除一个指定结点的算法。

3. 设给定的散列表存储空间为 $H[1-m]$,每个单元可存放一个记录,$H[i]$ 的初始值为零,选取散列函数为 $H(R.key)$,其中 key 为记录 R 的关键字,解决冲突的方法为线性探测法,编写一个函数将某记录 R 填入到散列表 H 中。

4. 试设计一个算法,求出指定结点在给定的二叉搜索树中所在的层次。

5. 利用二分查找算法,编写一个在有序表中插入一个元素 X,并保持表仍然有序的程序。

第 8 章

排　序 «<

排序是在数据处理中经常使用的一种重要运算。排序的目的之一就是方便数据的查找。排序分为内排序和外排序。本章介绍排序的基本概念和排序的常用算法,包括插入排序、快速排序、选择排序、归并排序,以及各种排序方法的比较。

8.1　概　述

1. 排序(Sorting)

将数据元素(或记录)的任意序列,重新排列成一个按关键字有序(递增或递减)的序列的过程称为排序。

2. 排序过程中的两种基本操作

(1)比较两个关键字值的大小。

(2)根据比较结果,移动记录的位置。

3. 对关键字排序的 3 个原则

(1)关键字值为数值型,则按键值大小为依据。

(2)关键字值为 ASCII 码,则按键值的内码编排顺序为依据。

(3)关键字值为汉字字符串类型,则大多以汉字拼音的字典次序为依据。

4. 排序方法的稳定和不稳定

如果对任意的数据元素序列,使用某个排序方法,对它按关键字进行排序,若具有相同键值元素之间的相对位置,排序前与排序后保持一致,则此排序方法是稳定的;反之,则为不稳定的排序方法。

例如,对关键字值为 5、3、8、3、6、6的数据序列进行排序。

若算法能保证排序后的序列为 3、3、5、6、6、8,即相同键值元素的相对位置不变,依旧是 3 在3前,6 在6前,与排序前保持一致,则称这种排序方法是稳定的;若排序后的序列可能会出现3在 3 前或6在 6 前,则称这种排序方法是不稳定的。

5. 待排序元素的主要存储方式

(1)待排序元素存放在一组地址连续的存储单元(如线性表的顺序存储)。

(2)待排序元素存放在静态链表中(元素之间的先后次序由指针指示,排序时不需要移动任何元素)。

6. 内排序

整个排序过程都在内存中进行的排序,称为内排序或内部排序。

7. 外排序

待排序的数据元素量很大,以至于内存不能同时容纳全部数据,排序过程中需要访问外存的排序,称为外排序或外部排序。

限于篇幅,本书仅讨论经典的 10 个内部排序算法,外排序的内容可参考其他有关资料。另外,为了便于描述,本章所有算法均默认按关键字递增的次序排列。

8.2 插入类排序方法

插入类排序可以细分为多种不同的方法。本节仅介绍直接插入排序(Direct Insertion Sort)、二分插入排序(Binary Insertion Sort)和希尔排序(Shell Sort)3 种方法。

8.2.1 直接插入排序

1. 基本思想

直接插入排序是一种最简单的排序方法,其基本操作是每次将无序序列的第一个元素取出,然后将其插入到已排好序的有序表中,使有序序列的长度增加 1,而无序序列的长度减少 1,如图 8-1 所示。初始状态下,只有第 1 个元素位于有序序列,后面的所有元素都属于无序序列。若初始序列中共有 n 个数据元素,则需进行 $n-1$ 次插入操作,方可保证全部有序。

图 8-1 直接插入排序的示意图

2. 举例

【例 8-1】初始序列为 39、28、55、80、75、6、17、45、28,按从小到大排序。

最开始有序序列中只有 39,第一次取 28,将其插入到 39 之前。

此后,每次先取出无序序列中的第 1 个元素,从有序序列最后的那个元素开始,依次与取出元素进行比较。若当前元素大于或等于取出元素,则将当前元素后移一个位置;若当前元素小于取出元素,则将取出元素存入到当前元素后面的单元,让无序序列长度减少 1,有序序列长度增加 1。再次取出无序序列的第 1 个元素,将其插入到前面的有序序列……其过程如图 8-2 所示。

直接插入排序过程中,因为元素是逐个位置依次移动的,没有元素跳跃,所以该排序方法是稳定的。因此排序后,相同关键字的元素 28 和28与排序之前的相对位置保持一致,即 28 仍然在28之前。

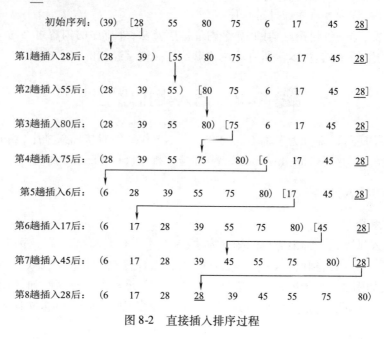

图 8-2　直接插入排序过程

3. 直接插入排序算法的实现

假设待排序序列数据元素的类型 ElemType 为 int,待排序序列的数据从数组的 1 号单元开始存储,则直接插入排序算法的实现过程如程序 8-1 所示。

程序 8-1　直接插入排序算法的实现

```
1    // Program8 - 1.cpp
2    #include < stdio.h >
3    #include < stdlib.h >
4    //ElemType 表示元素类型,此处假设为 int 型
5    #define ElemType int
6    #define N 64
7    typedef struct
8    {
9        //第 1 个元素存储在 data[1],data[0]留作监视哨
10       ElemType data[N];
11       // length 记录元素的个数
12       int length;
13   }SeqList;      // 定义顺序表类型 SeqList
14
15   void insertSort(SeqList &list)
16   {
17       int i, j;
18       //依次插入 data[2],data[3],…,data[n]到前面的有序表
19       for (i = 2; i < = list.length; i ++)
```

```
20          {
21              //list.data[i]为无序序列的第 1 个元素
22              //list.data[i-1]为有序序列的最后那个元素
23              if (list.data[i] < list.data[i - 1])
24              {
25                  list.data[0] = list.data[i];    // 设置监视哨
26                  j = i - 1;
27                  //有序表中凡是比监视哨大的元素,均需要往后移动
28                  // while (j > =0 &&list.data[j] > list.data[0])
29                  while (list.data[j] > list.data[0])
30                  {
31                      list.data[j + 1] = list.data[j];
32                      j--;
33                  }
34                  //最后将监视哨放回有序表
35                  list.data[j + 1] = list.data[0];
36              }
37          }
38  }
39
40  void show(SeqList list)
41  {
42      int i;
43      for (i = 1; i < = list.length; i ++)
44          printf("%4d", list.data[i]);
45      printf("\n");
46  }
47
48  int main()
49  {
50      int i, count;
51      SeqList list;
52      scanf("%d", &count);              // 确定序列中的元素个数
53      list.length = count;
54      for (i = 1; i < = count; i ++)
55          list.data[i] = rand() %100;
56      show(list);
57      insertSort(list);                 // 直接插入排序
58      show(list);
59      return 0;
60  }
```

4. 效率分析

空间效率:仅需要一个辅助单元,辅助空间为 $O(1)$。

这一个单元的辅助空间,一般用 list. data[0]充当,用于插入过程中监视数组是否越界,俗称监视哨。

监视哨(哨兵)主要有如下作用:

(1)保存待插入的元素值 list. data[i],避免因前面元素的后移而丢失。

(2)在程序 8 − 1 的第 29 行,控制元素后移的循环条件中,无须检测数组下标 j 是否越界。因为第 25 行已经将待插入元素 list. data[i]存入 list. data[0]作为哨兵,随着 j − −的执行,当 j == 0 时 while 循环会自然结束,因此循环条件中无须再添加第 28 行中所示的 j > 0。

时间效率:向有序表中逐个插入元素的操作,进行了 n − 1 趟,每趟操作分为比较关键字和移动元素,而比较的次数和移动元素的次数,取决于待排序序列按关键字的初始排列。

在最好情况下,待排序序列已按关键字有序,每趟操作只需 1 次比较、2 次移动。

$$总比较次数 = n − 1$$
$$总移动次数 = 2(n − 1)$$

在最坏情况下,第 j 趟插入时,插入元素需要同前面的 j 个元素进行 j 次关键字的比较,移动元素的次数为 j + 2 次。

$$总移动次数 = \sum_{j=1}^{n-1} (j + 2) = \frac{1}{2}n(n − 1) + 2n$$

$$总比较次数 = \sum_{j=1}^{n-1} j = \frac{1}{2}n(n − 1)$$

在平均情况下,第 j 趟插入时,插入元素大约需要与前面的 j/2 个元素进行关键字的比较,移动元素的次数为 j/2 + 2 次。

$$总比较次数 = \sum_{j=1}^{n-1} \frac{j}{2} = \frac{1}{4}n(n − 1) \approx \frac{1}{4}n^2$$

$$总移动次数 = \sum_{j=1}^{n-1} \left(\frac{j}{2} + 2 \right) = \frac{1}{4}n(n − 1) + 2n \approx \frac{1}{4}n^2$$

综上所述,直接插入排序的时间复杂度为 $O(n^2)$,辅助空间为 $O(1)$。直接插入排序是稳定的排序方法,且该方法最适合待排序关键字已基本有序的情况。

5. 二分插入排序

当元素数量 n 很大时,直接插入排序的比较次数将大大增加,对于有序表(限于顺序存储结构),为了减少关键字的比较次数,可采用二分插入排序。

二分插入排序的基本思想:用二分查找在有序表中找到正确的插入位置,然后移动元素,等空出插入位置,再进行插入。

二分插入排序的辅助空间也为 $O(1)$。从时间效率上看,二分插入排序仅减少了比较次数,而元素的移动次数不变,因此时间复杂度仍为 $O(n^2)$。

因为元素的移动也是逐个位置依次进行的,并没有元素发生跳跃,所以二分插入排序也是稳定的排序方法。

8.2.2 希尔排序

希尔排序又称"缩小增量排序",它是希尔(Donald Shell)于 1959 年提出的一种插入排序方法,在时间效率上比直接插入排序方法有较大改进。

1. 基本思想

先将整个待排序序列分割成若干个子序列,分别进行直接插入排序,待整个序列"基本有序"时,再对所有元素进行一次直接插入排序。

注意:所有子序列都不是简单的逐段分割,而是将相隔某个指定"增量"的元素组成一个子序列。希尔排序中关键字较小的元素,并不是逐个单元前移,而是跳跃式地前移,使得在最后一趟增量为1的直接插入排序之前,整个序列已基本有序(所有元素均已到达其最终位置附近),只要再做少量比较和移动即可完成排序,因此希尔排序的时间复杂度较低。

2. 举例

【例 8-2】初始序列为 40、30、60、80、70、10、20、40、50、5。

设增量分别为 5、3、1,则排序过程如图 8-3 所示。

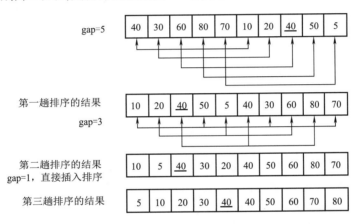

图 8-3 希尔排序的过程

希尔排序之后,关键字序列为 5、10、20、30、40、40、50、60、70、80。

排序之后 40 排到 40 的前面去了,相同关键字的元素在排序前的相对位置发生了改变,所以希尔排序是不稳定的排序方法。

3. 希尔排序算法的实现

在希尔排序中,待排序序列的 0 号单元不再为监视哨,但一般仍用于存放待插入元素,即待排序序列的数据,通常仍从 1 号单元开始存放。

因此可将程序 8-1 的第 15 ~ 38 行,用伪代码 8-1 的第 1 ~ 26 行替换,同时再将程序 8-1 第 57 行的函数调用改为 shellSort(list),即为希尔排序的演示程序。

	伪代码 8-1 希尔排序算法的实现
1	// 对 list.data[1...list.length]进行希尔排序
2	void shellSort(SeqList &list)
3	{
4	int i, j;
5	ElemType x;
6	int gap = list.length / 2; // 初始增量取元素个数的一半

```
7        while (gap > 0)
8        {
9            for (i = gap + 1; i < = list.length; i ++)
10           {
11               //先取出待插入的元素,暂时存入 list.data[0]
12               list.data[0] = list.data[i];
13               //从前往后,依次对每个元素进行直接插入排序
14               j = i - gap;
15               while (j > = 0 && list.data[j] > list.data[0])
16               {
17                   //每次元素均后移 gap 个单元
18                   list.data[j + gap] = list.data[j];
19                   j = j - gap;
20               }
21               //最后将取出元素放回有序表
22               list.data[j + gap] = list.data[0];
23           }
24           gap = gap /2;                    // 步长 gap 每到下一趟则减半,最后一趟为 1
25       }
26   }
```

注意:

(1)希尔排序的增量序列,其中的增量一定要逐步缩小,并且最后那个增量的取值一定要为 1,即最后那次就是直接插入排序。

(2)假设待排序序列的长度为 n,为了操作方便,增量可依次取 $n/2, n/4, n/8, \cdots, 1$。

4. 希尔排序的效率分析

希尔排序的时间效率分析非常复杂,因为它是所取"增量"序列的函数,这涉及数学上一些尚未解决的难题。到目前为止尚未求得最佳增量序列的设置策略,有人在大量实验的基础上推出:当 n 在某个特定范围内时,希尔排序所需的比较和移动次数约为 $n^{1.3}$,所以其平均时间复杂度约为 $O(n^{1.3})$。希尔排序的空间复杂度为 $O(1)$。

8.3   交换类排序方法

交换类排序方法,是根据元素关键字的大小,通过交换元素来实现的。本节主要介绍冒泡排序(Bubble Sort)和快速排序(Quick Sort)两种交换类排序算法。

8.3.1   冒泡排序

1. 基本思想

冒泡法也称沉底法,所有两两相邻的元素比较其关键字的大小,大的元素往下沉(也可看作是小的元素往上浮)。每一趟把最后下沉的那个元素的位置记下,下一趟只需检查比较到其前面那个单元即可;等到所有元素都不能下沉时,排序结束。

2. 举例

【例 8-3】数组中有 83、16、9、96、27、75、42、69、34 共 9 个元素,先将 83 与 16 比较,因为 83 > 16,所以将 83 和 16 交换;然后因为 83 > 9,将 83 与 9 交换,接着因为 83 < 96,所以位置不变;接下来后面的元素都比 96 要小,所以依次都要和 96 交换位置。第一趟排序结束时,最大的元素 96 肯定会被交换到无序序列的最后,即其最终存放位置,冒泡排序第 1 趟的比较和交换过程如表 8-1 所示。

表 8-1 冒泡排序第 1 趟的比较和交换过程

元素序号	比较次数								结果
	第 1 次	第 2 次	第 3 次	第 4 次	第 5 次	第 6 次	第 7 次	第 8 次	
1	83	16	16	16	16	16	16	16	16
2	16	83	9	9	9	9	9	9	9
3	9	9	83	83	83	83	83	83	83
4	96	96	96	96	27	27	27	27	27
5	27	27	27	27	96	75	75	75	75
6	75	75	75	75	75	96	42	42	42
7	42	42	42	42	42	42	96	69	69
8	69	69	69	69	69	69	69	96	34
9	34	34	34	34	34	34	34	34	96

注:表格每列中添加阴影的两个数,表示当前正在进行比较的两个相邻元素。

每一趟比较都会将当前无序序列区域中的最大元素,交换到无序区域的底部,且每趟排序的无序序列区域都比前一趟少一个元素。如此重复,直至某趟比较完,没有元素发生交换时停止,此时所有元素已全部有序,如表 8-2 所示。

表 8-2 冒泡排序每趟排序结束时的元素序列

初始序列	第 1 趟后	第 2 趟后	第 3 趟后	第 4 趟后	第 5 趟后	确认有序
83	16	9	9	9	9	9
16	9	16	16	16	16	16
9	83	27	27	27	27	27
96	27	75	42	42	34	34
27	75	42	69	34	42	42
75	42	69	34	69	69	69
42	69	34	75	75	75	75
69	34	83	83	83	83	83
34	96	96	96	96	96	96

注:表格每列中其中添加阴影的单元,构成当前的无序序列区域。

3. 算法

假设待排序序列数据元素的类型 ElemType 为 int,待排序序列的数据从数组的 0 号单元开始存储,则冒泡排序算法的实现过程如程序 8-2 所示。

程序 8-2 冒泡排序算法的实现

```
1    // Program8 -2.cpp
2    #include < stdio.h >
3    #include < stdlib.h >
4    #define ElemType int
5    #define N 64
6    typedef struct
7    {
8        //第 1 个元素存储在 data[0]
9        ElemType data[N];
10       // length 记录元素的个数
11       int length;
12   }SeqList;                              // 定义顺序表类型 SeqList
13
14   void bubbleSort(SeqList &list)         // 冒泡排序
15   {
16       int i, j, flag;
17       ElemType x;
18       for (i = 0; i < list.length - 1; i ++)  // 控制趟数
19       {
20           flag =1;
21           //下面的 for 循环,控制每趟相邻元素的比较
22           // for (j = 0; j <list.length - 1; j ++)
23           for (j = 0; j < list.length - i - 1; j ++)
24           if (list.data[j] > list.data[j + 1])
25           {
26               x =list.data[j];
27               list.data[j] = list.data[j + 1];
28               list.data[j + 1] = x;
29               flag =0;                   // 若有元素发生交换,则将 flag 置 0
30           }
31           if (flag == 1)                 // 若无元素发生交换,则已全部有序
32               break;
33       }
34   }
35
36   void show(SeqList list)                // 显示表中所有元素
37   {
38       int i;
39       for (i = 0; i < list.length; i ++)
40           printf("%4d", list.data[i]);
41       printf("\n");
42   }
43
44   int main()
```

```
45  {
46      int i, count;
47      SeqList list;
48      system("chcp 65001");              // 设置控制台的字符编码为 UTF-8
49      printf("请输入元素个数:");
50      scanf("%d", &count);               // 确定序列中的元素个数
51      list.length = count;
52      //产生的随机数从 0 号单元开始存放
53      for (i = 0; i < count; i++)
54          list.data[i] = rand() %100;
55      show(list);
56      bubbleSort(list);                  // 冒泡排序
57      show(list);
58      return 0;
59  }
```

程序 8-2 的第 23 行,也可以写成第 22 行加注释的形式。但是若改成第 22 行的写法,则每趟排序都会进行一些不必要的比较,白白浪费一些时间。

4. 效率分析

空间效率:仅交换时使用了一个元素的辅助空间,空间复杂度为 $O(1)$。

时间效率:总共要进行 $n-1$ 趟冒泡,对 j 个元素进行一趟冒泡,需要进行 $j-1$ 次关键字的比较。

$$总比较次数 = \sum_{j=2}^{n} (j-1) = \frac{1}{2}n(n-1)$$

j 个元素共有 $j-1$ 对相邻关系,对 j 个元素进行一趟冒泡,平均情况下,大约要对其中一半的相邻关系进行元素交换,按每次交换需要执行 3 条语句计算

$$总移动次数 = \sum_{j=2}^{n} \frac{3}{2}(j-1) = \frac{3}{4}n(n-1)$$

因此,冒泡排序的时间复杂度为 $O(n^2)$。

此外,在排序过程中,冒泡法始终是相邻的元素进行比较和交换,并无元素发生跳跃,若比较时存在相邻元素关键字相等的情况,可不交换以维持其相对位置不变,因此冒泡排序是一种稳定的排序方法。

8.3.2 快速排序

1. 基本思想

快速排序是对冒泡法的改进,就排序时间而言,它被认为是一种最好的内部排序方法。其基本思想是:任取待排序序列中的某个元素作为基准(也称枢轴,一般默认取序列最左端的元素),通过一趟快速排序,将待排序序列分割成左右两个子序列,其中左子序列中元素的关键字均比枢轴元素的关键字小;右子序列中元素的关键字均比枢轴元素的关键字大,枢轴元素则被排在了整个序列中的最终位置。

接下来对分割得到的左右两个子序列分别进行快速排序(若某个子序列为空或者只

有一个元素,则该子序列不用再排),使这两个子序列的枢轴元素也能排到其最终位置,并且它们对这两个子序列又分别进行了划分。这显然是一个递归的过程,不断进行下去,直到每个子序列都为空或只有一个元素时为止,整个排序过程结束。

2. 具体做法

假设待排序序列的下界和上界分别为 low 和 high,以 data[low]为枢轴元素,一趟快速排序将整个待排序序列划分为两个子序列的具体过程如下:

(1)将 data[low]中的元素保存到枢轴 pivot,并分别用 low 和 high 的值初始化两个整型变量 i 和 j。

(2)从 j 号单元开始,自右向左将 data[j]与 pivot 进行比较,当找到第 1 个小于 pivot 的元素时,则将此元素复制到 data[i],再执行 i++。

(3)从 i 号单元开始,自左向右将 data[i]与 pivot 进行比较,当找到第 1 个大于 pivot 的元素时,则将此元素复制到 data[j],再执行 j--。

(4)重复以上第(2)步和第(3)步,直到 i==j 时为止,再将 pivot 放回到 data[i],并返回 i,则完成一趟快速排序。

3. 举例

【例 8-4】 对数据序列 70、75、69、32、88、18、16、58 进行快速排序。

快速排序第 1 趟的排序过程,如图 8-4(a)~图 8-4(i)所示。

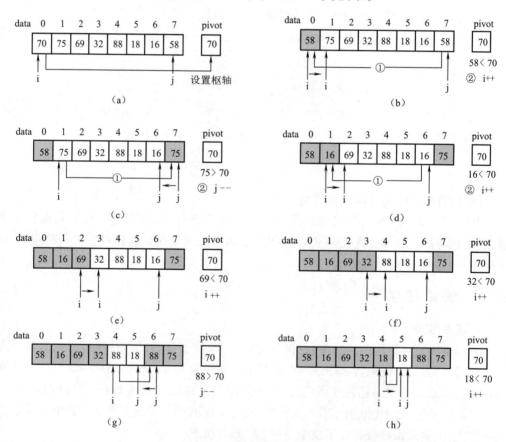

图 8-4 快速排序的过程

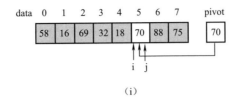

（i）

图 8-4　快速排序的过程（续）

4.算法

可将程序 8-2 的第 14～34 行,用伪代码 8-2 的第 1～44 行替换,同时再将程序 8-2 第 56 行的函数调用改为 quickSort(list, 0, list. length − 1),即为快速排序的演示程序。

伪代码 8-2　快速排序算法的实现
1	//对 list.data 数组的[i, j]区域进行一次划分
2	int partition (SeqList &list, int i, int j)
3	{
4	//默认选取 i 号单元的元素作为枢轴,也可用三者取中法确定枢轴
5	//data[i]被保存到枢轴 pivot 中,则 i 号单元为空(可被覆盖)
6	ElemType pivot = list.data[i];
7	//若 i 和 j 尚未相遇,则从表的两端开始交替地向中间扫描
8	while (i < j)
9	{
10	//此时 i 号单元为空
11	//若右边 j 号单元的元素大于枢轴,则直接 j−−
12	while (i < j && list.data[j] >= pivot)
13	j−−;
14	//将右边 j 号单元的元素,移动到左边的 i 号单元,然后 i++
15	if (i < j)
16	list.data[i++] = list.data[j];
17	//此时 j 号单元为空
18	//若左边 i 号单元的元素小于枢轴,则直接 i++
19	while (i < j && list.data[i] <= pivot)
20	i++;
21	//将左边 i 号单元的元素,移动到右边的 j 号单元,然后 j−−
22	if (i < j)
23	list.data[j−−] = list.data[i];
24	}
25	//i 和 j 相遇,即当 i==j 时,将枢轴元素放回 list.data 数组
26	list.data[i] = pivot;
27	return i;　　　　　　　　　　　　　　// 返回枢轴元素最终位置的下标
28	}
29	
30	//递归形式的快速排序
31	void quickSort (SeqList &list, int low, int high)
32	{

```
33        int pivotIdx;
34        if (low < high)                    // 若[low, high]区域中多于一个元素
35        {
36            //对 list.data 数组的[low, high]区域进行一次划分
37            //返回枢轴元素最终存放位置的下标 pivotIdx
38            pivotIdx = partition(list, low, high);
39            //对[low, pivotIdx - 1]区域进行递归
40            quickSort(list, low, pivotIdx - 1);
41            //对[pivotIdx + 1, high]区域进行递归
42            quickSort(list, pivotIdx + 1, high);
43        }
44    }
```

5. 效率分析

空间效率：快速排序的整个过程，类似于构造一棵二叉搜索树，如果将枢轴看作二叉搜索树的根，那么每次分割产生的两个子序列，则相当于其左右子树。因此，快速排序递归调用的层次数与二叉树的深度一致，每次递归调用时的参数等局部数据，均要使用递归工作栈的空间来存放。因而，在最好情况下快速排序的存储开销约为 $O(\log_2 n)$，即平衡二叉树的高度；在最坏情况下，即二叉树的每个结点均为单支时，其空间复杂度为 $O(n)$。

时间效率的分析如下：

一趟快速排序只能确定一个元素（即枢轴）的最终位置。对于 n 个元素的待排序序列，通过枢轴进行一趟划分需要进行 $n-1$ 次比较，将该比较次数记作 $C(n)$，即 $C(n) = n-1$。假设划分产生的两个子序列分别为 s_1 和 s_2，则快速排序算法的时间多项式 $T(n)$ 有如下公式：

$$T(n) = \begin{cases} 1 & ,n \leqslant 1 \\ C(n) + T(s_1) + T(s_2) & ,n > 1 \end{cases}$$

最好情况下，快速排序每次划分产生的两个子序列的长度大致相等，即每次所选枢轴均为平衡二叉树的根，并且左右子序列对应的左右子树也平衡，则

$$T(n) = \begin{cases} 1 & ,n \leqslant 1 \\ C(n) + T\left(\dfrac{n}{2}\right) + T\left(\dfrac{n}{2}\right) & ,n > 1 \end{cases}$$

因此

$$T(n) = C(n) + 2T\left(\frac{n}{2}\right)$$

$$= C(n) + 2C\left(\frac{n}{2}\right) + 4T\left(\frac{n}{4}\right)$$

$$= C(n) + 2C\left(\frac{n}{2}\right) + \cdots + 2^{k-2}C\left(\frac{n}{2^{k-2}}\right) + 2^{k-1}T(1)$$

$$= (n-1) + 2\left(\frac{n}{2} - 1\right) + \cdots + 2^{k-2}\left(\frac{n}{2^{k-2}} - 1\right) + 2^{k-1}$$

$$= (n-1) + (n-2) + \cdots + (n-2^{k-2}) + 2^{k-1}$$
$$= (k-1) \times n - (1 + 2^1 + 2^2 + \cdots + 2^{k-1})$$
$$= (k-1) \times n - 2^k + 1$$

其中，k 为 n 个结点构成平衡二叉树的高度，即 $k \approx \log_2 n$，所以

$$T(n) \approx n(\log_2 n - 1) - n + 1$$
$$\approx n \log_2 n - 2n + 1$$

快速排序的比较次数不超过 $n \log_2 n$，其最好情况下的时间复杂度为线性对数阶，即 $O(n \log_2 n)$。

在最坏情况下，快速排序每次划分只得到一个子序列（枢轴为最大或最小元素，另一个子序列为空），此时快速排序将蜕化为冒泡排序，其时间多项式 $T(n)$ 如下：

$$T(n) = \begin{cases} 1 & ,n \leqslant 1 \\ C(n) + T(n-1) & ,n > 1 \end{cases}$$

因此

$$
\begin{aligned}
T(n) &= C(n) + T(n-1) \\
&= C(n) + C(n-1) + T(n-2) \\
&= (n-1) + (n-2) + \cdots + 1 \\
&= \frac{n(n-1)}{2}
\end{aligned}
$$

快速排序在最坏情况下的时间复杂度为平方阶，即 $O(n^2)$。

通常认为在同数量级 $O(n \log_2 n)$ 的排序算法中，快速排序的平均性能是最好的。但若其初始序列按关键字有序或基本有序，快速排序反而会蜕化为冒泡排序。为避免选取的枢轴元素，其关键字刚好为最大或最小，可以用"三者取中法"来确定枢轴，即选取待排序区间 [low, high] 中的两个端点 data[low]、data[high] 及中间 data[(low + high)/2] 共 3 个单元中关键字居中的元素，先将其交换到 low 号单元，使其成为枢轴。

快速排序过程中，后面关键字较小的元素会往前跳跃，而前面关键字较大的元素会往后跳跃，而跳过的元素中很可能存在关键字相等的情况，因此快速排序是不稳定的排序方法。

8.4　选择类排序方法

选择类排序方法，是从待排序的无序序列中不断选取关键字最小或最大的元素，将其存放到最终存储位置，使整个序列最终成为有序的算法。本节主要介绍简单选择排序（Simple Selection Sort）、树形选择排序（Tree Selection Sort）和堆排序（Heap Sort）3 种选择类排序算法。

8.4.1　简单选择排序

1. 基本思想
（1）初始状态：整个数组划分成两部分：有序区（初始为空）和无序区。
（2）基本操作：从无序区中选择关键字最小的元素，将其与无序区的第一个元素交换

位置(实质是使其进入到有序区尾部)。

（3）从初态(有序区为空)开始,重复步骤(2),直到终态(无序区为空)。

2. 举例

【例 8-5】对数据序列 53、36、48、36、60、7、18、41 用简单选择排序法进行排序。排序过程如图 8-5 所示。

图 8-5　简单选择排序的过程

3. 算法

可将程序 8-2 的第 14 ~ 34 行,用伪代码 8-3 的第 1 ~ 22 行替换,同时再将程序 8-2 第 56 行的函数调用改为 selectSort(list),即为简单选择排序的演示程序。

伪代码 8-3　简单选择排序算法的实现
1　//对 list.data[0...list.length−1]进行简单选择排序
2　void selectSort(SeqList &list)
3　{
4　　　int i, j, minIdx;
5　　　ElemType x;
6　　　for (i = 0; i < list.length − 1; i++)　//控制趟数
7　　　{
8　　　　　//从 i 号单元开始扫描,寻找其后所有单元的最小值
9　　　　　minIdx = i;
10　　　　//控制每趟无序序列的扫描,记录最小值的下标
11　　　　for (j = i + 1; j < list.length; j++)
12　　　　　　if (list.data[j] < list.data[minIdx])
13　　　　　　　　minIdx = j;
14　　　　//将最小值交换到无序序列的最前面,使其进入有序序列
15　　　　if (minIdx != i)

16		{
17		x = list.data[i];
18		list.data[i] = list.data[minIdx];
19		list.data[minIdx] = x;
20		}
21		}
22		}

4. 效率分析

简单选择排序的比较次数与关键字的初始排列无关。

找到第一个最小元素需要进行 $n-1$ 次比较,找到第二个最小元素需要比较 $n-2$ 次,找到第 i 个最小元素需要进行 $n-i$ 次比较。

总的比较次数为:$(n-1)+(n-2)+\cdots+(n-i)+\cdots+2+1 = n(n-1)/2$

时间复杂度:$O(n^2)$;辅助空间:$O(1)$。

简单选择排序过程中,从当前无序序列中找到的关键字最小的元素,会直接交换到无序序列的最前面,换到后面的元素很可能跳过与其关键字相等的元素,因此简单选择排序是不稳定的排序方法。

8.4.2 树形选择排序

树形选择排序按照锦标赛的思想进行。比赛开始,将 n 个参赛选手看成完全二叉树(或满二叉树)的叶结点,共有 $2n-2$ 或 $2n-1$ 个结点。首先,两两进行比较(在树中是兄弟的进行,否则轮空,直接进入下一轮),胜出的兄弟之间再两两进行比较,直到产生第一名。接下来,将第一名的结点看成最差的,并从该结点开始,沿该结点到根的路径上,依次进行各分支结点子女间的比较,胜出的就是第二名。因为和他比赛的均是刚刚输给第一名的选手。如此继续进行下去,直到所有选手的名次确定。

【例 8-6】有 16 个选手参加的比赛,其成绩如图 8-6 所示各叶结点的值。

图 8-6 中,从叶结点开始的兄弟间两两比赛,胜者上升到父结点;胜者兄弟间再两两比赛,直到根结点,产生第一名 90。比较次数为 $2^3+2^2+2^1+2^0 = 2^4-1 = 16-1$。

图 8-7 中,将第一名的结点置为最差的(设为 0),与其兄弟比较,胜者上升到父结点,胜者兄弟间再比赛,直到根结点,产生第二名 86。比较次数为 4,即 $\log_2 n$ 次。其后各结点的名次均是这样产生的,所以,对于 n 个参赛选手来说,即对 n 个元素进行树形选择排序,总的关键字比较次数至多为 $(n-1)\log_2 n + n-1$,故时间复杂度为 $O(n\log_2 n)$。

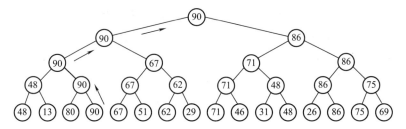

图 8-6 选手成绩的二叉树

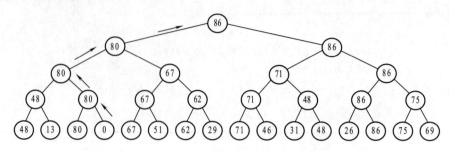

图 8-7　兄弟间两两比赛后的二叉树

该方法占用空间较多,除了待排序的 n 个单元外,还需要 $n-1$ 个辅助单元。

8.4.3　堆　排　序

堆排序法是利用堆树(Heap Tree)来进行排序的方法。堆树是一种特殊的完全二叉树,如果该完全二叉树中每一个结点的值均大于或等于它的两个孩子结点的值,则称其为大顶堆(或大根堆);如果该完全二叉树中每一个结点的值均小于或等于它的两个孩子结点的值,则称其为小顶堆(或小根堆)。

如果需要升序排列,则应建立大顶堆;反之,则应建立小顶堆。

图 8-8(a)是一棵堆树,图 8-8(b)则不是堆树。

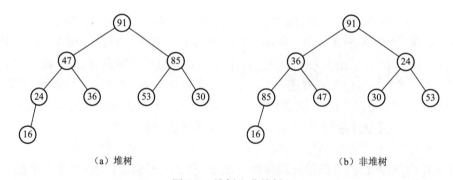

（a）堆树　　　　　　　　　　　　　（b）非堆树

图 8-8　堆树和非堆树

1.基本思想

(1)建堆:把数组存储的 n 个待排序数据,看作一棵完全二叉树的顺序存储形式,对这棵完全二叉树进行一系列的比较和交换,将其建成一棵堆树。

(2)交换:将堆顶元素和当前堆尾元素交换位置,堆顶元素即可排到其最终位置,而堆中元素则减少一个(交换到堆尾最终位置的原堆顶元素要脱离堆)。

(3)调整:由于堆尾元素交换到堆顶,破坏了原有堆结构,应将其不断向下交换,直到堆中剩余元素重新调整为一棵堆树。

(4)不断重复(2)和(3),直到堆中只剩一个元素为止,此时所有数据即已全部排成有序。

2.举例

【例 8-7】假设序列为 80、13、6、88、27、75、42、69,分析堆排序的过程。

（1）将所给序列看成完全二叉树的存储结构，确定所有元素之间的父子关系。在完全二叉树的顺序存储结构中，假设根结点从 1 号单元开始存储，若父结点的位置为 i，则它的两个子结点的位置分别为 $2i$ 和 $2i+1$，根据图 8-9（a）所示的存储结构，可以画出如图 8-9（b）所示完全二叉树的逻辑结构。

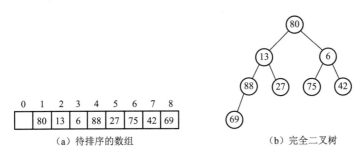

（a）待排序的数组 　　　　　　　　（b）完全二叉树

图 8-9　将待排序的序列看成一棵完全二叉树的顺序存储结构

（2）建堆的过程。建立堆树需要从待排序序列中最后那个数据元素（称其为堆尾元素）的双亲开始，先调整以它为根的子树为堆，然后依次调整以它之前元素为根的所有子树为堆。

调整时，先选取左右孩子中的较大者，与其双亲进行比较，若其双亲较小，则将左右孩子中的较大者与其双亲交换。换下来作为孩子的元素，需要进一步与其左右孩子进行比较，若破坏了原有子树的堆结构，还需要继续往下与其左右孩子中的较大者进行交换，直到双亲大于左右孩子或者左右孩子不存在为止。

整个建堆的过程，如图 8-10 所示。

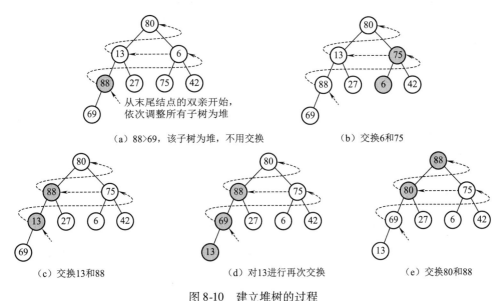

（a）88>69，该子树为堆，不用交换　　　　（b）交换6和75

（c）交换13和88　　　　（d）对13进行再次交换　　　　（e）交换80和88

图 8-10　建立堆树的过程

（3）实现堆排序。实现堆排序要解决的一个问题：输出堆顶元素后，怎样调整剩余的 $n-1$ 个元素，使其按关键字重新成为一个堆。

调整方法：设有 m 个元素构成的堆，输出堆顶元素后，剩下 $m-1$ 个元素。将堆尾元素送入堆顶,堆被破坏,其原因仅是根结点不满足堆的性质,因此将根结点与左右孩子中较大的进行交换。若与左孩子交换,则左子树堆被破坏,且仅左子树的根结点不满足堆的性质;若与右孩子交换,则右子树堆被破坏,且仅右子树的根结点不满足堆的性质。继续对不满足堆树性质的子树进行上述交换操作,直到叶子结点。一般称这个自根到叶子结点的调整过程为筛选,其过程如图 8-11 所示。

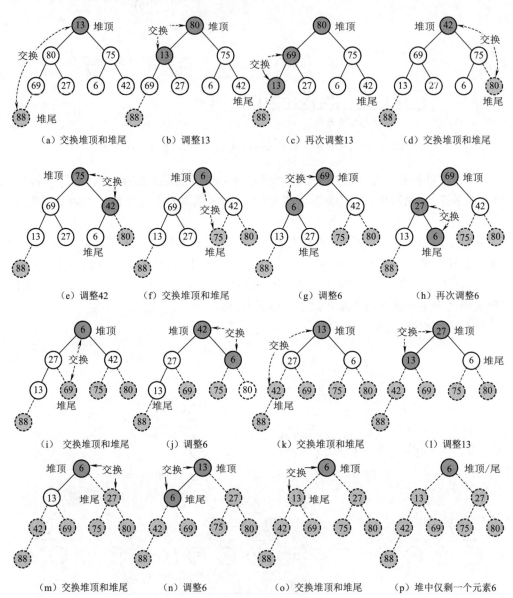

图 8-11　堆排序的过程

3. 算法

因为完全二叉树中根结点的编号为 1,为了让堆树中元素的下标与其编号一致,堆排序时的待排序序列数据一般从 1 号单元开始存放(也可以从 0 号单元开始存放)。程序 8-1 中实现的直接插入排序,其 0 号单元用作监视哨,其待排序序列数据正好也从 1 号单元开始存放。

因此,可将程序8-1的第15~38行,用伪代码8-4的第1~37行替换,同时再将程序8-1第57行的函数调用改为heapSort(list),即为堆排序的演示程序。

	伪代码8-4　堆排序算法的实现
1	// [s, t]中的元素,除 list.data[s]外均满足堆的要求,
2	//对 list.data[s]为根的子树进行筛选,使其成为大顶堆
3	void heapAdjust(SeqList &list, int s, int t)
4	{
5	int i, j;
6	ElemType x = list.data[s];
7	//当前元素的位置为 s,则其左孩子的位置为 2*s
8	for (j = 2*s; j <= t; j = j*2)
9	{
10	//沿关键字较大的孩子向下筛选
11	if (j < t && list.data[j] < list.data[j + 1])
12	j = j +1;　　　　　　　// 设置 j 为左右孩子中较大元素的下标
13	if (x >= list.data[j])
14	break;　　　　　　　// x 应插入在位置 s 上
15	list.data[s] = list.data[j];
16	s = j;　　　　　　　// 使 list.data[s]满足堆的定义
17	}
18	list.data[s] = x;　　　　　　　// 插入
19	}
20	
21	void heapSort(SeqList &list)　　　　　　　// 堆排序
22	{
23	int i;
24	//将 list.data[1...length]建成堆树
25	for (i = list.length / 2; i > 0; i--)
26	heapAdjust(list, i, list.length);
27	//交替执行:交换堆顶与堆尾,剩余元素重新调整为堆
28	for (i = list.length; i > 1; i--)
29	{
30	//交换堆顶与堆尾元素
31	ElemType x = list.data[1];
32	list.data[1] = list.data[i];
33	list.data[i] = x;
34	//将 a[1...i-1]重新调整为堆
35	heapAdjust(list, 1, i - 1);
36	}
37	}

4. 效率分析

假设堆树的高为 k,则 $k = \lfloor \log_2 n \rfloor + 1$。从树根到叶子的筛选,元素间的比较次数至

多为 $2(k-1)$ 次,交换元素至多 k 次。建好堆后,排序过程中的筛选次数满足下式:

$$2(\lfloor \log_2(n-1) \rfloor + \lfloor \log_2(n-2) \rfloor + \cdots + \lfloor \log_2 2 \rfloor) < 2n \log_2 n$$

而建堆时的比较次数不超过 $4n$ 次,因此堆排序在最坏情况下,时间复杂度也为 $O(n \log_2 n)$。

8.5 归并排序

归并排序是将两个或两个以上的有序子表,合并成一个新的有序表。本节只介绍将两个有序子表合并为一个有序子表的过程,即二路归并排序。

1. 基本思想

(1)将 n 个元素的待排序序列,看作由 n 个长度为 1 的有序子表组成。

(2)将两两相邻的有序子表,归并为长度更大的一个有序子表。

(3)重复上述步骤,直至归并为一个长度为 n 的有序表。

2. 举例

【例 8-8】设初始关键字序列为 49、38、65、97、76、13、27、20。

执行归并排序的过程如图 8-12 所示。

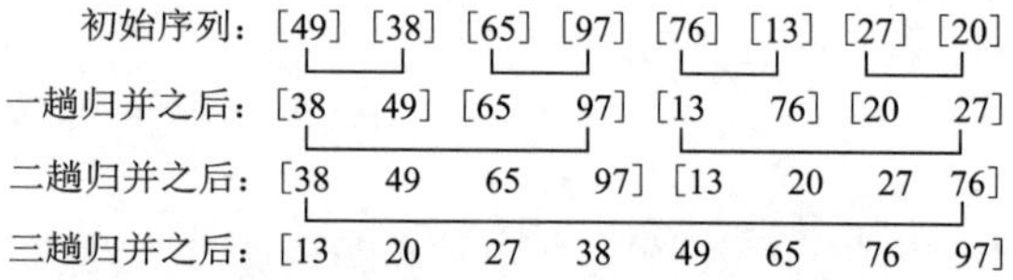

```
初始序列: [49] [38] [65] [97] [76] [13] [27] [20]

一趟归并之后: [38  49] [65  97] [13  76] [20  27]

二趟归并之后: [38  49  65  97] [13  20  27  76]

三趟归并之后: [13  20  27  38  49  65  76  97]
```

图 8-12　归并排序的过程

3. 算法

可将程序 8-2 的第 14 ~ 34 行,用伪代码 8-5 的第 1 ~ 54 行替换,同时再将程序 8-2 第 56 行的函数调用改为 mergeSort(list),即为归并排序的演示程序。

伪代码 8-5　归并排序算法的递归实现	
1	//归并排序——合并有序表
2	//将有序的 sr[m...k]和 sr[k+1...n],合并为有序序列 tmp[m...n]
3	//再将有序序列 tmp[m...n]拷贝回 sr[m...n],
4	//保证排好序的有序序列在原空间 sr[m...n]
5	void merge(int sr[], int tmp[], int m, int k, int n)
6	{
7	int i, j, t;
8	//将有序子序列 sr 数组中的元素,合并到 tmp 数组
9	for (i = m, j = k + 1, t = m; i < = k && j < = n; t ++)
10	{
11	if (sr[i] < = sr[j])
12	tmp[t] = sr[i ++];
13	else
14	tmp[t] = sr[j ++];

```
15              }
16              //将 sr 中尚未合并到 tmp 的部分元素,继续复制到 tmp 中
17              while (i < = k)
18                  tmp[t ++] = sr[i ++];
19              while (j < = n)
20                  tmp[t ++] = sr[j ++];
21              //将 tmp[m...n]数组的内容,复制回原空间 sr[m...n]
22              for (j = m; j < = n; j ++)
23                  sr[j] = tmp[j];
24      }
25
26      //归并排序——递归函数
27      //将 sr[]中的数据,借助辅助空间 tmp[],排序后存入 sr[]中。
28      void mSort(int sr[], int tmp[], int s, int t)
29      {
30          if (s < t)                          // 如果当前区间中不止一个数
31          {
32              int mid;
33              mid = (s + t) /2;
34              //对 sr[s...mid],借助 tmp 归并排序后,仍然存入 sr 数组
35              mSort(sr, tmp, s, mid);
36              //对 sr[mid +1...t],借助 tmp 归并排序后,仍然存入 sr 数组
37              mSort(sr, tmp, mid + 1, t);
38              //对 sr[s...mid]和 sr[mid +1...t]这两个有序序列
39              //借助 tmp 归并为一个有序序列后,存入 sr 数组
40              merge(sr, tmp, s, mid, t);
41          }
42      }
43
44      //归并排序——主调函数
45      void mergeSort(SeqList &list)
46      {
47          //开辟辅助空间
48          ElemType * pExtraSpace =
49              (ElemType * )malloc((list.length) * sizeof(ElemType));
50          //调用递归函数对 list.data[0...list.length -1]进行归并排序
51          mSort(list.data, pExtraSpace, 0, list.length - 1);
52          //释放辅助空间
53          free(pExtraSpace);
54      }
```

伪代码 8-5 给出的是归并排序的递归形式,其非递归形式请自行实现。

4. 效率分析

对 n 个元素的序列,执行归并算法,则必须做 $\log_2 n$ 趟归并,每一趟归并的时间复杂度是 $O(n)$,所以归并的时间复杂度为 $O(n \log_2 n)$。

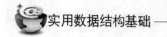

归并排序需要和待排序序列一样多的辅助空间,其空间复杂度为 $O(n)$。

归并排序是一种稳定性的排序方法。

8.6 线性时间排序算法

前面介绍的直接插入排序、冒泡排序、简单选择排序等简单排序,以及希尔排序、快速排序、堆排序和归并排序等先进排序算法有一个共同特点,就是排序过程依赖于元素之间的比较,通常把这些排序统称为比较排序。

可以证明,任何基于比较的排序算法,平均时间复杂度都不低于线性对数阶,即 $O(nlogn)$。若要突破这一限制,就要引入其他的排序策略。

接下来介绍和比较不同的 3 种排序方法,分别是基数排序(Radix Sort)、计数排序(Count Sort)和桶形排序(Bucket Sort),这些算法在一定条件下可以突破线性对数阶 $O(nlogn)$ 的时间复杂度限制,达到线性时间复杂度 $O(n)$。

8.6.1 计数排序

计数排序是 Harold H. Seward 于 1954 年提出的,其应用场景要求"元素关键字的取值为一定范围之内的整数"。计数排序是一种典型的牺牲空间效率换取时间效率的排序算法,其排序过程中需要使用 counts、last 和 target 三个辅助数组。

1. 基本思想

计数排序的核心思想是:先遍历一遍待排序序列 data,找到关键字的最小值 min 和最大值 max,然后开辟两个长度均为 max − min + 1 的 int 类型数组 counts 和 last 作为辅助空间,并且将 counts 中的值全部设置为 0。

再遍历一遍 data,统计出每个元素在 data 中出现的次数,即若某元素的关键字为 key,则执行 counts[key − min] ++。遍历完 data 时,counts[key − min] 的值即为关键字 key 在 data 数组中的出现次数。根据 counts 数组的值,计算出每个关键字对应元素的最后存储位置(序号)存放于 last 数组,再将 last 中每个单元的值减 1,即为每个关键字对应元素存储时的最大下标。

最后从右向左遍历一遍 data 数组,根据 last 数组中指示的元素存储位置,将 data 数组中每个单元的元素值复制到 target 数组中(target 数组的类型和大小与 data 数组一致),target 数组中即为排好序的有序序列。

2. 举例

以第 1 章 1.1.2 节表 1-1 中的学生入学信息为例,假设排序关键字为学生年龄。为表示方便,将学生的数据序列简化为如图 8-13 所示的 data 结构体数组。

data	0	1	2	3	4	5	6	7	8
姓名	张大伟	丁毅	李小美	赵开鹏	王欣怡	孙智汇	冯程	郑月红	刘霞
年龄(关键字)	19	23	18	21	20	19	17	19	20

图 8-13 待按年龄进行排序的学生数组 data

遍历该 data 数组,可得学生年龄的最大值 max =23,最小值 min =17,可据此分配 counts 数组的空间,如图 8-14(a)所示;统计出 data 数组中不同年龄的学生人数如图 8-14(b)所示。

counts 数组	0	1	2	3	4	5	6
出现次数	0	0	0	0	0	0	0

（a）根据年龄的最大最小值，给 counts 数组分配空间

年龄关键字	17	18	19	20	21	22	23
counts 数组	0	1	2	3	4	5	6
出现次数	1	1	3	2	1	0	1

（b）统计 data 数组中不同年龄的学生人数

图 8-14　开辟空间，并统计不同年龄的学生人数

　　根据 counts 数组中的内容，计算每个关键字对应元素的最后存储位置（序号）存放于 last 数组，再将 last 中每个单元的值减 1，即为每个关键字对应元素存储时的最大下标，如图 8-15 所示。

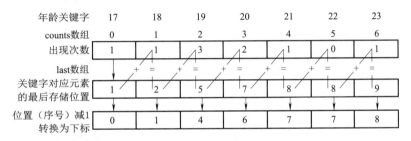

图 8-15　根据 counts 数组中不同年龄的学生人数，计算 last 数组

　　最后从右向左扫描一遍 data 数组，例如 data[8] 的年龄关键字为 20，根据 last[20 - 17] 即 last[3] 的指示，应将元素 data[8] 赋值给 target[6]。当 target[6] 已经存放了一个年龄为 20 的同学之后，应将 last[3] --，因为在 data[8] 的左边如果再遇到年龄为 20 的元素，应将其存放到 target[5] 而不再是 target[6]，如图 8-16 所示。最终 target 数组中即为排好序的有序序列。

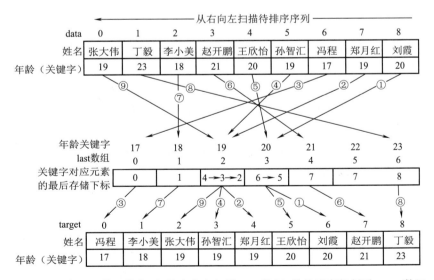

图 8-16　根据 last 数组的指示，从右向左扫描 data 数组，将其元素复制到 target 数组

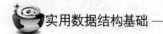

3. 效率分析

经以上过程描述可知,计数排序所需的 counts、last 和 target 三个辅助数组,其中 counts 和 last 数组的大小,取决于关键字的最大和最小值之差(假设为 k),实际编程时一般会将 counts 和 last 数组合二为一,而 target 数组则和待排序序列所占的空间一样大。因此,计数排序适用于关键字的最大和最小值之差 k 不算特别大的情况,其空间复杂度为 $O(n+k)$。

由于在排序过程中扫描了 data 数组三次,对 counts 和 last 数组也操作了三遍,时间多项式 $T(n)$ 可视为 $3n+3k$,因此计数排序的时间复杂度为线性阶 $O(n+k)$。

计数排序是一种稳定的排序方法。

8.6.2 基数排序

基数排序是 1887 年赫尔曼·何乐礼发明的一种非比较型整数排序算法,其应用场景主要是针对整型元素或关键字,尤其是非负整数。对于字符串(如名字或日期)和特定格式的浮点数,可以将其值转换为整数后再使用基数排序。基数排序也是一种牺牲空间效率换取时间效率的排序算法,其排序过程可以看成是多趟计数排序。

1. 基本思想

基数排序的核心思想是:对所有元素或关键字(值为正整数),从最低位开始,依次对其个位、十位、百位、千位、万位……进行稳定的计数排序。等到最高位排序完成后,待排序序列即为有序序列。若有关键字位数不够,则在位数较短的数值前面补零。

2. 举例

以第 1 章 1.1.2 节表 1-1 中的学生入学信息为例,假设排序关键字为入学总分。为表示方便,将学生的数据序列简化为如图 8-17 所示的 data 结构体数组。

data	0	1	2	3	4	5	6	7	8
姓名	张大伟	丁毅	李小美	赵开鹏	王欣怡	孙智汇	冯程	郑月红	刘霞
入学总分(关键字)	376	405	528	330	265	87	426	283	328

图 8-17　待按入学总分进行排序的学生数组 data

取 data 数组中所有入学总分的个位数字,进行稳定的计数排序,生成的 target 数组如图 8-18 所示。

target	0	1	2	3	4	5	6	7	8
姓名	赵开鹏	郑月红	丁毅	王欣怡	张大伟	冯程	孙智汇	李小美	刘霞
入学总分(关键字)	330	283	405	265	376	426	87	528	328

图 8-18　按入学总分的个位数字进行计数排序

反过来取 target 数组中所有入学总分的十位数字,进行稳定的计数排序,生成的 data 数组如图 8-19 所示。

data	0	1	2	3	4	5	6	7	8
姓名	丁毅	冯程	李小美	刘霞	赵开鹏	王欣怡	张大伟	郑月红	孙智汇
入学总分(关键字)	405	426	528	328	330	265	376	283	87

图 8-19　按入学总分的十位数字进行计数排序

再取 data 数组中所有入学总分的百位数字,进行稳定的计数排序,生成的 target 数组如图 8-20 所示。

target	0	1	2	3	4	5	6	7	8
姓名	孙智汇	王欣怡	郑月红	刘霞	赵开鹏	张大伟	丁毅	冯程	李小美
入学总分(关键字)	0<u>8</u>7	2<u>6</u>5	2<u>8</u>3	3<u>2</u>8	3<u>3</u>0	3<u>7</u>6	4<u>0</u>5	4<u>2</u>6	5<u>2</u>8

图 8-20　按入学总分的百位数字进行计数排序

3. 效率分析

假设关键字为 k 进制,并且其最大值的位数为 d,所有元素的个数为 n,则基数排序需要进行 d 趟计数排序。由于每趟计数排序的时间复杂度为 $O(n+k)$,因此基数排序的时间复杂度为 $O(d*(n+k))$,其空间复杂度与计数排序一致,仍为 $O(n+k)$。

8.6.3　桶　排　序

桶排序也称箱排序,其工作原理是将待排序元素分配到有限数量的桶里,再对每个桶分别排序(有可能使用别的排序算法,或以递归方式继续桶排序),最后依次把各个桶中的元素取出来,即可得到有序序列。

【例 8-9】若有 12 个数据 0.12、0.18、0.93、0.0、0.45、0.76、0.03、1.0、0.89、0.55、0.98、0.67,要求对其使用桶排序。

先将这 12 个数据分配到 4 个桶里(桶的个数根据需要设置),如图 8-21 所示。

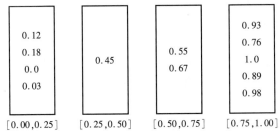

图 8-21　先将所有数据分配到 4 个桶

再对每个桶里的数据分别进行排序,如图 8-22 所示。

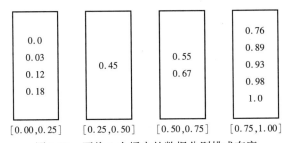

图 8-22　再将 4 个桶中的数据分别排成有序

最后将各个桶里的元素依次收集,即可得到一个有序序列。

8.6.1 节介绍的计数排序,其中 counts 数组的每个单元其实都是一个桶,只不过每个桶中存放的是相应年龄的学生人数。

8.6.2 节介绍的基数排序,本质上也是桶排序的一个特例,每次都是根据 0~9 这 10 个数字划分为 10 个桶。

桶排序实际上是一种分而治之的思想。待排序元素服从何种分布? 分多少个桶? 桶中元素的存储究竟是用顺序还是链式结构? 桶中元素的排序采用何种方法? 这些问题的回答均对其排序效率有重要影响。

一般来说,若待排序序列中的元素能够均匀分配到桶中,则桶排序的时间复杂度可以达到线性阶 $O(n)$。但是在最坏情况下,如果所有元素都被分配到同一个桶,而其他桶全部为空,则时间复杂度可能为 $O(n^2)$。

桶排序的空间复杂度,受存储结构和时间复杂度的影响,应具体情况具体分析。

桶排序一般为稳定的排序算法。

8.7 通用类型数据的排序

前面介绍的所有排序算法,针对的都是 int 或 Student 等具体数据类型的具体关键字。如果同时需要 Student 类型中的学号(字符串)、年龄(整型)、某门课程的分数(浮点型),还需要对 1.1.1 节中 Book 类型的不同关键字来排序。是否需要实现多个不同的排序函数? 答案是否定的。如果使用的是同一个排序算法,很显然是不需要重复编写多个排序函数的。

本节将介绍通用类型数据的排序方法,使得一个排序函数能够支持多种不同类型或者同一类型但不同关键字的排序需求。

8.7.1 比较函数的实现

C 语言中的库函数 qsort(),使用快速排序算法,用指向函数的指针实现了任意类型和任意关键字的通用排序。但是快速排序属于比较类排序,在调用前需要先规定元素之间的比较规则,即应先定义元素之间的比较函数。

例如,若要调用 qsort() 实现一批整数的排序,则需要先定义函数 compareInt(),确定两个整数的大小比较规则,具体过程如程序 8-3 所示。

程序 8-3 调用 qsort() 函数实现一批整数的排序

```
1    // Program8 -3.cpp
2    #include < stdio.h >
3    #include < stdlib.h >
4    #define N 7
5
6    //比较两个整数的大小
7    int compareInt(const void * a, const void * b)
8    {
9        int * aa = (int * )a, * bb = (int * )b;
10       if (* aa > * bb)
11           return 1;                    // 第1个参数大于第2个参数,返回1
12       else if (* aa == * bb)
```

```
13          return 0;                        // 第1个参数等于第2个参数,返回0
14      else
15          return -1;                       // 第1个参数小于第2个参数,返回-1
16  }
17
18  int main()
19  {
20      int data[N] = {3, 102, 5, -2, 98, 52, 18}, i;
21      // 输出初始的无序序列
22      for (i = 0; i < N; i++)
23          printf("%5d", data[i]);
24      printf("\n");
25      // 调用快速排序函数 qsort(),对 data 数组中的整数进行排序
26      qsort(data, N, sizeof(int), compareInt);
27      // 输出排序之后的有序序列
28      for (i = 0; i < N; i++)
29          printf("%5d", data[i]);
30      printf("\n");
31      return 0;
32  }
```

若改变需求,要求调用 qsort( )实现一批学生数据的排序,不仅要能按学号排序,而且还要能够按分数的高低排序。此时,需要编写比较函数 compareStuId( ),按字典序法实现两个学生学号大小的比较;还要编写比较函数 compareScore( ),实现两个学生分数高低的比较。具体实现过程如程序 8-4 所示。

程序 8-4　调用 qsort( )函数实现一批学生数据的排序

```
1   // Program8-4.cpp
2   #include <stdio.h>
3   #include <stdlib.h>
4   #include <string.h>
5   #define N 5
6   typedef struct
7   {
8       char stuId[16];                      // 学号
9       char name[16];                       // 姓名
10      char gender[4];                      // 性别
11      int age;                             // 年龄
12      double score;                        // 分数
13  } Student;                               // 定义学生类型
14
15  //比较学号大小的函数
16  int compareStuId(const void *a, const void *b)
17  {
18      Student *aa = (Student *)a, *bb = (Student *)b;
```

```
19        if (strcmp(aa->stuId, bb->stuId) > 0)
20            return 1;
21        else if (strcmp(aa->stuId, bb->stuId) == 0)
22            return 0;
23        else
24            return -1;
25    }
26
27    //比较分数高低的函数
28    int compareScore(const void *a, const void *b)
29    {
30        Student *aa = (Student *)a, *bb = (Student *)b;
31        if (aa->score > bb->score)
32            return 1;
33        else if (aa->score == bb->score)
34            return 0;
35        else
36            return -1;
37    }
38
39    void showAllStu(Student sd[], int len) //输出所有学生
40    {
41        int i;
42        for (i = 0; i < len; i++)
43        {
44            printf("%s\t%s\t%s\t%d\t%.2f\n", sd[i].stuId,
45                    sd[i].name, sd[i].gender,
46                    sd[i].age, sd[i].score);
47        }
48    }
49
50    int main()
51    {
52        Studentsa[] = {
53            {"221003271007", "王欣怡", "女", 20, 265},
54            {"221003271002", "丁毅", "男", 23, 405},
55            {"221003271003", "李小美", "女", 18, 528},
56            {"221003271005", "赵开鹏", "男", 21, 330},
57            {"221003271001", "张大伟", "男", 19, 376}};
58        system("chcp 65001");
59        printf("学生的初始顺序:\n");
60        showAllStu(sa, N);
61        // 按学号排序后输出
62        qsort(sa, N, sizeof(Student), compareStuId);
63        printf("按学号排序之后:\n");
```

64	showAllStu(sa, N);
65	// 按分数排序后输出
66	qsort(sa, N, sizeof(Student), compareScore);
67	printf("按分数排序之后：\n");
68	showAllStu(sa, N);
69	return 0;
70	}

8.7.2　通用排序算法的实现

可以使用其他比较排序算法，实现上述 qsort() 函数类似的通用类型排序功能。下面以冒泡排序为例，实现通用类型数据的排序，顺便复习一下 C 语言中函数指针的应用。

假定数据元素分别为学生 Student 和书籍 Book 类型，要求自定义函数 bSort() 能够同时支持按学生学号，以及按书籍页数的排序。具体实现如程序 8-5 所示。

程序 8-5　自定义通用类型排序函数 bSort()

```
1    //Program8 - 5.cpp
2    #include < stdio.h >
3    #include < stdlib.h >
4    #include < string.h >
5    #define N 5
6    #define M 6
7    typedef struct
8    {
9        char stuId[16];              // 学号
10       char name[16];               // 姓名
11       char gender[4];              // 性别
12       int age;                     // 年龄
13       double score;                // 分数
14   } Student;                       // 定义学生类型
15   typedef struct
16   {
17       char isbn[20];               // 书号
18       char title[64];              // 书名
19       char author[20];             // 作者
20       int pages;                   // 页数
21       double price;                // 价格
22   } Book;                          // 定义书籍类型
23
24   //比较学生学号大小的函数
25   int compareStuId(const void *a, const void *b)
26   {
27       Student *aa = (Student *)a, *bb = (Student *)b;
28       if (strcmp(aa- > stuId, bb- > stuId) > 0)
```

```
29          return 1;
30      else if (strcmp(aa->stuId, bb->stuId) == 0)
31          return 0;
32      else
33          return -1;
34  }
35
36  //比较书籍页数多少的函数
37  int comparePages(const void *a, const void *b)
38  {
39      Book *aa = (Book *)a, *bb = (Book *)b;
40      if (aa->pages > bb->pages)
41          return 1;
42      else if (aa->pages == bb->pages)
43          return 0;
44      else
45          return -1;
46  }
47
48  //通用类型数据的冒泡排序,其中 base 为基地址(数组名)
49  // num 为元素个数,size 为每个元素所占的字节数
50  // pc 为指向比较函数的函数指针变量
51  void bSort(void *base, size_t num, size_t size,
52              int (*pc)(const void *, const void *))
53  {
54      int i, j, flag;
55      void *px = malloc(size);            // 开辟一块临时空间
56      for (i = 0; i < num - 1; i++)       // 控制趟数
57      {
58          flag =1;
59          // 下面的 for 循环,控制每趟相邻元素的比较
60          for (j = 0; j < num - i - 1; j++)
61              if ((*pc)((char *)base + j * size,
62                      (char *)base + (j + 1) * size) > 0)
63              {
64                  // 将 base[j]复制到 px 所指临时空间
65                  memcpy(px, (char *)base + j * size, size);
66                  // 将 base[j+1]复制到 base[j]
67                  memcpy((char *)base + j * size,
68                          (char *)base + (j + 1) * size, size);
69                  // 将 px 所指临时空间的数据复制到 base[j+1]
70                  memcpy((char *)base + (j + 1) * size,
71                          px, size);
72                  flag =0;                // 若有元素发生交换,则将 flag 置 0
73              }
```

```
74          if (flag == 1)                    // 若无元素发生交换,则已全部有序
75              break;
76      }
77  }
78
79  void showAllStu(Student sd[], int len) // 输出所有学生
80  {
81      int i;
82      for (i = 0; i < len; i++)
83      {
84          printf("%s\t%s\t%s\t%d\t%.2f\n", sd[i].stuId,
85                  sd[i].name, sd[i].gender,
86                  sd[i].age, sd[i].score);
87      }
88  }
89
90  void showAllBook(Book book[], int len) // 输出所有书籍
91  {
92      int i;
93      for (i = 0; i < len; i++)
94      {
95          printf("%s\t%s\t%s\t%d\t%.2f\n", book[i].isbn,
96                  book[i].title, book[i].author,
97                  book[i].pages, book[i].price);
98      }
99  }
100
101 int main()
102 {
103     Student sa[N] = {
104         {"221003271007", "王欣怡", "女", 20, 265},
105         {"221003271002", "丁毅", "男", 23, 405},
106         {"221003271003", "李小美", "女", 18, 528},
107         {"221003271005", "赵开鹏", "男", 21, 330},
108         {"221003271001", "张大伟", "男", 19, 376}};
109     Book ba[M] = {
110         {"978-7-302-17228-4", "汇编语言", "王爽", 337, 33},
111         {"978-7-5327-5811-1", "葛传椝英语惯用法词典",
112          "葛传椝", 691, 55},
113         {"978-7-113-20748-9", "实用数据结构基础",
114          "陈元春", 291, 37},
115         {"978-7-111-60074-9", "Java 语言程序设计与数据结构",
116          "Y.Daniel Liang", 670, 99},
117         {"978-7-5502-5529-6", "北大人文课", "张卉妍", 430, 38},
118         {"978-7-02-012789-4", "围城", "钱钟书", 377, 36}};
```

```
119        system("chcp 65001");
120        printf("学生的初始顺序：\n");
121        showAllStu(sa, N);
122        // 将学生按学号排序后输出
123        // qsort(sa, N, sizeof(Student), compareStuId);
124        bSort(sa, N, sizeof(Student), compareStuId);
125        printf("学生按学号排序之后：\n");
126        showAllStu(sa, N);
127        printf("\n 书籍的初始顺序：\n");
128        showAllBook(ba, M);
129        // 将书籍按页数排序后输出
130        // qsort(ba, M, sizeof(Book), comparePages);
131        bSort(ba, M, sizeof(Book), comparePages);
132        printf("书籍按页数排序之后：\n");
133        showAllBook(ba, M);
134        return 0;
135    }
```

程序 8-5 的第 64~71 行多次调用了内存复制函数 memcpy( )，其函数原型如下：

```
void *memcpy(void *dest, const void *src, size_t n);
```

其功能为复制 src 所指内存位置开始的 n 个字节数据到 dest 所指的内存位置。与 strcpy( ) 不同的是，memcpy( ) 会完整的复制 n 个字节，不会因为遇到字符串结束标识 '\0' 而终止。

8.8 各种排序算法的比较

评估一种排序算法的性能，除了时间及空间复杂度之外，还需要考虑算法的稳定性、最坏状况和程序的编写难易程度。例如冒泡排序法，虽然效率不高，但却经常被使用，因为好写易懂。通常把常用的排序算法按最好、最坏和平均情况下的所需时间、是否属于稳定排序、所需额外内存空间等列出来进行综合衡量，如表 8-3 所示。

表 8-3　常用排序算法的比较

排序算法	最好所需时间	最坏所需时间	平均所需时间	稳定性	所需额外空间
直接插入排序	$O(n)$	$O(n^2)$	$O(n^2)$	√	$O(1)$
希尔排序	$O(n)$	$O(n^2)$	$O(n^{1.3})$	×	$O(1)$
冒泡排序	$O(n)$	$O(n^2)$	$O(n^2)$	√	$O(1)$
快速排序	$O(n\log_2 n)$	$O(n^2)$	$O(n\log_2 n)$	×	$O(\log_2 n)$
简单选择排序	$O(n^2)$	$O(n^2)$	$O(n^2)$	×	$O(1)$
堆排序	$O(n\log_2 n)$	$O(n\log_2 n)$	$O(n\log_2 n)$	×	$O(1)$
归并排序	$O(n\log_2 n)$	$O(n\log_2 n)$	$O(n\log_2 n)$	√	$O(n)$
计数排序	$O(n+k)$	$O(n+k)$	$O(n+k)$	√	$O(n+k)$

续表

排序算法	最好所需时间	最坏所需时间	平均所需时间	稳定性	所需额外空间
基数排序	$O(d*(n+k))$	$O(d*(n+k))$	$O(d*(n+k))$	√	$O(n+k)$
桶排序	$O(n+k)$	$O(n+k)$	$O(n+k)$	√	依赖于具体实现

小 结

（1）排序是将数据的任意序列，重新排列成一个按关键字有序序列的过程。

（2）整个排序过程全部在内存进行的排序称为内排序，基于比较的内排序算法有直接插入排序、希尔排序、冒泡排序、快速排序、简单选择排序和堆排序等。

（3）排序算法有稳定和不稳定之分，排序过程中元素会发生跳跃的算法一般效率较高，但是大多是不稳定的。

（4）基于比较的排序算法，在平均情况下的时间复杂度最好为线性对数阶 $O(n\log n)$；非比较的排序算法计数排序、基数排序和桶排序等则无此限制，非比较排序算法的时间复杂度，在平均情况下的时间复杂度可以达到线性阶 $O(n)$。

（5）应根据不同的环境、条件和需求来选择合适的排序方法。排序元素比较少时，建议选用简单的时间复杂度为 $O(n^2)$ 的算法；当排序元素比较多时，建议选用时间复杂度为 $O(n\log n)$ 的算法；如果对时间复杂度有更高的需求，则建议以空间换时间，选用线性时间排序算法。

实 验

【实验名称】 排 序

1. 实验目的

(1)掌握常用排序方法的基本思想。

(2)通过实验程序的实现，加深理解各种排序算法。

(3)通过实验分析并验证各种排序方法的时间复杂度。

(4)了解各种排序方法的优缺点及适用范围。

2. 实验内容

(1)生成一批随机数存放于数组，或从文件中读取一批学生的数据。

(2)编写能够将批量数据随机化(进行随机排列)的函数。

(3)编写希尔排序、快速排序、堆排序和归并排序的函数。

(4)执行上述排序函数时，要求能显示每一趟的排序结果；每次排序结束，调用随机化函数将所有数据重新随机排列。

3. 实验要求

(1)以数字菜单的形式列出程序的主要功能。

(2)从文件输入数据或由随机函数生成数据，记录每一趟的排序结果；把实验结果与理论分析的结果进行对照比较，验证程序的正确性。

(3)实现的随机化函数应具备较强的随机性,并且效率较高。

(4)算法的实现细节应尽可能考虑其时间和空间复杂度。

(5)分析各算法的时间和空间复杂度。

习 题

一、判断题(下列各题,正确的请在后面的括号内打√;错误的打×)

1.如果某种排序算法不稳定,则该排序算法就没有实用价值。 （ ）

2.希尔排序是不稳定的排序。 （ ）

3.堆排序所需的时间与待排序的记录个数无关。 （ ）

4.快速排序在任何情况下都比其他排序方法速度快。 （ ）

5.采用归并排序可以实现外排序。 （ ）

二、填空题

1.大多数排序算法都有两个基本的操作:_____和移动。

2.评价排序算法优劣的主要标准是_____和算法所需的附加空间。

3.根据被处理数据使用的不同存储设备,排序可分为_____和外排序。

4.外排序是指在排序过程中,大部分数据存放在计算机的_____中。

5.排序前关键字值相等的不同元素,排序后其相对位置保持不变的排序方法,称为_____排序方法。

6.希尔排序是对_____排序方法的一种改进。

7.若要从5 000个数据中选出最大的10个,最好选用_____排序方法。

8.在插入排序和选择排序中,若初始数据基本正序,则选用_____较好。

9.第一趟排序后,会将键值最大的元素交换到最后的排序算法是_____排序。

10.对 n 个关键字进行冒泡排序,其可能的最小比较次数为_____次。

11.对 n 个关键字进行冒泡排序,平均情况下的时间复杂度为_____。

12.在插入排序、选择排序和归并排序中,不稳定的为_____排序。

13.直接插入排序的第 i 趟,最坏情况下要进行_____次关键字的比较。

14.对 n 个元素进行快速排序,理想情况下,每次划分正好分成两个等长的子序列,其时间复杂度是_____。

15.对 n 个记录进行快速排序,在最坏情况下的时间复杂度是_____。

16.对 n 个元素进行归并排序,所需的平均时间是_____。

17.对 n 个元素进行归并排序,所需的附加空间是_____。

18.对一组数据{54,38,96,23,15,72,60,45,83}进行直接插入排序时,把第7个元素60插入到有序表时,为寻找插入位置需要比较_____次。

19.若用冒泡法对序列 $L_1 = \{25,57,48,37,92,86,12$ 和 $33\}$ 和 $L_2 = \{25,37,33,12,48,57,86,92\}$ 进行排序,交换次数较少的是_____。

20.对一组数据{54,35,96,21,12,72,60,44,80}进行简单选择排序时,第4次选择和交换后,剩余的无序序列是_____。

三、选择题

1. 排序是根据( )的大小重新安排各元素的顺序。

　　A. 关键字　　　　B. 数组　　　　　C. 元素　　　　　D. 结点

2. 评价排序算法好坏的标准主要是( )。

　　A. 执行时间　　　　　　　　　　　B. 辅助空间

　　C. 算法本身的复杂度　　　　　　　D. 执行时间和所需的辅助空间

3. 时间复杂度不受数据初始状态影响而恒为 $O(n\log_2 n)$ 的是( )。

　　A. 堆排序　　　　B. 冒泡排序　　　C. 希尔排序　　　D. 快速排序

4. 直接插入排序的方法是( )的排序方法。

　　A. 不稳定　　　　B. 稳定　　　　　C. 外部　　　　　D. 选择

5. 直接插入排序的方法要求被排序的数据( )存储。

　　A. 必须链表　　　B. 必须顺序　　　C. 顺序或链表　　D. 可以任意

6. 直接插入排序是从第( )个元素开始,将后面的元素插入到前面适当位置的排序方法。

　　A. 1　　　　　　B. 2　　　　　　　C. 3　　　　　　　D. n

7. 一趟排序结束后不一定能够选出一个元素放在其最终位置上的是( )。

　　A. 堆排序　　　　B. 冒泡排序　　　C. 快速排序　　　D. 希尔排序

8. 每次从无序序列中挑选一个元素,将其依次放入已排序序列(初始为空)一端的方法,称为( )。

　　A. 希尔排序　　　B. 归并排序　　　C. 插入排序　　　D. 选择排序

9. 根据排序策略分类,冒泡排序属于( )。

　　A. 分配排序　　　B. 交换排序　　　C. 插入排序　　　D. 选择排序

10. 每次把待排序的数据划分为左右两个区间,其中左区间中元素的值不大于基准元素的值,右区间中元素的值不小于基准元素的值,此种排序方法称为( )。

　　A. 冒泡排序　　　B. 堆排序　　　　C. 快速排序　　　D. 归并排序

11. 快速排序在( )情况下最不利于易发挥其长处。

　　A. 待排序的数据量太大　　　　　　B. 待排序的数据已基本有序

　　C. 待排序的数据完全无序　　　　　D. 待排序的数据个数为奇数

12. 下述几种排序方法中,要求内存量最大的是( )。

　　A. 插入排序　　　B. 选择排序　　　C. 快速排序　　　D. 归并排序

13. 堆的形状是一棵( )。

　　A. 二叉排序树　　B. 满二叉树　　　C. 完全二叉树　　D. 平衡二叉树

14. 用某种方法对顺序表{25,84,21,47,15,27,68,35,20}进行排序时,表内数据的每趟变化情况依次如下:

　　① 25 84 21 47 15 27 68 35 20　　② 20 15 21 25 47 27 68 35 84

　　③ 15 20 21 25 35 27 47 68 84　　④ 15 20 21 25 27 35 47 68 84

则采用的是( )排序方法。

　　A. 选择　　　　　B. 希尔　　　　　C. 归并　　　　　D. 快速

15. 下述排序方法中,关键字比较次数与记录的初始排列次序无关的是( )。

A. 简单选择排序 B. 希尔排序　　　　C. 插入排序　　　　　D. 冒泡排序

16. 下述排序方法中,平均时间复杂度最小的是(　　　)。

A. 希尔排序　　　　B. 插入排序　　　　C. 冒泡排序　　　　　D. 简单选择排序

17. 对 n 个不同元素进行递增冒泡排序,在下列(　　　)的情况比较的次数最多。

A. 从小到大排列好　　　　　　　　B. 从大到小排列好

C. 元素无序　　　　　　　　　　　D. 元素基本有序

18. 用直接插入排序对如下序列进行升序排序,比较次数最少的是(　　　)。

A. 94、32、40、90、80、46、21、69　　　B. 21、32、46、40、80、69、90、94

C. 32、40、21、46、69、94、90、80　　　D. 90、69、80、46、21、32、94、40

19. 已知序列{25,48,16,35,79,82,23,40}中已含有 4 个长度为 2 的有序表,按归并排序的方法,对该序列再进行一趟归并后的结果为(　　　)。

A. 16、25、35、48、23、40、79、82、36、72　　B. 16、25、35、48、79、82、23、36、40、72

C. 16、25、48、35、79、82、23、36、40、72　　D. 16、25、35、48、79、23、36、40、72、82

20. 一个数据序列的关键字为(46,79,56,38,40,84),以第一个元素为基准,采用快速排序得到的划分结果为(　　)。

A. (38, 40, 46, 56, 79, 84)　　　　　B. (40, 38, 46, 79, 56, 84)

C. (40, 38, 46, 56, 79, 84)　　　　　D. (40, 38, 46, 79, 56, 84)

四、排序过程分析

1. 已知数据序列{18, 17, 60, 40, 07, 32, 73, 65},写出采用直接插入算法排序时,每一趟排序的结果。

2. 已知数据序列{80, 18, 9, 90, 27, 75, 42, 69, 34},写出采用冒泡法时每一趟排序的结果。

3. 已知数据序列{12, 02, 16, 30, 28, 10, 17, 20, 06, 18},写出希尔排序每一趟排序的结果。(设 $d = 5、2、1$)

4. 已知数据序列{10, 18, 4, 3, 6, 12, 9, 15},写出用归并排序时,每一趟排序的结果。

5. 已知数据序列{53, 36, 48, 36, 60, 7, 18, 41},写出用简单选择排序时,每一趟排序的结果。

6. 已知数据序列{10, 1, 15, 18, 7, 15},采用快速排序法,试写出第一趟排序的结果。

五、程序填空

```
void binInsertSort(int a[], int len)      // 二分插入排序
{
    int i, j, key, low, high, mid;
    for (i = 1; i < len; i ++)
    {
        key = _____;                    // 取出待插入元素 //1
        low = 0;
        high = _____;                   //2
        while (low _____ high)          //3
```

```
    {
        _____;                         // 4
        if (a[mid] > key)
            high = mid -1;
        else
            low = mid +1;
    }
    for (j = i - 1; j > = low; j--)
        a[j +1] = _____;               // 元素后移 // 5
    a[low] = key;
    }
}
```

六、算法题

1. 以无头结点的单向链表为存储结构,不另外开辟任何结点空间,写一个直接插入排序算法。

2. 编写将有头结点的单向链表 head 中的所有结点逆序排列的算法,要求不能另外开辟任何结点空间。

3. 设计一个算法,使得在尽可能少的时间内重排数组,将所有取负值的关键字放在所有非负值的关键字之前。

第 9 章

串 ‹‹‹

字符串简称串,是一种特殊的线性表,其数据元素仅为一个字符。在计算机数据处理中,非数值处理的对象经常是字符串数据。本章介绍串的定义和基本操作、串的存储结构及相关算法。

9.1 串的定义和操作

本节先给出串(String)的定义,然后介绍串的基本操作。

9.1.1 串的定义

1. 串的概念

串是由零个或多个任意字符组成的有限序列。一般记作:

$$s = "a_1a_2a_3\cdots a_{i-1}a_ia_{i+1}\cdots a_n"$$

其中,s 是串名,用双引号括起来的字符序列为串值,但引号本身并不属于串的内容。a_i($1 \leqslant i \leqslant n$)是一个任意字符,称为串的元素,是构成串的基本单位;i 是它在整个串中的序号;n 为串的长度,表示串中所包含的字符个数。

2. 几个术语

(1)长度:串中字符的个数,称为串的长度。

(2)空串:长度为零的字符串,称为空串。

(3)空格串:由一个或多个连续空格组成的串,称为空格串。

(4)串相等:两个串相等,是指两个串的长度相等,且对应字符都相等。

(5)子串:串中任意连续的字符组成的子序列,称为该串的子串。

(6)主串:包含子串的串,称为该子串的主串。

(7)模式匹配:子串的定位操作又称串的模式匹配,是一种求子串的第一个字符在主串中序号的操作。被匹配的主串称为目标串,子串称为模式。

【例 9-1】 字符串的长度及子串的位置。

字符串	字符串长度	
s1 = "SHANG"	5	
s2 = "HAI"	3	
s3 = "SHANGHAI"	8	
s4 = "SHANG□HAI"	9	// □表示空格,下同

s1 是 s3、s4 的子串,s1 在 s3、s4 中的位置都为 1。

s2 也是 s3、s4 的子串,s2 在 s3 中的位置为 6,s2 在 s4 中的位置为 7。

3. 串的应用

在汇编语言和高级语言程序中,源程序都是以字符串表示的。在事务处理程序中,如客户的姓名、地址、邮政编码、货物名称等,一般也是作为字符串数据处理的。另外,信息检索系统、文字编辑系统、语言翻译系统等,也都是以字符串数据作为处理对象的。

9.1.2　串的输入与输出

1. 字符串的输入

在 C 语言中,字符串的输入有两种方法:

(1)使用 scanf( )函数。例如:

```
char str[64];
scanf("%s", str);
```

用 scanf( )输入字符串时,字符串中不能含有空格。输入格式中要用"% s",对应的参数为存放输入字符串的内存起始地址,一般为字符数组名。

(2)使用 gets( )函数。格式为:

```
gets(存放字符串的起始地址);
```

其中存放字符串的起始地址,一般用字符数组名。例如:

```
char str[64];
gets(str);
```

使用 gets( )方式输入字符串时,字符串中允许含有空格。关于 gets( )函数的安全性问题,及其替代方案 fgets( ),请参考 1.5.3 节的介绍。

2. 字符串的输出

字符串的输出也有两种方法:

(1)使用 printf( )函数。

使用函数 printf( )时,输出格式中要用"% s",对应的参数为输出字符串的起始地址,一般为字符数组名。例如:

```
printf("Your str is %s", str);
```

(2)使用 puts( )函数。格式为:

```
puts(字符串的起始地址);
```

其中存放字符串的起始地址,一般为字符数组名。例如:

```
puts(str);
```

9.1.3　串的基本操作

串的操作很多,下面介绍串的部分基本操作。

（1）求串的长度 getStrLen(s)。

操作条件：串 s 存在。

操作结果：返回串 s 的长度。

（2）串的连接 concatStr(s1,s2)。

操作条件：串 s1,s2 存在。

操作结果：串 s1 的值变为连接之后的新串,串 s2 的值不变。

例如,假设 s1 = " Micsosoft□",s2 = " Office",则执行 concatStr(s1,s2)之后,s1 = " Micsosoft□Office";s2 = " Office"。

（3）求子串 getSubStr(s,i,len)。

操作条件：串 s 存在。

操作结果：从串 s 的第 i 个字符开始(i≥1),取长度为 len 的子串并返回。若 len 为 0,得到的是空串。

例如：getSubStr(" abcdefghi",3,4) 的结果为"cdef"。

（4）串的比较 compareStr(s1,s2)。

操作条件：串 s1,s2 存在。

操作结果：若 s1 等于 s2,则返回 0;若 s1 小于 s2,则返回一个负数,一般为 -1;若 s1 大于 s2,则返回一个正数,一般为 1。

（5）插入字符串 insertStr(s,i,t)。

操作条件：串 s、t 存在。

操作结果：将串 t 插入到串 s 的第 i 个字符前(i≥1),串 s 的值发生改变。

（6）删除子串 deleteStr(s,i,len)。

操作条件：串 s 存在。

操作结果：删除串 s 中第 i 个字符开始的长度为 len 的子串(i≥1),串 s 的值发生改变;若 i + len 超出串长,则删除到串 s 的末尾。

（7）查找子串 indexStr(s,t)。

查找子串 t 在主串 s 中首次出现的位置(又称模式匹配)。

操作条件：串 s、t 存在。

操作结果：若 t 是 s 的子串,则返回 t 在 s 中首次出现的位置或索引(下标),否则返回 -1。返回的位置也可以是从 1 开始的序号。例如：

① indexStr(" abcdebda","bc") 的返回值为 1。

② indexStr(" abcdebda","ba") 的返回值为 -1。

9.2　串 的 存 储

因为串是元素类型为字符型的线性表,所以线性表的存储方式仍适用于串。但是,由于串中的数据元素是单个字符,其存储方法又有其特殊之处。

9.2.1　顺 序 存 储

类似于线性表,可以用一组地址连续的存储单元依次存放串中的各个字符,利用存储单元的先后顺序,可以隐含表示串中字符的相邻关系。

1. 定长顺序存储

串的顺序存储可以用一个定长的字符型数组,配合一个整型变量来表示,其中字符数组存储串的值,整型变量表示串的长度。

```
#define N 64
typedef struct
{
    char data[N];
    int length;
} String;          //定义字符串类型 String
```

由于在 C 语言中默认用'\0'作为字符串的结束标志,因而可省略 length 成员,只用一个字符数组即可表示字符串。从左向右扫描字符串,遇到结束符'\0',即认为字符串结束。

2. 堆分配存储方式

上面的定长顺序存储有一个致命缺陷,就是串中存储的字符个数不能超过 data 数组的大小 N。例如,字符串连接或向字符串中插入字符时,就很可能导致 data 数组的空间不够。为避免这种情况,可以采用堆分配存储的方式,即根据串的长度,动态分配数组的空间。具体实现可以参考 2.2.1 节中伪代码 2 − 3 的方法。

9.2.2 链式存储

对于长度不确定的字符串,若采用定长存储会产生这样的问题:存储空间定得大,而实际字符串的长度小,则造成内存空间的浪费;反之,存储空间定得小,而实际字符串的长度大,则存储空间不够用。此时,可采用链式存储方法。

1. 链式存储的描述

用链表存储字符串时,每个结点有两个域:数据域 data 和指针域 next,如图 9-1 所示。

图 9-1　串的结点结构

其中,数据域 data 存放串中一个字符;指针域 next 存放后继结点的地址。

以存储 str = "String Structure" 为例,其链式存储结构如图 9-2 所示。

图 9-2　串的链式存储

串的链式存储具有如下特点:

(1)优点:插入、删除操作较为方便。

(2)缺点:存储、检索效率比较低。

2. 串的存储密度

系统中需要存储和处理的字符串,往往很长或很多。例如,一份报纸或一本书中的字符串,可能有几十甚至上百万个字符,因此必须考虑字符串的存储密度。

存储密度 = 串值所占的存储位/实际分配的存储位

图 9-2 所示的串的链式存储结构,每个结点中仅存储了 1B 的字符,而每个结点中的指针一般需要占用 4B,其存储密度为 1/(1 + 4) = 20%,该存储密度实在太小,存储空间的利用率太低。

3. 大结点结构

为了提高存储空间的利用率,有人提出了大结点的结构。所谓大结点,就是一个结点的值域存放多个字符,以减少链表中的结点数量,从而提高空间的利用率。例如,每个结点中可以存放 4 个字符,如图 9-3 所示。如果最后那个结点的空间不满,可以存储一些特殊的填充字符。

图 9-3 大结点结构

这样一来,存储空间的利用率将明显提高,但是插入和删除效率将受到一定影响。由于字符串的特殊性,仅用顺序结构或仅用链式结构的存储方式可能都不实用。如果是很长的字符串,可能需要根据数据的实际情况和特点(比如段落),将顺序存储和链式存储结合起来,从而构造出灵活的分块式混合存储结构。

9.3 串基市操作的实现

如前所述,在 C 语言中一般默认用'\0'作为字符串的结束标志,如图 9-4 所示。本节主要基于此存储结构,讨论定长存储字符串的连接、求子串、串的比较、插入和删除等操作。

字符数组 s	0	1	2	3	4	5	6	7	8	9	…	N−2	N−1
	p	r	o	g	r	a	m	\0			…		

图 9-4 字符串的定长顺序存储

1. 求串的长度

通过判断当前字符是否为'\0'来确定串是否结束,若非'\0',则将表示字符串长度的变量 i 加 1;若是'\0',则表示字符串结束,跳出循环,i 即字符串的长度。

	伪代码 9-1 求串的长度
1	int getStrLen(char s[])
2	{
3	int i = 0;
4	while (s[i] != '\0')
5	i ++;
6	return i;
7	}

2. 串的连接

把两个字符串 s1 和 s2 首尾相接,连成一个新串,将结果存放在 s1 中。

伪代码 9-2　字符串的连接

```
1   char *concatStr(char s1[], char s2[])
2   {
3       int i, len;
4       len = getStrLen(s1);
5       for (i = 0; s2[i]! = '\0'; i ++)
6           s1[len + i] = s2[i];
7       s1[len + i] = '\0';
8       return s1;
9   }
```

注意:连接之后串 s1 的长度将增加,必须保证串 s1 的空间足够大。

3. 求子串

从给定字符串 s 的指定位置 i 开始(i≥1),连续取出 len 个字符构成一个子串 subStr 并返回。

伪代码 9-3　求子串

```
1   char *getsubStr(char s[], int i, int len)
2   {
3       int j;
4       char * subStr = (char* )malloc(len +1);
5       for (j = 0; j < len&&s[i+j-1]! = '\0'; j ++)
6           subStr[j] = s[i + j - 1];          // 从 s 中取出子串
7       subStr[j] = '\0';
8       return subStr;
9   }
```

若 i + len 超出字符串 s 的长度,则截取至 s 的末尾。

4. 串的比较

根据字典序法,当串 s1 和 s2 的长度相等,并且对应位置上的字符都相等时,串 s1 和 s2 才相等。若串 s1 和 s2 不相等,则将这两个字符串当作两个英文单词,分别放入英文字典中,则排在前面的字符串小,排在后面的字符串大。

伪代码 9-4　比较两个字符串的大小

```
1   int compareStr(char s1[], char s2[])   // 比较串 s1 和 s2
2   {
3       int i;
4       for (i = 0; s1[i]! = '\0' && s2[i]! = '\0'; i ++)
5           if (s1[i]! = s2[i])
6               return s1[i] - s2[i];
7       return s1[i] - s2[i];
8   }
```

compareStr()函数的返回值如下:

(1)若串 s1 和 s2 相等,则返回 0。

(2)若串 s1 大于 s2,则返回值为正。

(3)若串 s1 小于 s2,则返回值为负。

5. 插入字符串

在字符串 s1 中的指定位置 i(i≥1),插入字符串 s2。

伪代码 9-5　插入字符串

```
1   char *insertStr(char s1[], int i, char s2[])
2   {
3       int k, s1Len, s2Len;
4       s1Len = getStrLen(s1);            // 串 s1 的长度
5       s2Len = getStrLen(s2);            // 串 s2 的长度
6       // s1 中的每个字符后移 s2Len 个单元,给插入字符串 s2 空出位置
7       for (k = s1Len; k > = i - 1; k--)
8           s1[s2Len + k] = s1[k];
9       for (k = 0; k < s2Len; k++)       // 插入字符串 s2
10          s1[k + i - 1] = s2[k];
11      return s1;
12  }
```

注意:插入 s2 之后,串 s1 的长度将增加,必须保证串 s1 的空间足够大。

6. 删除子串

从给定字符串 str 的指定位置 i(i≥1)开始,连续删除 len 个字符。

伪代码 9-6　删除子串

```
1   char *deleteStr(char str[], int i, int len)
2   {
3       int k, strLen;
4       strLen = getStrLen(str);          // 求串 str 的长度
5       if (i > strLen)
6           return str;
7       if (i - 1 + len > strLen)
8       {
9           str[i - 1] = '\0';
10          return str;
11      }
12      for (k = i - 1; str[k + len] != '\0'; k++)
13          str[k] = str[k + len];        // 将后面的字符依次前移
14      str[k] = '\0';
15      return str;
16  }
```

若删除的子串超出原字符串的末尾,则将指定位置后的字符全部删除。

9.4 串的模式匹配

串的模式匹配,也称子串的定位,就是在主串(也称母串或目标串)中查找给定子串(也称模式串)的操作。若目标串中存在模式串,则返回匹配成功的索引。

例如,若主串 s 的值为" I wish to wish the wish you wish to wish. ",模式串 t 的值为" wish"。

该主串 s 中包含有模式串 t,若调用函数 indexStr(s, t),则匹配成功,将返回模式串 t 在主串 s 中第 1 次出现时的位置,即下标 2。

若继续调用 indexStr(s + 2 + getStrLen(t), t),则将返回模式串 t 在主串 s 中第 2 次出现的位置,即下标 10。

模式匹配是字符串的常见算法,在实际生活中有较高的使用频率。本节主要介绍两种最常见的字符串模式匹配算法:朴素模式匹配和 KMP 模式匹配。

9.4.1 朴素模式匹配算法

串的朴素模式匹配算法也称为 BF(Brute - Force)算法,即暴力匹配算法。

1. 基本思想

假设主串 $s = "s_0 s_1 s_2 \cdots s_{n-1}"$,模式串 $t = "t_0 t_1 t_2 \cdots t_{m-1}"$。

朴素模式匹配算法的基本思想是:从主串 s 的首字符 s_0 起,与模式串 t 的首字符 t_0 进行比较,若相等,则继续对后续字符 s_i 和 t_i 依次进行比较($i \geq 1$);若不等,则从主串的字符 s_1 起,与模式串的字符 t_0 重新开始比较。即一旦出现 s 中的某个字符 s_i 与 t 中的字符 t_j 不相等,则主串 s 将返回到本趟开始字符的下一个字符,即 s_{i-j+1},t 则返回到 t_0,然后开始下一趟的比较。

重复上述过程,直到模式串中的每个字符 t_j 和主串中的对应字符 s_{k+j} 依次相等,即模式串 $"t_0 t_1 t_2 \cdots t_{m-1}"$ 和主串中的字符序列 $"s_{k+0} s_{k+1} s_{k+2} \cdots s_{k+m-1}"$ 连续相等,则匹配成功。如果不能在主串 s 中找到与模式串 t 相同的字符序列,则匹配失败。

BF 算法是最原始的串的模式匹配方法,也是理解其他匹配算法的基础。

2. 举例

下面通过具体例子阐述该算法的基本思想。

朴素模式匹配算法举例:主串 $s = "ABABCABCACBAB"$,模式串 $t = "ABCAC"$,匹配过程如图 9-5 所示。

匹配成功,则返回值为:$i - j = 10 - 5 = 5$。

3. 朴素模式匹配算法的描述

若匹配成功,则返回模式串 t 在字符串 s 中第 1 次出现的位置(下标);若字符串 s 中不存在模式串 t,则返回 -1。

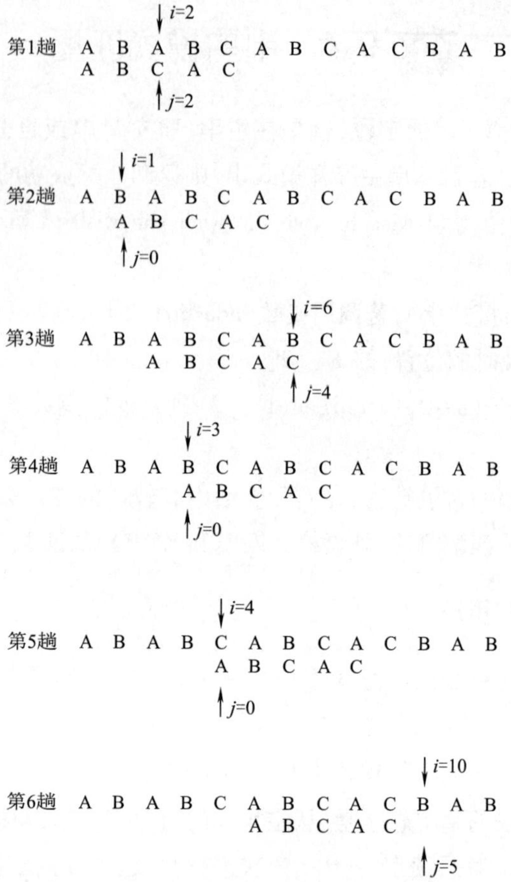

$\downarrow i{=}2$

第1趟　A B A B C A B C A C B A B
　　　A B C A C
　　　　$\uparrow j{=}2$

$\downarrow i{=}1$

第2趟　A B A B C A B C A C B A B
　　　A B C A C
　　　$\uparrow j{=}0$

$\downarrow i{=}6$

第3趟　A B A B C A B C A C B A B
　　　　　　A B C A C
　　　　　　　$\uparrow j{=}4$

$\downarrow i{=}3$

第4趟　A B A B C A B C A C B A B
　　　　　A B C A C
　　　　　$\uparrow j{=}0$

$\downarrow i{=}4$

第5趟　A B A B C A B C A C B A B
　　　　　A B C A C
　　　　　$\uparrow j{=}0$

$\downarrow i{=}10$

第6趟　A B A B C A B C A C B A B
　　　　　　　A B C A C
　　　　　　　　$\uparrow j{=}5$

图 9-5　朴素模式匹配算法的执行过程

伪代码 9-7　串的朴素模式匹配算法

```
1   int indexStr(char *s, char *t)
2   {
3       int i, j, k;
4       for (i = 0; s[i] != '\0'; i ++)
5           for (j = i, k = 0; s[j] == t[k]; j ++, k ++)
6               if (t[k + 1] == '\0')
7                   return i;
8       return -1;
9   }
```

4. 时间复杂度分析

设串 s 长度为 n，串 t 长度为 m。匹配成功的情况下，考虑两种极端情况。

在最好的情况下，每趟不成功的匹配都发生在第一对字符的比较时。例如：

s = " AAAAAAAAAABC"

t = " BC"

假设匹配成功发生在s_i处，则在前面$i-1$趟中共比较了字符$i-1$次，第i趟成功匹配时共比较了m次，所以总共比较了$i-1+m$次，匹配成功的可能共有$n-m+1$种。假设从s_i开始与t串匹配成功的概率为p_i，等概率情况下$p_i = \dfrac{1}{n-m+1}$，因此最好情况下平均比较的次数是

$$\sum_{i=1}^{n-m+1} p_i \times (i-1+m) = \sum_{i=1}^{n-m+1} \frac{1}{n-m+1} \times (i-1+m) = \frac{(n+m)}{2}$$

即最好情况下的时间复杂度是$O(n+m)$。

在最坏情况下，每趟不成功的匹配都发生在t的最后一个字符。例如：

```
s = "AAAAAAAAAAAB"
t = "AAAB"
```

假设匹配成功发生在s_i处，则在前面$i-1$趟中共比较了$(i-1)\times m$次，第i趟成功的匹配共比较了m次，所以总共比较了$i\times m$次，因此最坏情况下平均的比较次数是：

$$\sum_{i=1}^{n-m+1} p_i \times (i \times m) = \sum_{i=1}^{n-m+1} \frac{1}{n-m+1} \times (i \times m) = \frac{m(n-m+2)}{2}$$

因为$n >> m$，所以最坏情况下的时间复杂度是$O(n \times m)$。

计算机中存储的是二进制数据，ASCII 码表中的一个英文字符占 1B，就有 8 个二进制位，而一个汉字则至少要占用 2B。由于一篇普通的文章就有几千甚至上万字，故主串的长度n可能很大，模式串的长度m有时候也不小，因此朴素模式匹配算法的效率就显得非常低。

9.4.2 KMP 模式匹配算法

朴素模式匹配算法中一旦出现主串s的某个字符s_i与模式串t中的字符t_j不等，则s将返回到本趟开始字符的下一个字符，即s_{i-j+1}，而t则会返回到t_0，然后开始下一趟的比较。该算法之所以效率低，正是因为主串需要不断的回溯，当模式串较长时，如果经常比较到模式串中比较靠后的位置才出现不等，主串回溯的开销将很大。

因此，在模式匹配过程中如果主串可以做到不回溯，则算法的效率将大大提高，这正是快速模式匹配算法的核心思想。

由于快速模式匹配算法是 D. E. Knuth、J. H. Morris 与 V. R. Pratt 三位科学家发明的，因此称为 Knuth-Morris-Pratt 算法，以三人名字的首字母来命名，简称 KMP 算法。

1. 基本思想

KMP 算法的思路：当匹配过程中出现字符不等（也称为失配）的情况时，根据已经匹配过的部分匹配值，直接将模式串回溯到下次开始比较的位置，而主串不进行回溯。具体来说，就是当字符失配时，根据模式串中部分匹配值的最长公共前后缀，能够快速确定模式串应该回溯到第几个字符再次比较，而主串无须回溯，其当前比较字符维持不变。

该过程中涉及如下几个概念：

（1）部分匹配串：模式串中当前比较字符的左边，已经和主串成功匹配的子串。

（2）前缀：符号串左部的任意子串，即从字符串左边第 1 个字符开始的任意子串。

（3）后缀：符号串右部的任意子串，即包含字符串右边末尾字符的任意子串。

（4）公共前后缀：字符串中前缀和后缀相等的部分子串,并不包括整个串本身。

（5）最大公共前后缀：公共前后缀集合中的最长子串。

2. 举例

举例说明如下：

假设模式串 p = "ababcaba",则其所有的部分匹配串如表 9-1 所示。

表 9-1 模式串 p 的所有部分匹配串

序号	部分匹配串
1	" a "
2	" ab "
3	" aba "
4	" abab "
5	" ababa "
6	**"ababab"**
7	" abababc "
8	" abababca "
9	" abababcab "

以表 9-1 中序号为 6 的部分匹配串 "ababab" 为例,列举其前缀和后缀如表 9-2 所示。需要注意的是,此处的前缀和后缀均不含该串自己。

表 9-2 部分匹配串 "ababab" 的所有前缀和后缀

前缀	后缀
" a "	" b "
"ab"	**"ab"**
" aba "	" bab "
"abab"	**"abab"**
" ababa "	" babab "

从表 9-2 易知,部分匹配串 "ababab" 的公共前后缀有 "abab" 和 "ab" 两组,其中的最大公共前后缀为 "abab",其长度 len =4。

当模式串 p = "ababcaba" 中的字符 $p[6]$ 和主串中的 $s[i]$ 失配时,根据该最大公共前后缀的长度 len =4,可以将指示模式串当前字符位置的 j 回溯到 4,接着比较模式串中的字符 $p[4]$ 和主串中的 $s[i]$,如图 9-6 所示。

该过程看起来好像直接把模式串向右滑动了一段距离,相当于将当前部分匹配串的公共前缀滑动到了其公共后缀的位置。因为该公共前后缀是当前部分匹配串的最长公共前后缀,所以滑动过程中不可能错过其他能够匹配的情况。

按相同方法不难计算出,表 9-1 中序号为 4 的部分匹配串 "abab" 的公共前后缀只有 "ab",其最大公共前后缀为 "ab",其长度 len =2。

当模式串 p = "ababcaba" 字符 $p[4]$ 和主串中的 $s[i]$ 再次失配时,根据该最大公共前后缀的长度 len =2,可以将指示模式串当前字符位置的 j 回溯到 2 号单元,接着比较模式串中的字符$p[2]$和主串中的字符$s[i]$,如图9-7所示。

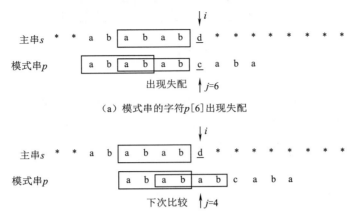

（a）模式串的字符$p[6]$出现失配

（b）仅模式串p回溯到下次比较的位置$p[4]$,主串无须回溯

图9-6　仅需回溯模式串的示意图

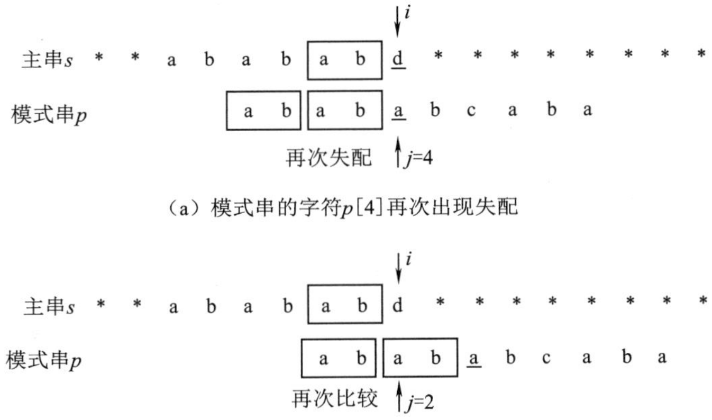

（a）模式串的字符$p[4]$再次出现失配

（b）仅模式串p回溯到下次比较的位置$p[2]$,主串无须回溯

图9-7　仅需回溯模式串的示意图

3. 模式串 next 数组值的计算

通过上述例子可知,当出现失配时,主串与模式串中失配字符左边的部分匹配串是完全一致的。模式串应该回溯到哪个字符,只与失配字符左边的部分匹配串有关。因此,仅根据模式串就可以计算出,当某个字符失配时,应该将模式串回溯到其前面的几号单元,即下一次应该用模式串中的哪个字符,去和主串中的$s[i]$进行比较。这个记录下一次应该回溯到几号单元的数组,一般称为 next 数组。

模式串 p = "ababancbcaba" 的 next 数组值的计算公式如下:

$$\text{next}[j] = \begin{cases} -1 & ,\text{当}\ j == 0\ \text{时} \\ \text{Max}\{k\,|\,0 \leqslant k < j\ \text{并且}\ "p_0 \cdots p_{k-1}" = "p_{j-k} \cdots p_{j-1}"\} & ,\text{当}\ j > 0\ \text{时} \end{cases}$$

根据上述公式,模式串 p = "ababancbcaba" 的 next 数组值,如图9-8所示。

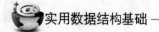

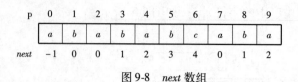

p	0	1	2	3	4	5	6	7	8	9
	a	b	a	b	a	b	c	a	b	a
next	-1	0	0	1	2	3	4	0	1	2

图 9-8   next 数组

4. 算法实现

KMP 快速模式匹配算法的实现,需要先调用 getNext( ) 求出模式串的 next 数组,然后再调用 indexStrKMP( ) 进行模式串匹配。具体实现过程如程序 9-1 所示。

程序 9-1   KMP 快速模式匹配算法的实现

```
1   //Program9 - 1.cpp
2   #define _CRT_SECURE_NO_WARNINGS
3   #include < stdio.h >
4   #include < stdlib.h >
5   #include < string.h >
6   #define N256
7   //计算模式串 p 对应的 next 数组的值
8   void getNext(char p[], int next[])
9   {
10      int i = 0, j = -1;
11      next[0] = -1;
12      while (p[i] != '\0')
13      {
14          if (j == -1 ||p[i] == p[j])
15          {
16              i ++;                        // i 指示部分匹配串公共后缀后面的位置
17              j ++;                        // j 指示部分匹配串公共前缀后面的位置
18              next[i] = j;
19          }
20          else
21          {
22              //匹配失败,j 回溯到上一级公共前缀后面的位置
23              j = next[j];
24          }
25      }
26  }
27  //从主串的 s[idx]单元开始,匹配模式串 t,需要用到 t 的 next 数组
28  int indexStrKMP(char s[], int idx, char t[], int next[])
29  {
30      int i = idx, j = 0;                  // 主串从 s[idx]开始比较
31      while (s[i] != '\0' && t[j] != '\0')
32      {
33          if (s[i] == t[j])
34          {
35              i ++;                        // 当前字符相等,继续比较后续字符
```

```
36              j ++;
37          }
38          else
39          {
40              //失配时模式串 j 的值将回溯到 next[j],
41              //而主串不用回溯
42              j = next[j];
43              if (j == -1)
44              {
45                  //模式串已回溯到最左边,
46                  //则继续查看主串中的下一个字符
47                  i ++;
48                  j = 0;
49              }
50          }
51      }
52      if (t[j] == '\0')              // 模式串比较结果
53          return i - j;              // 返回模式串在主串中开始出现的下标
54      else
55          return -1;
56  }
57
58  int main()
59  {
60      int start = 0;
61      char s[] = "abaaabababcabaaaababbabcabaababababcaba";
62      char t[] = "abababcaba";
63      int * next;
64      system("chcp 65001");              // 设置控制台的字符编码为 UTF-8
65      //给模式串的 next 数组开辟空间
66      next = (int * )malloc((strlen(t) + 1) * sizeof(int));
67      //计算模式串 next 数组的值
68      getNext(t, next);
69      printf("模式串在主串中开始出现的位置为: \n");
70      while (strlen(s + start) > = strlen(t))
71      {
72          int poi = indexStrKMP(s, start, t, next);
73          if (poi == -1)              // 匹配失败,则退出循环
74              break;
75          //匹配成功,则从下一个位置开始继续匹配
76          start = poi +1;
77          printf("%d ", poi);
78      }
79      return 0;
80  }
```

程序 9-1 中的主串和模式串,设置的均为默认字符串,可根据需要改为从键盘或文件中输入的形式。

5. 效率分析

由于主串永远不回溯,因此 KMP 算法的时间复杂度为 $O(n+m)$,其中 n 为主串的长度,m 为模式串的长度。KMP 算法在排序过程中使用的额外内存只有 next 数组,因此其空间复杂度为 $O(m)$。

小　结

(1)串是由有限个字符组成的序列,串中的字符个数称为串的长度,长度为零的字符串称为空串。

(2)串是一种特殊的线性表,规定每个数据元素仅由一个字符组成。

(3)串的顺序存储结构有定长顺序存储、堆分配存储两种;串的链式存储结构,具有插入、删除方便的优点,但其存储密度较低。

(4)串的基本操作包括串的连接、插入、删除、比较、替换和模式匹配等,要求重点掌握串的定长顺序存储的基本算法。

(5)串的模式匹配方法主要有朴素模式匹配和 KMP 快速模式匹配;其中基础是朴素模式匹配算法,重点是模式串 next 数组值的原理和计算,以及 KMP 快速模式匹配算法的核心思想和实现。

实　验

【实验名称】　字　符　串

1. 实验目的

(1)掌握串的特点及各种常用存储方式。

(2)掌握字符串的插入、删除、连接、求子串和模式匹配等操作。

(3)掌握英文句子按单词和标点符号分割的方法。

(4)掌握算术表达式按操作对象和运算符(只涉及 + 、- 、* 、/)分割的方法。

(5)掌握 KMP 模式匹配算法的基本思想及其实现。

2. 实验内容

(1)输入英文句子,如"This is a string"并存入数组,如图 9-9 所示。

0	1	2	3	4	5	6	7	8	9	10	11	12	13	14	15	16
T	h	i	s		i	s		a		s	t	r	i	n	g	\0

图 9-9　存入数组

运行程序后的分割效果如图 9-10 所示。

(2)输入算术表达式,如"12 * 35 + 169/3"并存入数组。

运行程序后的分割效果如图 9-11 所示。

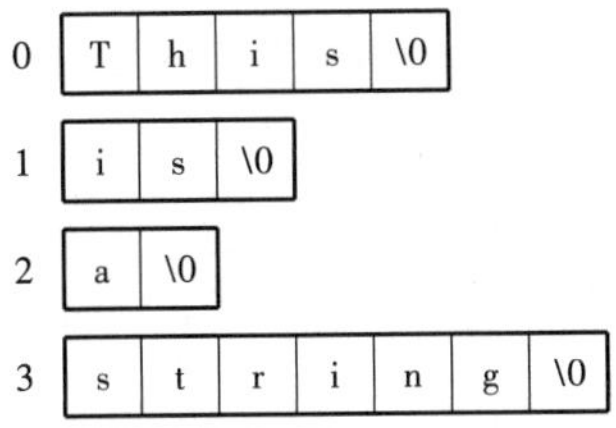

图 9-10　句子中单词的分割效果 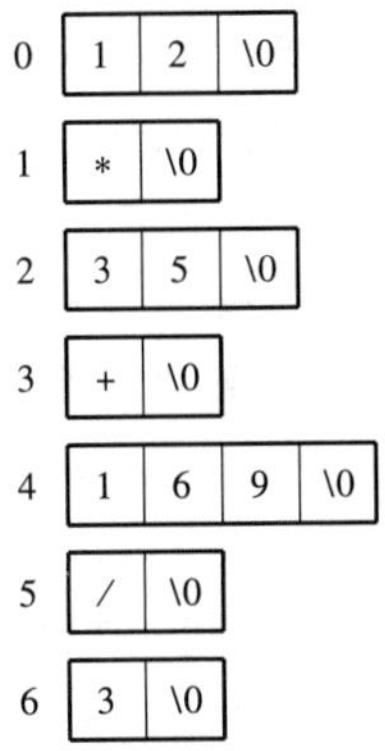　　图 9-11　算术表达式的分割效果

（3）输入一个字符串,按要求在其指定位置插入、删除某个子串,并按 KMP 算法从该字符串中查找、判定、提取并输出匹配的特定子串(简化版的正则表达式)。

3. 实验要求

（1）以数字菜单的形式列出程序的主要功能。

（2）将实验结果与理论分析的结果进行对照比较,验证程序的正确性。

（3）算法的实现细节应尽可能考虑其时间和空间复杂度。

习　题

一、判断题(下列各题,正确的请在后面的括号内打√;错误的打×)

1. 串是 n 个字母的有限序列。　　　　　　　　　　　　　　　　（　　）

2. 串的堆分配存储是一种动态存储结构。　　　　　　　　　　　（　　）

3. 串的长度是指串中不同字符的个数。　　　　　　　　　　　　（　　）

4. 若串中的所有字符均在另一个串中出现,则说明前者是后者的子串。（　　）

5. 在链串中为了提高存储密度,应该增大结点的大小。　　　　　（　　）

二、填空题

1. 由零个或多个字符组成的有限序列称为_____。

2. 空格串是由_____组成的串。

3. 字符串的顺序存储,除了定长顺序存储,还有_____。

4. 串的顺序存储结构的优点是_____。

5. 串的 BF 模式匹配算法的时间复杂度为_____。

6. 串的 KMP 模式匹配算法的时间复杂度为_____。

7. 串链式存储的优点是插入、删除方便,缺点是_____。

8. 在 C 或 C++语言中,以字符_____表示串值的结束。

9. 两个串相等的充分必要条件是两个串长度相等,且对应位置的_____。

10. 设 s = "My Music",则 getStrLen(s) = _____。

11. 两个字符串分别为 char s1[128] = "Today is ", char s2[] = "30 July, 2005",则 concatStr(s1, s2)的结果是_____。

12. 求子串函数 getSubStr("Today is 30 July",13,4)的结果是_____。

13. 在串的操作中,compareStr("aaa","aab")的返回值为_____。

14. 在串的操作中,compareStr("aaa","aaa")的返回值为_____。

15. 设有两个串 s 和 t,求 t 在 s 中首次出现的位置的操作称作_____。

16. 在子串的定位操作中,被匹配的主串称为目标串,子串称为_____。

17. KMP 模式匹配算法所需 next 数组的值,是根据_____串求得的。

18. 设 s = "c:/mydocument/text1.doc",t = "mydont",则 t 在 s 的定位位置为_____。

19. 设 s = "abccdcdccbaa",t = "cdcc",若用 BF 算法,则第_____次比较能匹配成功。

20. 若 n 为主串长度,m 为子串长度,且 n>>m,则朴素模式匹配算法最好情况下的时间复杂度为_____。

三、选择题

1. 串是一种特殊的线性表,其特殊性体现在( )。
   A. 可以顺序存储　　　　　　　　　　B. 数据元素是一个字符
   C. 可以链式存储　　　　　　　　　　D. 数据元素可以是多个字符

2. 某串的长度小于一个常数,则采用( )存储方式最节省空间。
   A. 链式　　　　　B. 顺序　　　　　C. 堆结构　　　　　D. 无法确定

3. 以下论述正确的是( )。
   A. 空串与空格串是相同的　　　　　　B. "tel"是"Teleptone"的子串
   C. 空串是零个字符的串　　　　　　　D. 空串的长度等于1

4. 以下论述正确的是( )。
   A. 空串与空格串是相同的　　　　　　B. "ton"是"Teleptone"的子串
   C. 空格串是有空格的串　　　　　　　D. 空串的长度等于1

5. 以下论断正确的是( )。
   A. 全部由空格组成的串是空格串　　　B. "BEIJING"是"BEI JING"的子串
   C. "something" < "Somethig"　　　　　D. "BIT" = "BITE"

6. 若字符串"ABCDEFG"采用链式存储,假设每个字符占用 1 B,每个指针占用 2 B,则该字符串的存储密度为( )。
   A. 20%　　　　　B. 40%　　　　　C. 50%　　　　　D. 33.3%

7. 若字符串"ABCDEFG"采用链式存储,假设每个指针占用 2 B,若存储密度为 50%,则每个结点应存储( )个字符。
   A. 2　　　　　　B. 3　　　　　　C. 4　　　　　　D. 5

8. 设串 s1 = "I AM ",s2 = "A SDUDENT",则 concatStr(s1,s2) = ( )。
   A. "I AM"　　　　　　　　　　　　　B. "I AM A SDUDENT"
   C. "IAMASDUDENT"　　　　　　　　　D. "A SDUDENT"

9. 设 s = "",则 getStrLen(s) = ( )。
   A. 0　　　　　　B. 1　　　　　　C. 2　　　　　　D. 3

10. C 语言中用于得到字符串长度的函数是( )。
    A. strcpy　　　　B. strlen　　　　C. strcmp　　　　D. strcat

11. 设有两个串 s1 和 s2,则 compareStr(s1,s2)操作称作(　　　)。

　　A. 串连接　　　　B. 模式匹配　　　　C. 求子串　　　　D. 串比较

12. 设主串长度为 n,模式串长为 $m(m \leqslant n)$,则在匹配失败情况下,模式匹配算法进行的无效位移次数为(　　　)。

　　A. m　　　　　　　　　　　B. $n-m$

　　C. $n-m+1$　　　　　　　　D. n

13. 设目标串 T = " AABBCCDDEEFF",模式串 P = " CCD",则匹配成功的结果为(　　　)。

　　A. 2　　　　　　B. 3　　　　　　C. 4　　　　　　D. 5

14. 目标串 T = "aabaababaabaa",模式串 P = "abab",则 BF 模式匹配算法的外层循环需执行(　　　)次。

　　A. 1　　　　　　B. 4　　　　　　C. 5　　　　　　D. 9

15. 朴素模式匹配算法在最坏情况下的时间复杂度是(　　　)。

　　A. $O(m)$　　　　B. $O(n)$　　　　C. $O(m+n)$　　　　D. $O(m \times n)$

16. s = "morning",执行求子串函数 getSubStr(s,2,2,sub)后的结果为(　　　)。

　　A. "mo"　　　　B. "or"　　　　　C. "in"　　　　　D. "ng"

17. s1 = " good",s2 = " morning",执行函数 concatStr(s1,s2)后的结果为(　　　)。

　　A. "goodmorning"　　　　　　B. "good morning"

　　C. "GOODMORNING"　　　　　D. "GOOD MORNING"

18. s1 = " good",s2 = " morning",执行 getSubStr(s2,4,getStrLen(s1),sub)后 sub 中的结果为(　　　)。

　　A. "good"　　　　B. "ning"　　　　C. "go"　　　　　D. "morn"

19. 假设串 s1 = " ABCDEFG",s2 = " PQRST",则执行 concatStr(getSubStr(s1, 2, getStrLen(s2), sub), s2)后,字符串 sub 中的结果为(　　　)。

　　A. "BCDEF"　　　B. "BCDEFPQRST"　　　C. "BCPQRST"　　　D. "BCDEFEF"

20. 若串 s = "SOFTWARE",其子串的数目最多是(　　　)。

　　A. 35　　　　　　B. 36　　　　　　C. 37　　　　　　D. 38

四、程序填空题

程序9-2采用定长顺序存储结构 SeqString 来存储字符串,其中的第55～77行实现了将字符串 str 中从下标 begin 开始的所有子串 s 替换为串 t 的功能。试填空完成该程序。

程序9-2　串的定长顺序存储结构中,所有指定子串的替换
1 `// Program9 - 2.cpp`
2 `#define _CRT_SECURE_NO_WARNINGS`
3 `#include < stdio.h >`
4 `#include < stdlib.h >`
5 `#include < string.h >`
6 `#define N 256`
7 `typedef struct`
8 `{`

```
9          char data[N];                          // data 中存储字符串
10         int len;                               // len 为串的长度
11   } SeqString;
12
13   // BF 模式匹配,从串 s 的 data[idx]处开始查找子串 t
14   int indexStr(SeqString s, int idx, SeqString t)
15   {
16       int i, j, k;
17       for (i = idx; i < s.len; i ++)
18           for (j = i, k = 0; s.data[j] == t.data[k]; j ++, k ++)
19               if (k == _____)                 // 1
20                   return i;
21       return -1;
22   }
23   //从字符串 s 的 idx 单元开始(idx≥0),
24   //取出 len 个字符构成子串 sub。
25   void getSubStr (SeqString s, int idx,
26                   int len, SeqString &sub)
27   {
28       int i;
29       for (i = 0; i < len; i ++)
30       {
31           //如果所取子串超出了 s 的长度,则截断
32           if (_____)                          // 2
33               break;
34           sub.data[i] = s.data[idx + i];    // 从 s 中取出子串
35       }
36       sub.len = i;                          // 设置获取子串的实际长度
37   }
38   //将串 s2 连接到串 s1 之后
39   void concatStr(SeqString &s1, SeqString s2)
40   {
41       int i, len;
42       len = s1.len;
43       for (i = 0; i < s2.len; i ++)              // 串的连接
44           s1.data[len + i] = s2.data[i];
45       _____;                                  // 修改字符串的长度 // 3
46   }
47
48   void showStr(SeqString s)                      // 显示字符串
49   {
50       int i;
51       for (i = 0; i < s.len; i ++)
52           putchar(s.data[i]);
53       putchar('\n');
```

```
54      }
55      //将串 str 中从下标 begin 开始的所有子串 s 替换为串 t
56      void replace(SeqString &str, int begin,
57                  SeqString s, SeqString t)
58      {
59          int index = -1;
60          SeqString stmp, ss = str;          // 定义结果串 stmp 和临时串 ss
61          stmp.len = 0;                       // 先置结果串为空串
62          while ((index = indexStr(str, begin, s)) != -1)
63          {
64              //先获取 str 中首次出现的子串 s 之前的部分,存入 ss
65              getSubStr(str, begin, index - begin, ss);
66              concatStr(stmp, ss);           // 先连接 ss
67              _____;                       // 再连接替换的字符串 t // 4
68              begin = index + s.len;          // 更新匹配的起始位置
69          }
70          //获取 str 中子串 s 之后的子串 ss
71          _____;                           // 5
72          concatStr(stmp, ss);               // 将 str 的剩余子串,连到 stmp 的最后
73          //将替换之后的结果字符串,复制回 str
74          // void *memcpy(void *dest, const void *src, size_t n);
75          memcpy(str.data, stmp.data, stmp.len);
76          str.len = stmp.len;
77      }
78
79      int main()
80      {
81          int start = 0;
82          char s[] = "aaabaaababcabaaaababcabaabababcabaa";
83          char t[] = "abababcaba";
84          SeqString ss, tt, p = {"xxxxx", 5};
85          strcpy(ss.data, s);
86          ss.len = strlen(s);
87          strcpy(tt.data, t);
88          tt.len = strlen(t);
89          //输出替换前的初始主串和模式串
90          showStr(ss);
91          showStr(tt);
92          //从串 ss 的 0 号单元开始,将其子串 tt 全部替换为串 p
93          replace(ss,0, tt, p);
94          //输出替换后的串 ss
95          showStr(ss);
96          return 0;
97      }
```

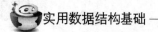

五、编程题

1.假设下面的串均采用定长顺序存储 SeqString 类型,请按要求编写算法。

```
#define N256
typedef struct
{
    char data[N];          // data 中存储字符串
    int len;               // len 为串的长度
}  SeqString;
```

(1)将串 s 中所有其值为 x 的字符替换为字符 y。

(2)将串 s 中所有字符逆序后仍存放在 s 中。

(3)从串 s 中删除值为 x 的所有字符。

(4)编写一个比较串 s 和 t 大小的函数。

(5)从串 s 中删除所有值为 sub 的子串(允许参考或调用第四题的函数)。

(6)将程序 9-2 中第 13~22 行的 BF 模式匹配函数,改用 KMP 算法实现。

2.设计一个算法,统计字符串中否定词 not 的个数。

3.输入一个由若干单词构成的文本行,每个单词之间用空格隔开,试设计一个统计此文本中单词个数的算法。

第 10 章

多维数组和广义表 ⋘

多维数组和广义表可以看作是线性表的推广。本章主要介绍多维数组的逻辑结构和存储结构,特殊矩阵的压缩存储,稀疏矩阵的三元组存储、十字链表存储及算法,广义表的逻辑结构、存储结构及其基本算法。

10.1 多维数组

10.1.1 逻辑结构

数组作为一种数据结构,其特点是结构中的元素可以是具有某种结构的数据,但属于同一数据类型。例如,一维数组可以看作一个线性表,二维数组可以看作"数据元素是一维数组"的一维数组,三维数组可以看作"数据元素是二维数组"的一维数组。一般把三维以上的数组称为多维数组,n 维的多维数组可以视为 $n-1$ 维数组元素组成的线性结构。其中每一个一维数组又由 m 个单元组成。

图 10-1 所示为一个 n 行 m 列的二维数组。

$$\boldsymbol{A}_{n,m} = \begin{pmatrix} a_0 \\ a_1 \\ \vdots \\ a_{n-1} \end{pmatrix} = \begin{pmatrix} a_{0,0} & a_{0,1} & \cdots & a_{0,m-1} \\ a_{1,0} & a_{1,1} & \cdots & a_{1,m-1} \\ \vdots & \vdots & & \vdots \\ a_{n-1,0} & a_{n-1,1} & \cdots & a_{n-1,m-1} \end{pmatrix}$$

图 10-1 n 行 m 列的二维数组

在二维数组中,每个元素最多可以有两个直接前驱和两个直接后继(边界除外),在 d 维数组中的每一个元素最多可以有 d 个直接前驱和 d 个直接后继。所以,多维数组是一种非线性结构。

数组是一个具有固定格式和数量数据的有序集,每个数据元素由唯一的一组下标来标识,在很多高级语言中数组一旦被定义,每一维的大小及上下界都不能改变。因此,在数组上一般不做插入或删除数据元素的操作。数组中经常做的两种操作如下:

(1)取值操作:给定一组下标,读取其对应的数据元素。

(2)赋值操作:给定一组下标,存储或修改指定位置的数据元素。

10.1.2 存储结构

确定数组各维的长度后,通过一个映射函数,就能根据数组元素的下标得到它的存储地址。因为计算机内存的地址空间是一维的,一维数组中的数据元素只要按下标顺序为其分配存储空间即可;对于多维数组,需要将其中的所有数据元素映射到内存的一维地址空间。

1. 存储方式

多维数组一般有两种存储方式:

(1)以行序为主(Row Major Order):以行序为主的存储方式,又称按行优先的方式,实现时按行号从小到大的顺序,先存储第 0 行的全部元素,再存放第 1 行的全部元素、第 2 行的全部元素……直至存储所有行的数据。

一个 2×3 二维数组的逻辑结构如图 10-2 所示,采用以行序为主的方式,建立的内存映像如图 10-3(a)所示。

C 和 C++等程序设计语言,都是以行序为主的方式,存储数组数据的。

(2)以列序为主(Column Major Order):以列序为主的存储方式,又称按列优先的方式,实现时按列号从小到大的顺序,先存储第 0 列的全部元素,再存储第 1 列的全部元素、第 2 列的全部元素……直至存储所有列的数据。

图 10-2 所示二维数组的逻辑结构,若采用以列序为主的方式,建立的内存映像如图 10-3(b)所示。

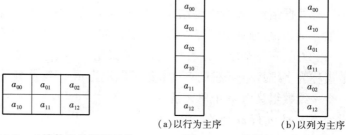

图 10-2 二维数组的逻辑结构

(a)以行为主序   (b)以列为主序

图 10-3 二维数组的内存映像

2. 存储地址

下面按 C 语言以行序为主的内存分配方式,举例说明其中数据元素地址的计算。

(1)二维数组中元素 a_{ij} 的地址:C 语言数组的每一维中,下标的下界均为 0。假设数组为 m 行 n 列,整个数组的基地址(起始地址)为 $\text{Loc}(a_{00})$,每个数组元素占 d 个字节,那么元素 a_{ij} 的物理地址可用一个线性函数计算:

$$\text{Loc}(a_{ij}) = \text{Loc}(a_{00}) + (i \times n + j) \times d$$

(2)三维数组中元素 a_{ijk} 的地址:同理,假设三维数组为 $m \times n \times p$,即有 m 个平面,每个平面由 n 行 p 列的二维数组构成;整个数组的基地址(起始地址)为 $\text{Loc}(a_{000})$,每个数组元素占 d 个字节。对于三维数组中的元素 a_{ijk},其物理地址为:

$$\text{Loc}(a_{ijk}) = \text{Loc}(a_{000}) + (i \times n \times p + j \times p + k) \times d$$

【**例 10-1**】设二维数组 $a_{3 \times 5}$,每个元素占 8 B,存储器按字节编址(每个字节拥有一个内存地址)。已知数组 a 的起始地址为 2864。

(1)数组所占存储空间的字节数:$m \times n \times d = 3 \times 5 \times 8 = 120$

(2)计算数组元素 a_{14} 的存储地址(默认为以行序为主):

因为 $\text{Loc}(a_{ij}) = \text{Loc}(a_{00}) + (i \times n + j) \times d$

所以 $\text{Loc}(a_{14}) = 2864 + (1 \times 5 + 4) \times 8 = 2936$

（3）按以列序为主的存储方式，计算 a_{21} 的存储地址：

因为 $\text{Loc}(a_{ij}) = \text{Loc}(a_{00}) + (j \times m + i) \times d$

所以 $\text{Loc}(a_{21}) = 2864 + (1 \times 3 + 2) \times 8 = 2904$

【例 10-2】 设三维数组 $a_{5 \times 6 \times 7}$，每个元素占 4 B，存储器按字节编址（每个字节拥有一个内存地址）。已知数组 a 的起始地址为 2000。

（1）数组所占存储空间的字节数：$m \times n \times p \times d = 5 \times 6 \times 7 \times 4 = 840$

（2）计算数组元素 a_{345} 的存储地址：

因为 $\text{Loc}(a_{ijk}) = \text{Loc}(a_{000}) + (i \times n \times p + j \times p + k) \times d$

所以 $\text{Loc}(a_{345}) = 2000 + (3 \times 6 \times 7 + 4 \times 7 + 5) \times 4 = 2636$

（3）计算数组元素 a_{132} 的存储地址：

因为 $\text{Loc}(a_{ijk}) = \text{Loc}(a_{000}) + (i \times n \times p + j \times p + k) \times d$

所以 $\text{Loc}(a_{132}) = 2000 + (1 \times 6 \times 7 + 3 \times 7 + 2) \times 4 = 2260$

10.2　特殊矩阵的压缩存储

矩阵是一个二维数组，是众多科学与工程计算问题中研究的数学对象。在矩阵中非零元素或零元素的分布有一定规律的矩阵称为特殊矩阵，如三角矩阵、对称矩阵、带状矩阵、稀疏矩阵等。当矩阵的阶数很大时，用普通的二维数组存储这些特殊矩阵将会占用很多的存储单元。下面从节约存储空间的角度考虑这些特殊矩阵的存储方法。

10.2.1　对称矩阵

对称矩阵是一种特殊矩阵，其行数和列数相等，即对称矩阵必为方阵。n 阶方阵的元素满足性质：$a_{ij} == a_{ji}(0 \leq i, j \leq n - 1)$。对称矩阵是关于主对角线的对称，因此只需存储上三角或下三角的数据即可。若只存储下三角中的元素 a_{ij}，则这些元素必然满足 $j \leq i$ 且 $0 \leq i \leq n - 1$ 的特点。对于上三角中的元素 a_{ij}，必定和对应的下三角元素 a_{ji} 相等，因此访问上三角中的元素时，直接去访问和它对应的下三角元素即可。这样，原来完全存储时需要 $n \times n$ 个存储单元，现在只需要 $n(n+1)/2$ 个存储单元，将节约 $n(n-1)/2$ 个存储单元。图 10-4（a）所示为一个 5 阶对称矩阵，其压缩存储形式如图 10-4（b）所示。

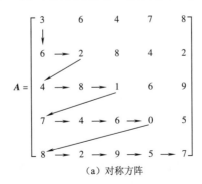

（a）对称方阵

图 10-4　对称方阵及其压缩存储

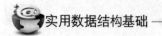

0	1	2	3	4	5	6	7	8	9	10	11	12	13	14
3	6	2	4	8	1	7	4	6	0	8	2	9	5	7

(b) 压缩存储

图 10-4　对称方阵及其压缩存储(续)

如何只存储下三角部分的元素呢？首先将下三角(含主对角线)中的所有元素以行序为主的方式,按顺序存储到一维数组 b 中。下三角中共有 $n(n+1)/2$ 个元素,其存储顺序如图 10-5 所示。

0	1	2	3	4	5	…		…	$n(n+1)/2-1$
a_{00}	a_{10}	a_{11}	a_{20}	a_{21}	a_{22}	…	$a_{n-1,0}$	$a_{n-1,1}$	…	$a_{n-1,n-1}$
第0行	第 1 行		第 2 行			…	第 $n-1$ 行			

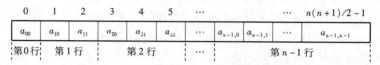

图 10-5　对称矩阵的下三角压缩存储

这样,原矩阵 $\boldsymbol{A}$ 下三角中的某一个元素 a_{ij} 具体对应一个 b_k,则 k 与 (i,j) 的对应关系如下：

$$k=\begin{cases}\dfrac{i(i+1)}{2}+j & (i\geqslant j)\\[2ex] \dfrac{j(j+1)}{2}+i & (i<j)\end{cases}$$

当 $i\geqslant j$ 时,在下三角中 a_{ij} 前有 i 行,共有 $1+2+3+\cdots+i$ 个元素,而 a_{ij} 是第 i 行的第 j 个元素,即有 $k=1+2+3+\cdots+i+j=i(i+1)/2+j$。

当 $i<j$ 时,a_{ij} 是上三角中的元素,因为 $a_{ij}==a_{ji}$,这样,访问上三角中的元素 a_{ij} 时,去访问和它对应的下三角中的 a_{ji} 即可。因此,将上式中的行列下标 i 和 j 交换,就是上三角中的元素 a_{ij} 和一维数组中 b_k 的下标对应关系,即 $k=j(j+1)/2+i$。

由行下标 i 和列下标 j 的取值范围,易知 $k\in[0,n(n+1)/2-1]$。

10.2.2　三角矩阵

三角矩阵的特殊性是以主对角线划分矩阵。主对角线任意一侧(不包括主对角线中)的元素均为常数,如图 10-6 所示(矩阵中的 c 为某个常数)。三角矩阵又可分为下三角矩阵[主对角线以上均为同一个常数,见图 10-6(a)]和上三角矩阵[主对角线以下均为同一个常数,见图 10-6(b)]。下面讨论三角矩阵的压缩存储方法。

$$\boldsymbol{X}=\begin{bmatrix}3 & c & c & c & c\\ 6 & 2 & c & c & c\\ 4 & 8 & 1 & c & c\\ 7 & 4 & 6 & 0 & c\\ 8 & 2 & 9 & 5 & 7\end{bmatrix}\qquad \boldsymbol{Y}=\begin{bmatrix}3 & 4 & 8 & 1 & 0\\ c & 2 & 9 & 4 & 6\\ c & c & 1 & 5 & 7\\ c & c & c & 0 & 8\\ c & c & c & c & 7\end{bmatrix}$$

(a) 下三角矩阵　　(b) 上三角矩阵

图 10-6　三角矩阵

1. 下三角矩阵的存储

下三角矩阵的存储与对称矩阵的下三角形存储类似,不同之处在于存完下三角中的元素之后,紧接着存储对角线上方的常量。因为是同一个常数,所以只要增加一个存储单元即可,这样一共需要 $n(n+1)/2+1$ 个存储单元。将 $n\times n$ 的下三角矩阵压缩存储到

一维数组 $b[0 \cdots n(n+1)/2-1]$ 中,上三角的常数 c 存放于 $b[n(n+1)/2]$,这种存储方式可节约 $n \times (n-1)/2 - 1$ 个存储单元。k 与 (i,j) 的对应关系如下:

$$k = \begin{cases} \dfrac{i(i+1)}{2} + j & (i \geqslant j) \\[2mm] \dfrac{n(n+1)}{2} & (i < j) \end{cases}$$

下三角矩阵压缩存储如图 10-7 所示。

图 10-7 下三角矩阵的压缩存储

2. 上三角矩阵的存储

对于上三角矩阵,其存储思想与下三角类似,共需要 $n(n+1)/2+1$ 个存储单元。k 与 (i,j) 的对应关系如下:

$$k = \begin{cases} \dfrac{i(2n-i+1)}{2} + j - i & (i \geqslant j) \\[2mm] \dfrac{n(n+1)}{2} & (i < j) \end{cases}$$

上三角矩阵压缩存储如图 10-8 所示。

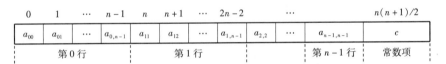

图 10-8 上三角矩阵的压缩存储

10.3 稀疏矩阵

上述特殊矩阵,由于元素的分布具有某种规律,所以能找到一种合适的方法进行压缩存储。但实际应用中有一种矩阵,在 $m \times n$ 的矩阵中有 t 个非零元素,且 t 远小于 $m \times n$,这样的矩阵称为稀疏矩阵。在很多科学管理及工程计算中,常会遇到阶数很高的大型稀疏矩阵。若按常规方法顺序分配空间,那是相当浪费内存的。为此,提出另外一些存储方法,仅仅存放非零元素。但对于这类矩阵,通常零元素分布没有规律,为了能找到相应的元素,仅存储非零元素的值是不够的,还要记下它所在的行和列等信息。

下面介绍几种常用的稀疏矩阵存储方法以及算法的实现。

10.3.1 稀疏矩阵的存储

1. 三元组表存储

将非零元素所在的行、列以及它的值构成一个三元组,然后再按某种规律存储这些三元组,采用这种方法存储稀疏矩阵称为三元组表,可以大大节约稀疏矩阵的存储空间。

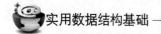

如图 10-9 所示的稀疏矩阵,采用按行优先顺的方式存储,其三元组表如图 10-10 所示。显然,要唯一地表示一个稀疏矩阵,每个非零元素必须存储行、列、值(i,j,v)共 3 个信息。

$$D = \begin{bmatrix} 8 & 0 & 0 & 15 & 0 & 6 \\ 0 & 11 & 3 & 0 & 0 & 0 \\ 0 & 0 & 0 & 6 & 0 & 0 \\ 0 & 0 & 0 & 0 & 0 & 0 \\ 16 & 0 & 0 & 0 & 0 & 0 \\ 0 & 0 & 0 & 0 & 0 & 0 \end{bmatrix}$$

图 10-9　稀疏矩阵

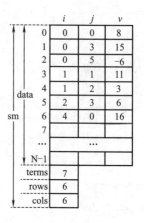

图 10-10　三元组存储法

三元组表的定义如下:

```
#define N 128
typedef struct
{
    int i, j, v;            // 非零元素的行号、列号和值
} SpNode;                   // 三元组的结点类型
typedef struct
{
    SpNode data[N];         // 三元组表
    int rows, cols;         // 矩阵的行数和列数
    int terms;              // 非零元素的个数
} SparseMatrix;             // 稀疏矩阵的类型
```

这样的存储方法确实节约了存储空间,但矩阵的运算可能会变得复杂一些。

2. 带行指针的链式存储结构

若把具有同一行号的非零元素用一个链表连接起来,则稀疏矩阵中的若干行组成若干个单向链表,合起来就成为带行指针的单向链表。图 10-9 所示的稀疏矩阵 D,可以用如图 10-11 所示的带行指针的单向链表表示。

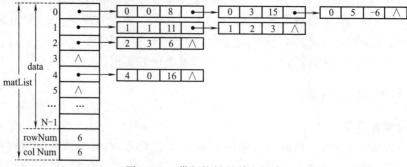

图 10-11　带行指针的单向链表

用带行指针的链式存储结构表示矩阵,寻找指定行的非零元素很方便,遍历该行指针所指的单链表即可,但是若要寻找指定列的所有非零元素则十分不便,需要对所有的单链表进行遍历。

3. 十字链表存储

三元组表可以看作稀疏矩阵的顺序存储,但是在做一些操作(如加法、乘法)时,非零元素的位置和个数会发生变化,三元组表就不太合适了。此时,采用十字链表来表示稀疏矩阵很方便。

用十字链表存储稀疏矩阵的基本思想:把每个非零元素作为一个结点存储,结点中除了表示非零元素所在的行、列、值的三元组(i,j,v)以外,再增加两个指针域,其结构如图 10-12 所示。其中,列指针域 down 用来指向本列中的下一个非零元素;行指针域 right 用来指向本行中的下一个非零元素。

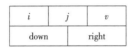

图 10-12 十字链表的结点结构

稀疏矩阵中每行的非零元素按其列号从小到大的顺序由 right 指针连成一个带表头结点的行链表,同样每列的非零元素按其行号从小到大的顺序,由 down 指针也连成一个带表头结点的列链表。即每个非零元素a_{ij}既是第i行链表中的一个结点,也是第j列链表中的一个结点。

$$E = \begin{bmatrix} 3 & 0 & 0 & 7 \\ 0 & 0 & -1 & 0 \\ 2 & 0 & 0 & 0 \\ 0 & 0 & 0 & 0 \\ 0 & 0 & 0 & -8 \end{bmatrix}$$

图 10-13 所示为稀疏矩阵 E 及其十字链表存储结构。可以充分利用行链表、列链表中头结点的i域和j域,其中i域可用于存储本行或本列的非零元个数,j域可用于存储本行或本列的下标。链表中每列表头结点的 down 域指向该列的第一个元素,链表中每行表头结点的 right 域指向该行的第一个元素。头指针 head 指向整个十字链表的总头结点,总头结点的i域和j域,分别存储矩阵的行数和列数;总头结点的v域,存储矩阵中的非零元个数。

十字链表的结点结构定义如下:

```
typedef struct _MatNode
{
    int i, j, v;
    struct _MatNode *down, *right;
} MatNode, *MatLink;
```

其中,MatNode 为十字链表的结点类型,MatLink 为其指针类型。

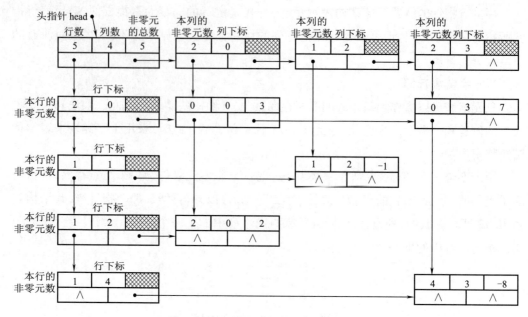

图 10-13　矩阵 **E** 的十字链表存储结构

10.3.2　稀疏矩阵的算法

矩阵的所有算法,均适用于稀疏矩阵,但是因为存储结构的不同,导致稀疏矩阵的各种运算,均比一般矩阵的实现算法要困难一些。

稀疏矩阵主要有如下一些常见的运算。

1. 建立稀疏矩阵 A 的十字链表

首先输入的信息包括:m(**A** 的行数)、n(**A** 的列数)、t(非零元素的个数),紧跟着输入 t 个形如 (i, j, v) 的三元组。

然后为每个三元组开辟空间并构造结点,将其分别插入到对应行和对应列的单链表中。插入时,若该行或该列的头结点还不存在,则应先给该行或该列构造相应的头结点。

2. 稀疏矩阵的转置

设 **A** 为 $m \times n$ 的稀疏矩阵,则其转置矩阵 **B** 是一个 $n \times m$ 的稀疏矩阵。由稀疏矩阵 **A** 求它的转置矩阵 **B**,只要将 **A** 的行和列,转化成 **B** 的列和行即可。

3. 稀疏矩阵的加减

已知稀疏矩阵 **A** 和 **B** 的行列数都相同,计算 $C = A + B$ 或 $C = A - B$,假设矩阵 **C** 的十字链表基于 **A** 的十字链表生成。

根据矩阵的加减规则,只有矩阵 **A** 和 **B** 的行列对应相等,二者才能相加。**C** 中的非零元素 c_{ij} 可能有 3 种情况:结果为 $a_{ij} + b_{ij}$,或者 $a_{ij}(b_{ij} = 0)$,或者 $b_{ij}(a_{ij} = 0)$。

因此当矩阵 **B** 加到 **A** 上时,对当前结点来说,对应有如下 4 种情况:改变结点的值 $(a_{ij} + b_{ij} \neq 0)$,或者结点值保持不变 $(b_{ij} = 0)$,或者插入一个新结点(原 $a_{ij} = 0$),还可能是删除一个结点 $(a_{ij} + b_{ij} = 0)$。

此外,稀疏矩阵还有乘、除(求逆)等操作。稀疏矩阵的相关算法,请基于前面介绍的不同存储结构自行实现。

10.4 广 义 表

广义表是线性表的推广,是一种广泛应用于人工智能等领域的非线性数据结构。线性表中的元素仅限于单个数据元素(又称为原子项),即不能再分割。而广义表中的元素既可以是单个元素,也可以是一个子表。如果广义表的每个元素都是原子,它就变成了线性表。

10.4.1 广义表的定义和运算

1. 广义表的定义

广义表(Generalized Lists)是 $n(n \geq 0)$ 个数据元素 $a_1, a_2, a_3, \cdots, a_i, \cdots, a_n$ 的有序序列,一般记作:

$$LS = (a_1, a_2, a_3, \cdots, a_i, \cdots, a_n)$$

其中,LS 是广义表的名称,n 是广义表的长度。每个 $a_i(1 \leq i \leq n)$ 是 LS 的成员,它可以是单个元素(原子),也可以是一个广义表(子表)。当广义表 LS 非空时,称第一个元素 a_1 为 LS 的表头(head),除了表头以外其余元素组成的表 $(a_2, a_3, \cdots, a_i, \cdots, a_n)$ 称为 LS 的表尾(tail)。显然,广义表的定义是递归的。

广义表通常用圆括号括起来,并用逗号分隔表中的元素。为了清楚,通常用大写字母表示广义表,用小写字母表示单个数据元素。

广义表的长度——广义表第一层所包含的元素(包括原子和子表)的个数。

广义表的深度——广义表展开后所包含括号的层数(嵌套数)。

【例 10-3】广义表的例子。

(1)$A = (\ )$,广义表 A 是长度为 0 的空表。

(2)$B = (a, b)$,广义表 B 的长度为 2,深度为 1。由于表中的元素全部是原子项,B 实质上就是线性表。

(3)$C = (c, (d, e))$,广义表 C 的长度为 2,深度为 2。其中第一项为原子项,第二项为子表,C 实质上是一种与树对应的广义表,也称为纯表。

(4)$D = (B, f)$,广义表 D 的长度为 2 的,其中第一项为子表,第二项为原子项。把 B 展开可知,广义表 D 的深度为 2。

(5)$E = (B, D)$,广义表 E 的长度为 2 的,其中两项都是子表,且广义表 D 的第一项又恰好是 B。这种表也称为再入表,是一种与图对应的广义表。

(6)$F = (g, h, F)$,广义表 F 的长度为 3,其中第一、第二项为原子项,第三项是其本身,这样的广义表又称为递归表,它的深度为 ∞。

【例 10-4】例 10-3 中广义表的表头和表尾。

(1)广义表 A 为空表,没有表头和表尾

(2)$\text{head}(B) = a$ $\text{tail}(B) = (b)$

(3)$\text{head}(C) = c$ $\text{tail}(C) = ((d, e))$

(4)$\text{head}(D) = B$ $\text{tail}(D) = (f)$

(5) head(E) = B tail(E) = (D)

(6) head(F) = g tail(F) = (h,F)

2. 广义表的性质

从上述广义表的定义和例子可以得到广义表的下列重要性质：

(1) 广义表是一种多层次的数据结构，其中的元素可以是单个元素，也可以是子表。

(2) 广义表可以为其他表所共享。例 10-3(5) 中表 B、表 D 是表 E 的共享子表。

(3) 广义表可以是递归的表，即广义表也可以是其自身的子表，例 10-3(6) 中表 F 就是一个递归的表。

广义表的结构相当灵活，它可以兼容线性表、数组、树和有向图等各种常用的数据结构。当二维数组的每行(或每列)作为子表处理时，二维数组即为一个广义表。另外，树和有向图也可以用广义表来表示。

广义表不仅集中了线性表、数组、树和有向图等常见数据结构的特点，而且可以有效地利用存储空间，因此在计算机的应用领域有许多成功应用的实例。

3. 广义表基本运算

(1) 创建广义表：createGL( )。

操作结果：创建一个广义表。

(2) 求广义表的长度：getLen(GL)。

初始条件：广义表 GL 存在。

操作结果：返回广义表 GL 的长度。

(3) 求广义表的深度：getDepth(GL)。

初始条件：广义表 GL 存在。

操作结果：返回广义表 GL 的深度。

(4) 查找操作：search(GL, x)。

初始条件：广义表 GL 存在，x 是给定的一个数据元素或一个子表。

操作结果：查找成功返回 1；否则返回 0。

(5) 求广义表的表头：head(GL)。

初始条件：广义表 GL 存在且非空。

操作结果：返回广义表的第一个元素。

(6) 求广义表的表尾：tail(GL)。

初始条件：广义表 GL 存在且非空。

操作结果：返回广义表 GL 的表尾。

10.4.2　广义表的存储结构

由于广义表中的数据元素可以具有不同的结构，即原子结点和子表结点，因此难以用顺序结构来表示，而链式存储结构的结点空间分配灵活，易于解决广义表的共享与递归问题，所以通常都采用链式结构来存储广义表。

广义表的元素可以是原子，也可以是表，因此结点的结构分为两种：一种是原子结点；另一种是表结点。为了将两者统一，一般用一个标志 tag 对当前结点的类型进行区分：当 tag 的值为 0 时，表示当前为原子结点；当 tag 的值为 1 时，表示当前为表结点。

根据表示方式的不同,广义表的存储结构有两种:一种是头尾链表存储法;另一种是扩展线性表存储法。

1. 头尾链表存储结构

按头尾链表存储法,广义表的表结点由 3 个域构成,分别是标志域(tag = 1)、表头指针域(hp)、表尾指针域(tp),如图 10-14(a)所示;相应的原子结点由 2 个域构成,分别是标志域(tag = 0)和值域(atom),如图 10-14(b)所示。

(a)表结点　　　　　　　　(b)原子结点

图 10-14　头尾链表存储结构的结点形式

若广义表不为空,则可分解成表头和表尾;反之,一对确定的表头和表尾可唯一确定一个广义表。广义表的头尾链表存储结构、类型定义如下:

```
typedef enum
{
    ATOM,                 // ATOM ==0 表示原子
    LIST                  // LIST ==1 表示子表
} ElemTag;                // 定义枚举类型
typedef struct GeneralListNode
{
    ElemTag tag;          // 用以区分原子结点和表结点
    union                 // 原子结点和表结点的共用体
    {
        AtomType atom;    // atom 是原子结点的值,AtomType 由用户定义
        struct
        {
            struct GeneralListNode *hp, *tp;
        } ptr;
        //ptr 是表结点的指针域,ptr.hp 和 ptr.tp 分别指向表头和表尾
    };
} GLNode;                 // 广义表的类型
```

【例 10-5】设广义表 $A = (\ )$,$B = (a, b)$,$C = (c, (d, e))$,$D = (B, C)$,$E = (f, g, E)$。采用头尾表示法的存储方式,其存储结构如图 10-15 所示。

采用头尾链表存储结构,比较容易分清广义表中原子或子表所在的层次。

在头尾链表存储结构的原子结点中添加一个 tp 指针(类似于单链表中的 next 指针域),使其指向下一个原子或子表结点,则可以得到广义表的第 2 种存储结构,即扩展线性表存储结构。

2. 扩展线性表存储结构

在扩展线性表存储结构中,广义表的第一个结点相当于线性链表的头结点,表中所有元素无论是原子还是子表,都通过 tp 指针串连起来,因此称为扩展线性表存储结构。此时表结点和原子结点的结构,分别如图 10-16(a)和图 10-16(b)所示。

A=NULL

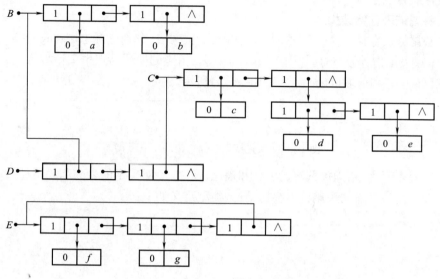

图 10-15　广义表的头尾链表存储结构

tag = 1	hp	tp
（a）表结点

tag = 0	atom	tp
（b）原子结点

图 10-16　扩展线性表存储法的结点形式

【例 10-6】设广义表 $A=(\ )$，$B=(a,b)$，$C=(c,(d,e))$，$D=(B,C)$，$E=(f,g,E)$。采用扩展线性表存储方式，其存储结构如图 10-17 所示。

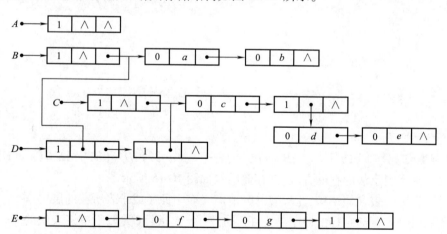

图 10-17　广义表的扩展线性表存储结构

广义表的扩展线性表存储结构，类型定义如下：

```
typedef enum
{
    ATOM,                              // ATOM==0 表示原子
```

```
        LIST                           // LIST ==1 表示子表
    } ElemTag;                         // 定义枚举类型
    typedef struct GeneralListNode
    {
        ElemTag tag;                   // 用以区分原子结点和表结点
        union                          // 原子结点和表结点的共用体
        {
            // atom 为原子结点的值, AtomType 由用户定义
            AtomType atom;
            struct GeneralListNode *hp;   // 表结点的表头指针
        } ptr;
        //tp 相当于单链表的 next,指向下一个结点
        struct GeneralListNode *tp;
    } GLNode;                          // 广义表的结点类型 GLNode
```

10.4.3　广义表的算法

1. 创建广义表

若广义表原子元素的类型为字符型(char),并且所有原子元素全部为字母。从键盘输入数据建立广义表时,元素之间用逗号分隔,元素列表的起止符号分别为左、右圆括号。

创建广义表头尾链表存储结构或扩展线性表存储结构的算法,请自行实现。

2. 取广义表的表头

取广义表的表头,就是取出广义表中第 1 个数据元素的操作,其操作结果可以是原子,也可以是一个子表。

若广义表 $X = (a_1, a_2, a_3, \cdots, a_i, \cdots, a_n)$,则 $\mathrm{head}(X) = a_1$。

例如,广义表 $L = ((a, b), (c, d, e), f)$,则 $\mathrm{head}(L) = (a, b)$。

3. 取广义表的表尾

取广义表的表尾,就是取出广义表中除表头元素之外的所有元素构成的子表。

若广义表 $Y = (a_1, a_2, a_3, \cdots, a_i, \cdots, a_n)$,则 $\mathrm{tail}(Y) = (a_2, a_3, \cdots, a_i, \cdots, a_n)$。

例如,广义表 $K = ((a, b), (x, y, z), m)$,则 $\mathrm{tail}(K) = ((x, y, z), m)$。

再如,已知广义表 $M = ((x, y, z), a, (u, t, w))$,则 $\mathrm{head}(\mathrm{tail}(\mathrm{head}(M)))$ 的结果为 y;从 M 表中取出原子 t 的运算是 $\mathrm{head}(\mathrm{tail}(\mathrm{head}(\mathrm{tail}(\mathrm{tail}(M)))))$。

4. 求广义表的长度

求广义表的长度,就是计算广义表中第 1 层数据元素的个数(包括原子和子表)。

例如,广义表 $A = ((x, y, z), a, (u, (t), w))$,则广义表 A 的长度为 3。

5. 求广义表的深度

求广义表的深度,就是计算广义表中括号的最大层次数。

例如,广义表 $B = ((x, (y, (z))), a, (u, (t), w))$,则广义表 B 的深度为 4。

再如,广义表 $C = (a, b, (c, d), (e, (f, g)))$,则其长度是 4,深度是 3。

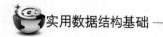

 小　　结

（1）数组是一组地址连续的存储单元,每个数据元素在数组中均通过唯一的下标来标识,在数组上不太适宜做插入、删除数据元素的操作。

（2）无论数组的维数是多少,其中的每个元素都可以随机存取,根据数组各维的长度,以及元素各维的下标,即可计算出指定位置元素的存储地址。

其中,二维数组中a_{ij}的地址为 $\mathrm{Loc}(a_{ij}) = \mathrm{Loc}(a_{00}) + (i \times n + j) \times d$。

三维数组中a_{ijk}的地址为 $\mathrm{Loc}(a_{ijk}) = \mathrm{Loc}(a_{000}) + (i \times n \times p + j \times p + k) \times d$。

（3）对称矩阵是一种特殊矩阵,n 阶方阵的元素满足性质:$a_{ij} = a_{ji}(0 \leqslant i,j \leqslant n-1)$。对称矩阵沿对角线对称,因此只需存储上三角或下三角部分的数据即可。

（4）三角矩阵的特殊性是以对角线划分矩阵。对角线任意一侧(不包括对角线)的元素均为常数 c。下三角矩阵,对角线以上均为同一个常数;上三角矩阵,对角线以下均为同一个常数,均可以采用压缩存储。

（5）在 $m \times n$ 的矩阵中有 t 个非零元素,且 t 远小于 $m \times n$,这样的矩阵称为稀疏矩阵。稀疏矩阵常用的有:三元组顺序存储、带行指针的链式存储、十字链表存储等存储方法。

（6）广义表是 $n(n \geqslant 0)$ 个数据元素的有序序列,广义表的元素可以是单个元素,也可以是一个广义表。

（7）由于广义表的元素有两种形式,所以其结点的存储形式也有两种:表结点由标志域、表头指针域、表尾指针域组成;而原子结点由标志域和值域组成。

实　　验

【实验名称】 稀疏矩阵的存储及运算

1. 实验目的

（1）掌握稀疏矩阵的各种存储方法。

（2）掌握稀疏矩阵存储结构的创建和显示。

（3）掌握稀疏矩阵的转置、加减、相乘、求逆(选做)等运算。

2. 实验内容

（1）从文件或键盘输入数据,创建稀疏矩阵的存储结构。

（2）以三元组方式输出稀疏矩阵的值。

（3）基于选用的稀疏矩阵存储结构,实现稀疏矩阵的转置、加减、相乘、求逆等各种运算,并输出相应的运算结果。

3. 实验要求

（1）以数字菜单的形式列出程序的主要功能。

（2）算法的实现细节应尽可能考虑时间和空间复杂度;选取的测试数据,应覆盖各主要处理分支。

（3）稀疏矩阵的元素值一般为整型。

（4）手工验证算法的运行结果,并分析各算法的时间和空间复杂度。

习 题

一、判断题(下列各题,正确的请在后面的括号内打√;错误的打×)

1. n 维的多维数组可以视为 $n-1$ 维数组元素组成的线性结构。 （   ）

2. 上三角矩阵主对角线以上,均为常数 C。 （   ）

3. 数组的三元组表存储是对稀疏矩阵的压缩存储。 （   ）

4. 广义表 $LS = (a_1, a_2, a_3, \cdots, a_i, \cdots, a_n)$,则 a_n 是其表尾。 （   ）

5. 广义表 $((a, b), a, b)$ 的表头和表尾是相等的。 （   ）

二、填空题

1. 多维数组的顺序存储方式有按行优先顺序存储和_____两种。

2. 在 n 维数组中的每一个元素最多可以有_____个直接前驱。

3. 在多维数组中,数据元素的存放地址可以直接通过地址计算公式算出,所以多维数组是一种_____存取结构。

4. 二维数组 $a[0\ldots2][0\ldots3]$ 的起始地址是 2000,元素的大小是 4 个字节,则 $Loc(a[1][2]) = $ _____。

5. 输出二维数组 $A[n][m]$ 中所有元素值的时间复杂度为_____。

6. n 阶对称矩阵,如果只存储下三角元素,只需要_____个存储单元。

7. n 阶下三角矩阵,对角线的上方是同一个常数,需要_____个存储单元。

8. 非零元素的个数远小于矩阵元素总数的矩阵称为_____。

9. 稀疏矩阵的三元组有_____列。

10. 稀疏矩阵中有 n 个非零元素,则三元组有_____行。

11. 稀疏矩阵的三元组中第 1 列存储的是数组中非零元素所在的_____。

12. 稀疏矩阵如图 10-18 所示,其非零元素存于三元组表中,三元组 $(4, 1, 5)$ 按列优先顺序存储在三元组顺序表的第_____项(填下标)。

$$
\begin{bmatrix}
8 & 0 & 0 & 0 & 0 \\
0 & 11 & 0 & 0 & 0 \\
0 & 0 & 6 & 0 & 0 \\
0 & 3 & 0 & 7 & 0 \\
0 & 5 & 0 & 0 & 0 \\
0 & 0 & 0 & 9 & 0
\end{bmatrix}
$$

图 10-18 稀疏矩阵

13. 稀疏矩阵的压缩存储方法通常有三元组顺序表、_____和十字链表等。

14. 任何一个非空广义表的表尾必定是_____。

15. 广义表 $L = (a, (b), ((c, (d))))$ 的表尾是_____。

16. $tail(head(((a, b), (c, d)))) = $ _____。

17. 设广义表 $L = ((a, b, c))$,则将 c 分离出来的运算是_____。

18. 广义表 $L = (a, (b), ((c, (d))))$ 的长度是_____。

19. 广义表 $L = (a, (b), ((c, (d))))$ 的深度是_____。

20. 广义表 $L = ((\ ), L)$,则 L 的深度是_____。

三、选择题

1. 在一个 m 维数组中,( )恰好有 m 个直接前驱和 m 个直接后继。

    A. 开始结点   B. 总终端结点   C. 边界结点   D. 内部结点

2. 对下述矩阵进行压缩存储后,失去随机存取功能的是( )。

    A. 对称矩阵   B. 三角矩阵   C. 三对角矩阵   D. 稀疏矩阵

3. 在按行优先顺序存储的三元组表中,下述陈述错误的是( )。

    A. 同一行的非零元素,是按列号递增次序存储的

    B. 同一列的非零元素,是按行号递增次序存储的

    C. 三元组表中三元组行号是递增的

    D. 三元组表中三元组列号是递增的

4. 对稀疏矩阵进行压缩存储是为了( )。

    A. 降低运算时间   B. 节约存储空间

    C. 便于矩阵运算   D. 便于输入和输出

5. 若数组 $A[0\ldots m][0\ldots n]$ 中的元素,每个元素占 d 个字节,且按列优先的次序顺序存储,则 a_{ij} 的地址为( )。

    A. $\text{Loc}(a_{00}) + [j \times m + i] \times d$ B. $\text{Loc}(a_{00}) + [j \times n + i] \times d$

    C. $\text{Loc}(a_{00}) + [(j-1) \times n + i - 1] \times d$ D. $\text{Loc}(a_{00}) + [(j-1) \times m + i - 1] \times d$

6. 如图 10-19 所示的矩阵是一个( )。

$$\begin{bmatrix} 1 & 0 & 0 & 0 \\ 2 & 3 & 0 & 0 \\ 4 & 5 & 6 & 0 \\ 7 & 8 & 9 & 10 \end{bmatrix}$$

图 10-19　矩阵

    A. 对称矩阵   B. 三角矩阵   C. 稀疏矩阵   D. 带状矩阵

7. 在稀疏矩阵的三元组表示法中,每个三元组表示( )。

    A. 矩阵中非零元素的值   B. 矩阵中数据元素的行号和列号

    C. 矩阵中数据元素的行号、列号和值   D. 矩阵中非零数据元素的行号、列号和值

8. 已知二维数组 $a[6][10]$,每个数组元素占 4 个存储单元,若按行优先顺序存放数组元素 $a[3][5]$ 的存储地址是 1000,则 $a[0][0]$ 的存储地址是( )。

    A. 872   B. 860   C. 868   D. 864

9. 数组是一个( )线性表结构。

    A. 非   B. 推广了的   C. 加了限制的   D. 不加限制的

10. 数组 $A[0..1, 0..1, 0..1]$ 共有( )元素。

    A. 4   B. 5   C. 6   D. 8

11. 以下( )是稀疏矩阵的压缩存储方法。

    A. 一维数组   B. 二维数组   C. 三元组表   D. 广义表

12. 广义表是线性表的推广,它们之间的区别在于( )。

    A. 能否使用子表 B. 能否使用原子项 C. 是否能为空   D. 表的长度

13. 下列广义表属于线性表的是( )。

A.$E = (a,E)$ B.$E = (a,b,c)$ C.$E = (a,(b,c))$ D.$E = (a,L);L = ( )$

14.广义表$(a,(b,c),d,e)$的表头为( )。

    A.a B.$a,(b,c)$ C.$(a,(b,c))$ D.(a)

15.广义表$((a,b),c,d)$的表头是( )。

    A.a B.d C.(a,b) D.(c,d)

16.广义表$((a,b),c,d,e)$的表尾是( )。

    A.a B.d C.(a,b) D.(c,d,e)

17.广义表$A = (a)$,则表尾为( )。

    A.a B.$(( ))$ C.空表   D.(a)

18.若广义表满足$\text{head}(L) = \text{tail}(L)$,则$L$的形式是( )。

    A.空表

    B.若$L = (a_1,a_2,a_3,\cdots,a_i,\cdots,a_n)$,则$a_1 = (a_2,a_3,\cdots,a_i,\cdots,a_n)$

    C.若$L = (a_1,a_2,a_3,\cdots,a_i,\cdots,a_n)$,则$a_1 = a_n$

    D.$((a1),(a2),(a3))$

19.广义表$A = ((x,(a,b)),(x,(a,b),y))$,则运算$\text{head}(\text{head}(\text{tail}(A)))$的结果为( )。

    A.x B.(a,b) C.$(x,(a,b))$ D.A

20.设广义表$L = ((a,b,c))$,则L的长度和深度分别为( )。

    A.1 和 1   B.1 和 3   C.1 和 2   D.2 和 3

四、算法阅读题

1.已知一个下三角矩阵,其中的下三角元素按行存放于$A[0\ldots(n+1)n/2 - 1]$中,请问下述算法的功能是什么?

```
int fun(int A[], int n)
{
    int i, k, s;
    k =0;
    s =A[0];
    for (i = 0; i < n - 1; i ++)
    {
        k = k +i + 2;
        s = s + A[k];
    }
    return s;
}
```

2.在顺序存储的三元组表中,求某列非零元素之和的算法如下,请填空完成算法。

```
#define SMAX 100
typedef struct
{
```

```
        int i, j, v;                    // 非零元素的行号、列号、值
    } SPNode;                           // 三元组类型
    typedef struct
    {
        int m, n, t;                    // 矩阵的行数、列数及非零元素的个数
        SPNode data[SMAX];              // 三元组表
    } SPMatrix;                         // 定义稀疏矩阵
    //求稀疏矩阵第 col 列的非零元素之和
    int getSum(SPMatrix *pm, int col)
    {
        int k, sum = 0;
        for (k = 0; k < _____; k ++) //1
            if (_____ == col)        //2
                sum += _____;        //3
        return sum;
    }
```

五、编程题

1. 试编写求一个三元组表的稀疏矩阵对角线元素之和的算法。

2. 试编写求广义表中原子元素个数的算法。

3. 试编写求广义表中最大原子元素的算法。

4. 当稀疏矩阵 A 和 B 均以三元组作为存储结构时，试写出矩阵相加的算法，其结果存放在三元组表 C 中(假设矩阵中元素的类型均为整型)。

第 11 章

数据结构课程设计 <<<

为了学好数据结构,在充分理解逻辑结构的基础上,必须编写一些基于具体存储结构的程序,实现一些常规的算法,通过上机编程调试解决一些实际问题,才能更好地掌握各种数据结构及其特点。通过灵活运用数据结构及其相关知识,切实提高解决实际应用问题的能力,是数据结构课程的主要目的。数据结构课程设计就是为了达到这个目的而安排的一个实践性环节,它是数据结构课程的一个重要组成部分。

本章精选了 30 个与数据结构相关的典型应用课题,并大致按全书编排章节所涉知识点的顺序依次列出。希望在理论教学过程结束后,计划用一到两周的时间由学生独立完成本章的一个课题,并写出相应的课程设计报告。对于学有余力的同学,也可以选做本章列出的多个课题,这对于编程实践能力的提高、数据结构各知识点的融会贯通,以及算法分析与设计能力的培养,无疑是大有裨益的。要顺利完成本章课题所规定的任务,需要复习前面各章节介绍的各种逻辑结构、存储结构及基本算法,熟练掌握并理解前面各章节的知识要点,并对部分知识点进行相互串联。由于部分课题对"算法分析与设计"等课程的内容稍有涉及,认真完成本章的课题任务对后续课程的学习也将有所帮助。

通过本章学习,可以大幅提高学生自主分析和解决问题的能力,使学生的编程能力得到有效巩固和提高。

11.1 课程设计的目的与内容

本节包括课程设计的目的和内容、课程设计报告内容的规定,以及课程设计的考核。

11.1.1 课程设计的目的

通过数据结构课程设计主要达到如下目的:

(1)了解并掌握数据结构与算法的设计方法,培养独立分析问题的能力。

(2)综合运用所学的数据结构基本理论和方法,提高在计算机应用中解决实际问题的能力。

(3)初步掌握软件开发过程的问题分析、系统设计、程序编码、程序调试、数据测试等基本方法和技能。

(4)训练用系统的观点和软件开发一般规范进行软件开发,培养软件工作者应该具备的科学的工作方法和作风。

(5)通过课程设计完成具有一定深度和难度的题目。

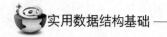

(6)编写课程设计报告,锻炼软件开发文档撰写的基本方法。

11.1.2　课程设计的内容

1. 问题分析和任务定义

根据题目要求,充分分析和理解问题,明确问题要求做什么,限制条件是什么。

2. 逻辑设计

为问题描述中涉及的操作对象定义相应的数据类型,并按照以数据结构为中心的原则划分模块。逻辑设计的结果应写出每个抽象数据类型的定义(包括数据结构的描述和每个功能操作的说明),划分功能模块并描述各个主要模块的算法,若各功能模块之间存在调用关系,还应画出各个模块之间的调用关系图。

3. 详细设计

定义存储结构,并写出各函数算法或伪代码算法。在这个过程中,要综合考虑系统功能,使得系统结构清晰、合理、简单和易于调试,抽象数据类型的实现尽可能做到数据封装,基本操作的规格说明尽可能明确具体。详细设计的结果是对数据结构和基本操作做出进一步的求精,写出数据存储结构的类型定义和函数形式的算法框架。

4. 程序编码

把详细设计的结果进一步转换为程序设计语言程序,同时加入一些注解,使程序逻辑概念清楚、维护方便。

5. 程序调试与测试

程序调试采用自底向上,分模块进行。即先调试底层被调函数,再逐级调试上层主调的函数。通过程序调试熟练掌握调试工具的各种功能;设计测试数据确定疑点,并通过修改程序来证实或绕过它。程序调试正确后,认真整理源程序及其注释,形成格式和风格良好的源程序清单。

6. 结果分析

程序运行结果不但要包括正确的输入及其输出结果,而且还要人为地输入一些含有错误的数据以考察其输出结果的正确性,同时进行算法的时间复杂度和空间复杂度分析。

7. 编写课程设计报告

根据课程设计的情况编写设计报告。

11.1.3　课程设计报告

课题设计结束时要写出课程设计报告,作为整个课程设计评分的书面依据和存档材料。设计报告以规定格式书写、打印并装订,排版及图、表要清楚、工整。

课程设计的封面包括:题目、班级、学号、姓名、指导教师和完成日期。

课程设计报告的正文应包括以下几方面的内容(可以根据所选课题的实际情况做适当调整或更改)。

1. 课题分析

以无歧义的陈述说明程序设计的任务,强调的是程序要做什么,并明确规定:

(1)输入形式和输入值的范围。

(2)输出形式。

（3）程序所能达到的功能。

（4）测试数据：包括正确的输入及其输出结果和含有错误的输入及其输出结果。

2. 总体设计

说明本程序中用到的所有数据类型的定义、主程序的流程，以及各程序模块之间的层次（调用）关系。

3. 详细设计

系统详细设计包括：人机接口界面、输入界面、输出界面在内的用户界面设计；逻辑结构、存储结构设计；算法（或伪码算法）设计也可以采用流程图、N-S 图或 PAD 图进行描述，画出函数或过程的调用关系图。

4. 调试分析

调试分析的内容包括：

（1）调试中遇到的问题是如何解决的，以及对程序设计与实现的讨论和分析。

（2）算法的时间复杂度和空间复杂度的分析。

（3）对算法的改进设想。

（4）程序调试的收获和体会。

5. 用户使用说明

用户使用说明是为了告诉用户如何使用程序，并举例列出每一步的操作步骤。

6. 测试结果

列出输入数据和程序运行的输出结果，测试数据应该保证完整和严格。

7. 参考文献

列出参考资料和书籍。

11.1.4　课程设计的考核

课题相关程序设计结束时，要求学生写出课程设计报告（源代码最好以电子版的文件形式单独提交存档，不用附在报告中），并对学生的设计过程进行答辩。

由于数据结构课程设计所涉及的算法大多都为经典算法，课外书籍以及网上的参考资料都很多，为保证教学质量，建议本门课程的成绩以设计过程的答辩表现为主。这样一方面可以避免有些同学只是单纯地为了得出运行结果，而不去深入理解程序的实现细节，最大限度地杜绝请人代做的现象；另一方面答辩过程也有助于提高学生的语言表达能力，锻炼其与人沟通的技巧。

鉴于此，建议本课程设计的成绩分三部分给定。其中设计过程的答辩占 60%，设计作品的质量（源代码）占 20%，课程设计报告占 20%。

成绩评定按照优秀、良好、中、及格、不及格五级或者按百分制实施。

本课程需要提交归档的材料清单如下：

（1）课程设计报告（电子稿和打印稿各一份）。

（2）程序源代码文件夹（文件夹中只保留 .c 或 .cpp、.dll、.lib 等必需文件，以及程序读写所需的数据文件，编译过程中产生的各种参考文件、工程文件和 Debug 文件夹等提交时一律删除）。

11.2 课程设计的安排和要求

1. 课题的分类与选择

为使不同编程基础的学生通过课程设计都能有所提高,使所有学生都学有所获,教师可根据学生的学习基础,结合学生本人的意愿来确定具体的课程设计题目。建议根据程序设计和数据结构课程的成绩,让编程基础较差的学生先选题,让他们可以在自己的能力范围内量力而行,基础较好的学生虽然后选题,但是在同样完成质量的情况下,指导老师应给予完成较难题目的学生稍高的分数。

学生也可以根据个人的能力自行选择有一定难度的其他数据结构课程设计课题,但是自选课题必须预先向指导老师提出申请,说明课题的内容、难度及实现的目标,经老师同意之后方可进行。

2. 课程设计的要求

学生要发挥自主学习的能力,充分、合理地利用时间,安排好课程设计的计划,并在课程设计过程中不断检测计划的完成情况。对于课题要求理解不清的地方,以及实现过程中出现的问题,在独立思考、查阅资料、与同学讨论之后仍无法确定或解决的,应及时向指导老师汇报。

对题目要求的功能进行分析,并且设计解决相应功能的数据存储结构(有些课题的部分存储结构已经指定,则应采用指定的存储结构)和算法。应结合边界条件设计多组测试数据,程序调试通过后,列出多组测试数据的运行结果。

程序要有基本的容错能力。程序不仅能够在正常的情况下运行,而且当输入数据或其他操作出错时,也应避免出现死循环、数据损坏或丢失、程序崩溃等情况。

课程设计课题的总体要求如下:

(1)利用 C 或 C++ 实现课题相应的程序,源程序要按照课程设计的规定来编写。程序的结构要清晰,重点函数、变量和功能要加上注释,以便调试和维护。

(2)程序功能全部以菜单形式列出,所有功能应测试通过且结果正确。如果部分功能不能正常运行或存在缺陷,则必须在报告中分析存在的问题,以及解决这些问题的基本思路。

(3)课程设计程序全部调试通过以后,还可以考虑对课题的算法提出改进方案,并比较不同算法的优缺点。

(4)课程设计报告中应给出课题的总体分析、详细设计、算法过程的具体分析、系统所涉及的逻辑结构图、数据所采用的存储结构图、程序流程图、采用的测试数据及其结果分析、算法时间和空间复杂度的分析等。

(5)课程设计报告的正文一般应以文字描述或论述为主,绘图、表格、代码、程序运行界面截图等只是辅助说明。因此,切勿喧宾夺主,正文文字部分的篇幅一般不得少于其他各个部分的篇幅。

(6)如果程序采用 C#、Java 或 Python 等其他课堂上暂未开设的编程语言实现,必须预先向指导老师提出申请。若确为学生自学掌握的程序设计语言,并且课题涉及的代码都是自己实现的情况下,则可酌情加分;若课题的主要功能函数是采用静态或动态链接库,或者采用图形化用户界面实现,也可酌情加分。

11.3　课程设计题目

课题 1　多项式运算

1. 设计目的

(1) 掌握线性表的顺序存储结构和链式存储结构。

(2) 掌握线性表的插入、删除等基本运算。

(3) 掌握线性表的典型应用——多项式运算:加、减、乘、除(选做)。

2. 主要内容

实现顺序结构或链式结构的多项式加减乘除运算,其中加法、减法和乘法功能为必做,除法功能为选做。例如,已知

$$f(x) = 8x^6 + 4x^5 - 2x^4 - 123x^3 - x + 10$$

$$g(x) = 2x^3 - 5x^2 + x$$

(1) 相加:　$f(x) + g(x) = 8x^6 + 4x^5 - 2x^4 - 121x^3 - 5x^2 + 10$。

(2) 相减:　$f(x) - g(x) = 8x^6 + 4x^5 - 2x^4 - 125x^3 + 5x^2 - 2x + 10$。

(3) 相乘:　$f(x) * g(x) = 16x^9 - 32x^8 - 16x^7 - 232x^6 + 613x^5 - 125x^4 + 25x^3 - 51x^2 + 10x$。

(4) 相除:　商 $= 4x^3 + 12x^2 + 27x$;余数 $= -32x^2 - x + 10$。

如果采用顺序存储结构,则顺序表结点的数据类型定义如下:

```
#define M 20
typedef struct
{
    float coe;              // 系数
    int index;             // 指数
} Node;
typedef struct
{
    Node data[M];          // 结点数组
    int last;              // 结点数组中最后一个被使用单元的下标
} SeqList;
```

函数 $f(x)$ 的顺序存储结构如图 11-1 所示。

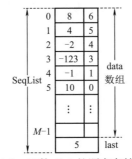

图 11-1　函数 $f(x)$ 的顺序存储结构

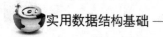

如果采用链式存储结构,则链表结点的数据类型定义如下:

```
typedef struct _Node
{
    float coe;           // 系数
    int index;           // 指数
    struct _Node *next;
} Node;
```

函数 $f(x)$ 的链式存储结构如图 11-2 所示。

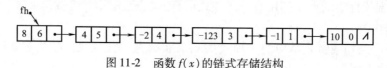

图 11-2　函数 $f(x)$ 的链式存储结构

3. 设计要求

(1)如果有两个学生同时完成该课题,要求分别采用顺序和链式两种存储结构。

(2)如果多项式采用顺序结构存储,则多项式运算的最高次应能达到 x^{99}。

(3)通过菜单选择项输入两个多项式,通过菜单依次求得这两个多项式加、减、乘、除(选做)的运行结果,并比较程序运行结果和手工计算结果是否一致。

课题2　大整数运算

1. 设计目的

(1)了解数组和串的存储结构和一般操作方法。

(2)掌握数字字符串与其对应数值之间的转换技巧。

(3)分析大整数运算的特点。

2. 主要内容

任意输出两个大整数,分别求它们加、减、乘、除(选做)的结果。例如:

12345678901234567890 + 1234567890 = 12345678902469135780

12345678901234567890 – 1234567890 = 12345678900000000000

12345678901234567890 * 1234567890 = 15241578751714678875019052100

12345678901234567890/1234567890 = 10000000001

提示:部分相加和相减运算可以相互转换,互相调用。

3. 设计要求

(1)预设两个大整数,通过执行不同的菜单选择项分别求其加、减、乘、除运算的结果,比较程序运行结果和手工计算结果是否一致。

(2)两个预设大整数的值,均能够通过执行相应菜单项而重新输入;参与运算的大整数的位数至少应支持 20 位以上。

(3)输出运算对象和结果时,相应的正负号及运算符应一并输出,输出界面应尽量采用竖式形式,以便验证结果。

课题 3　洗车站排队模拟

1. 设计目的

(1)复习队列的存储和实现方法。

(2)进一步掌握队列的实际应用。

(3)掌握利用时间函数模拟产生离散事件的方法。

(4)掌握 C 语言实现多线程及线程同步的方法。

2. 主要内容

假设洗车站有 3 个洗车处 A、B、C,每个洗车处均构成一个等待队列,假设队列长度分别为 7、8、10。根据系统时间随机生成每辆车的到达时间,相邻两辆车的到达时间间隔为 [2,15] 分钟之间的随机值,每辆车接受服务的时间为 10 ~ 25 分钟(随机产生)。第一辆车的到达时间在洗车站开门 30 分钟之内(随机产生)。

平均等待时间是将每辆车的等待时间加起来再除以车的数量。

下面是关于车辆到达和离开的具体条件:

(1)如果某辆车到达时,A、B、C 三个队列中至少有一个队列为空,那么马上开始清洗这辆车;该车无须进入任何等待队列。当一辆车完成清洗后,它就马上离开洗车处,随之相应队头的车辆出队进入清洗过程。

(2)每当一辆车到达时,它会选择进入 3 个队列中等待时间最短的队列;如果某个队列已满,则该队列无法继续进队车辆。

(3)当所有等待队列已满时,如果仍有车辆到达,这些车将只能选择直接离开。

(4)每辆车的等待时间不含其接受服务的时间。

3. 设计要求

(1)产生 8 小时内车辆的随机到达时刻和接受服务时间。

(2)列举出所有车辆(包括未能进队洗车的车辆)的洗车情况(到达时间、所处等待队列及等待时间、接受服务时间、离开时间等),将这些信息写入日志文件。

(3)计算所有车辆的平均等待时间。

课题 4　迷宫问题

1. 设计目的

(1)掌握顺序栈和链式栈的构造和使用方法。

(2)掌握栈在实际问题中的应用——寻找迷宫通路。

2. 主要内容

图 11-3 所示为一个 10 × 10 的迷宫,其中" * "所标识的位置是通路,"#"标识的位置是不通的,四周的"#"代表边界。迷宫的入口位于左上角,迷宫的出口位于右下角。

从文件输入一个迷宫,然后用非递归(即用栈)的方法求出一条走出迷宫的路径,并将该路径输出。

图 11-3 迷宫

迷宫用如下的二维字符数组 maze 存储。

```
#define MAXLEN 10
char maze[MAXLEN][MAXLEN];
```

本课题所用栈的结点结构可定义如下：

```
typedef struct
{
    int rowNo;          //行下标
    int colNo;          //列下标
    //当前探测方向值为 0、1、2、3,分别代表右下左上 4 个方向
    int direction;
} Node;
```

3. 设计要求

(1)迷宫不能在源代码中设置,必须从文件读入。

(2)迷宫的边界可以不存储在矩阵中,迷宫的出入口也不一定位于两个角上。

(3)如果有两个同学同时完成该课题,要求分别采用顺序栈和链式栈。

课题5　马对棋盘方格的遍历

1. 设计目的

(1)掌握栈的本质,灵活使用栈解决实际问题。

(2)掌握求解问题时使用的回溯策略。

(3)比较一般回溯方法和贪心算法的异同点,并尝试分析其时间和空间复杂度。

2. 主要内容

编写程序实现马对棋盘方格的遍历。一个棋盘有 8 行 8 列共 64 个方格,输入马的起始方格位置,从起始方格出发,一个马的移动必须跨越两行一列或者两列一行。设起始方格的次序为 1,马跳过的下一个方格的次序是上一个方格的次序加 1。马必须经过每个方格且仅经过一次,并且马的移动不能超越棋盘边界,求出马经过这 64 个方格的次序。

例如,图 11-4 显示了坐标(5,3)位置上马的所有合法移动位置(即 K_0 ~ K_7)。

	0	1	2	3	4	5	6	7
0								
1								
2								
3			K_7		K_0			
4		K_6				K_1		
5				K				
6		K_5				K_2		
7			K_4		K_3			

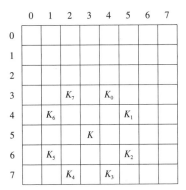

图 11-4　位置 K 上马的八个合法移动位置

简化问题表述则为:从坐标(row,column)出发,依次尝试:(row -2,column +1)、(row -1,column +2)、(row +1,column +2)、(row +2,column +1)、(row +2,column -1)、(row +1,column -2)、(row -1,column -2)、(row -2,column -1)这 8 个方向。

先将整个棋盘(实质就是一个二维数组)的所有方格初始化为 -1。

回溯法解决马遍历棋盘的步骤:

(1)从起始位置开始,可将马的每次跳动抽象为一个栈结点,当马跳到下一个方格时就将起跳方格的信息压栈,并在棋盘中标记好马经过该起跳方格的次序。

(2)当马跳到某个方格发现无处可跳时,就出栈一个结点(相当于跳回到上一步,即回溯),并将该方格的次序恢复为初始值 -1,然后尝试出栈结点对应方格的下一个跳跃方向。

提示:某个方格无处可跳意味着该方格的 8 个方向要么是已经尝试过的“死路”,要么就是超出棋盘边界,此时只能通过出栈方式回跳到上一个方格,从而进一步尝试上一个方格的其他方向是否存在遍历通路。

(3)当某个方格次序为 64 时,代表所有方格都遍历完。

(4)输出所有方格中的次序。

栈结点的结构可以按图 11-5 进行设置。其中,rowNo 保存起跳方格的行号,colNo 保存起跳方格的列号,direction 保存起跳方格的方向(int 型,取值为 0 ~7,对应 K_0 ~ K_7 这 8 个方向)。通过当前方格位置及方向即可计算出下一个方格的行号和列号,便可进一步判断该方格是否越界或者马是否已经过该方格了。

rowNo	colNo	direction

图 11-5　栈的结点结构

注意:对于用回溯法编出的程序,只能输入(0,0)等少数坐标进行测试,如果输入其他坐标作为马的起始位置,因为回溯次数太多,可能程序运行很久也得不到运行结果。

假设马的起始位置为(0,0),则马遍历整个棋盘方格的次序如图 11-6 所示。

若用贪心算法实现该程序,假设马的起始位置为(5,3),则马遍历整个棋盘方格的次序如图 11-7 所示。

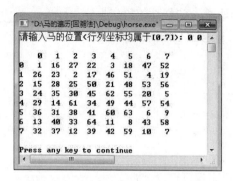

图 11-6　初始位置为(0,0)的遍历次序

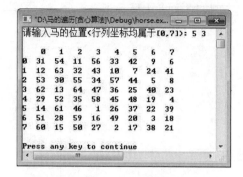

图 11-7　初始位置为(5,3)的遍历次序

3. 设计要求

（1）用回溯法编程，输入马的初始坐标为(0,0)，输出马对整个棋盘的遍历次序。

（2）输入马的初始坐标为其他方格坐标值，观察并分析程序的运行时间。

（3）了解贪心算法策略，并改用贪心算法实现该程序，输入马的初始坐标为棋盘64个坐标中的任意坐标，检验程序的运行结果，观察程序的运行时间。

（4）修改问题，进一步要求在遍历棋盘的基础上，使得马的遍历路径能够构成回路，即要求马从棋盘上的最后一个访问位置能够跳回起点，思考此时该问题的求解方法该如何改进。

课题6　非递归方式遍历二叉树

1. 设计目的

（1）灵活掌握栈的实际应用。

（2）熟练掌握二叉树的前序、中序和后序遍历过程。

（3）巩固非递归方法解决实际问题的技巧。

2. 主要内容

（1）构建一个栈用来保存尚未遍历的子树或结点。

（2）输入一棵二叉树，用循环借助栈对二叉树进行前序、中序及后序遍历。

（3）输出二叉树的3个遍历序列。

提示（以非递归方式求后序序列为例）：

（1）本课题需要利用栈来实现，可以定义两个栈（如果利用 C++ 中的模板，则只需要定义一个栈）：一个是结点指针型栈（二叉链表结点的指针类型）；另一个是输出数据栈（字符型）。

（2）结点指针型栈用于保存左右子树的根结点地址，输出数据栈则用于保存需要输出的根结点数据。当结点指针型栈为空时，直接将输出数据栈中的所有数据弹出即为遍历该二叉树得到的后序序列。

（3）因为始终是先得到根结点数据，通过根结点再得到左右子树的数据，所以将每次得到的结点数据压入输出数据栈，经过输出数据栈反转后一并弹出，这样即可得到所求的后序序列。

（4）本课题和非递归求解 Hanoi 问题有类似之处，但是这里左右子树的根结点地址入栈时应该是左子树的根先进栈,然后是右子树的根进栈。如果没有左右子树,则直接将根结点的数据输出到输出数据栈。

3. 设计要求

(1)3 种遍历均不能使用递归。

(2)可以根据实际需要对二叉链表的结点结构做适当改变。

课题7 中序线索二叉树

1. 设计目的

(1)了解整棵二叉树的直接前驱和直接后继的概念。

(2)熟悉线索二叉树的概念、线索二叉树结点结构的定义。

(3)掌握在二叉树进行中序线索化的递归函数代码。

(4)掌握递归函数设计的特点。

2. 主要内容

中序线索二叉树的逻辑结构如图 11-8 所示,其中虚线箭头表示指向中序序列的直接前驱或后继,实线箭头表示指向其左孩子或右孩子。

(1)从文件输入数据创建二叉树的二叉链表,对该二叉树进行中序线索化。

(2)对中序线索化后的二叉树进行非栈非递归中序遍历,输出其中序序列。

提示:

① 二叉树中序序列的第一个结点为该二叉树最左下角的结点,图 11-8 所示二叉树的中序序列第一个被访问结点为 G。

② 中序线索二叉树中任一结点中序直接后继的求法。当该结点无右孩子时,其右孩子指针所指即为该结点的直接后继;当该结点右孩子存在时,其右子树中第一个被访问的结点(即右子树中最左下角的结点)为该结点的直接后继。

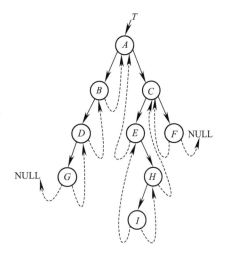

图 11-8 中序线索二叉树

3. 设计要求

线索二叉树的中序遍历过程中,不能使用栈,也不能使用递归。

课题8 求二叉树中结点间的距离

1. 设计目的

(1)掌握二叉树的存储结构和生成方式。

(2)掌握二叉树中结点之间距离的概念及求解方法。

2. 主要内容

建立一棵二叉树,求该二叉树中任意两个指定结点间的最大距离。二叉树中两个结点之间距离的定义是:这两个结点之间边的个数。例如,某个孩子结点和父结点,它们之间的距离是1;相邻的两个兄弟结点,它们之间的距离是2。

3. 设计要求

(1)从文件读入两个遍历序列,递归建立二叉树的存储结构。

(2)如果有两个同学同时完成该课题,要求分别采用递归和非递归方式来求任意两个结点之间的距离。

课题9 一批整数的哈夫曼编码和解码器

1. 设计目的

(1)复习并灵活掌握二叉树的各种存储结构和遍历方法。

(2)了解静态链表,并掌握其构造方法。

(3)掌握哈夫曼树的构造过程和哈夫曼编码的求解方法。

2. 主要内容

如果采用静态链表作为存储结构,则其数据类型可以定义为:

```
#define M 20
typedef struct
{
    ElemType data;          // 结点信息
    int lChild;             // 左孩子在数组中的下标
    int rChild;             // 右孩子在数组中的下标
    int parent;             // 双亲在数组中的下标
} StaticLinkNode;           // 静态链表的结点类型
typedef struct
{
    StaticLinkNode list[M]; // 结点数组
    int root;               // 二叉树根结点的下标
} StaticLinkList;           // 静态链表的类型
```

由于生成哈夫曼树的所有分支结点都需要存储,如果给定的权值为 N 个,则产生的分支结点数为 $N-1$ 个,那么该哈夫曼树的总结点数为 $2N-1$ 个,因此以上代码中的符号常量 M 应大于等于 $2N-1$。以下例子中给定的权值个数 N 为8,所以最终使用了静态链表中的 15 个单元。

哈夫曼编码的求解过程如下:

(1)从给定的权值文件中读取所有结点的权值,将读取的权值存放到静态链表中,并初始化静态链表。

(2)依据给定的权值,不断生成各分支结点,直到生成树根结点为止,得到生成哈夫曼树后的静态链表。静态链表中数据的变化如图 11-9 所示。

(3)该静态链表中存储的哈夫曼树,其对应的逻辑结构如图 11-10 所示。规定所有的左分支为0,右分支为1,从树根到叶子所经过的分支构成的01编码,即是对应叶子的哈夫曼编码。

(4)求出所有叶子的哈夫曼编码,并将编码写入文件 code. txt,结果如图 11-11 所示。

注意:最终生成的哈夫曼编码文件 code. txt 可能与图 11-11 不完全一样(因为生成的哈夫曼树形态并不是唯一的),但是所有形态哈夫曼树的 WPL(带权路径长度)肯定是一样的。

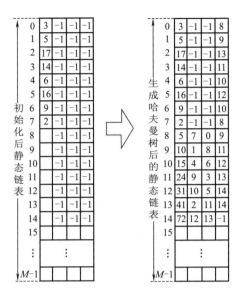

图 11-9　静态链表中数据的变化

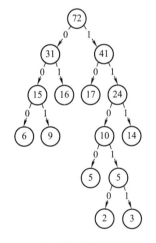

图 11-10　生成哈夫曼树的逻辑结构

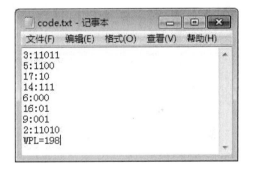

图 11-11　生成的编码文件

3. 设计要求

（1）结点的权值需要从文件读入，求得的哈夫曼编码及 WPL 也必须写入文件。

（2）哈夫曼树的存储可以采用静态链表或三叉链表。

（3）课设报告中应对哈夫曼树的特点（前缀编码、无度为 1 的结点、存储结构为静态链表等），以及 WPL 的计算过程进行分析。

课题 10　关键字的哈夫曼编码和解码器

本题的主要要求均和前一题相同，只是用于编码的权值，并非直接给定。

（1）先统计本学期实验报告所有代码中 C 语言关键字的出现次数，然后以该次数为权值，构造一棵哈夫曼树。

（2）求这些 C 语言关键字的哈夫曼编码，并将编码结果和 WPL 写入结果文件。

课题 11　单词的哈夫曼编码和解码器

本题的主要要求均和前两题相同,只是用于编码的权值,也并非直接给定。

(1)先统计某英文文档中所有英文单词的出现次数(不同单词的个数大于 2 000),然后以该次数为权值,构造一棵哈夫曼树。

(2)求这些英文单词的哈夫曼编码,并将编码结果和 WPL 写入结果文件。

课题 12　树和二叉树的可视化

1. 设计目的

(1)熟悉树或二叉树的各种存储结构及遍历操作。

(2)掌握基于 EasyX 图形库或 Windows 编程的绘图方法。

(3)掌握树或二叉树宽度的定义和求法。

2. 主要内容

(1)根据输入数据,创建树的孩子链表,或者二叉树的二叉链表存储结构。

(2)定义树或二叉树的宽度,遍历树或二叉树,并根据宽度计算每个结点的横纵坐标。

(3)遍历树或二叉树,根据每个结点的横纵坐标,绘制所有结点及结点间的父子连线,合理地调整其整体布局。

(4)能够根据需要向二叉树中插入或删除新的结点,并实现更改后二叉树的重新绘制和保存。

课题 13　有向图的十字链表存储及遍历

1. 设计目的

(1)掌握有向图十字链表存储结构的构造方法。

(2)掌握十字链表结构中弧结点的插入和删除方法。

(3)掌握基于十字链表存储结构有向图的两种遍历方法。

2. 主要内容

(1)输入如图 6-8 所示有向网的顶点总数和所有顶点标识。

(2)输入图中弧的总数,用循环依次输入各条弧,建立图的十字链表存储结构。

(3)弧的插入。输入一条弧的信息,开辟空间,构造弧结点,并将该弧结点插入到十字链表结构中。如果该弧已经存在,则提示是否需要覆盖原弧结点(仅修改原弧结点权值,或插入新弧结点后将原弧结点删除)。

(4)弧的删除。输入一条弧的信息,将其从十字链表中找到并删除,如果找不到该弧,则给出不能删除的相应提示。

(5)输出图中的所有顶点和所有弧。

(6)实现 BFS 和 DFS 遍历算法,对有向图进行遍历,输出所有顶点的深度和广度优先遍历序列。

有向图十字链表存储结构的定义,参见 6.2.3 节。

图 6-8 所示有向网的十字链表存储结构参见图 6-14。

3. 设计要求

(1)从文件输入图的数据,并验证操作后的输出结果。

(2)为方便编程,每个顶点均用一个英文字母作为标识。

(3)主要内容中的第 3 项至第 6 项功能均以菜单形式列出,并可多次执行。

(4)若有多个同学选做此题,可将有向图的存储结构改为邻接矩阵或邻接表;也可将有向图改为无向图,相应的存储结构可采用邻接矩阵、邻接表或邻接多重表。

课题 14 有向无环图的判定及拓扑排序

1. 设计目的

(1)掌握有向图的邻接矩阵、邻接表、逆邻接表或十字链表存储结构。

(2)掌握有向图中有无环的判定方法。

(3)掌握有向无环图的拓扑排序方法,及有向有环图中环中结点的确定方法。

2. 主要内容

(1)输入给定有向图的顶点总数和所有顶点标识。

(2)输入有向图中弧的总数,并利用循环依次输入各条弧,建立该有向图的邻接表或十字链表存储结构。

(3)从图中选取一个入度为零的顶点(如果存在多个顶点入度为零,则任选其中之一即可),标记输出该顶点并删除以该顶点为弧尾的所有弧,删除每条弧的同时更新相应弧头顶点的入度值。

(4)不断重复步骤(3),直到找不到入度为零的顶点或者已经删除所有弧为止,此时输出的所有顶点序列即为拓扑序列。

(5)如果第(4)步之后还有顶点尚未标记(尚未标记顶点的入度肯定都不为零),或者还有弧结点未被删除,则可判定该图中存在环。

(6)从图中选取一个出度为零的顶点(如果存在多个顶点出度为零,则任选其中之一即可),标记输出该顶点并删除以该顶点为弧头的所有弧,删除每条弧的同时更新相应弧尾的出度值。

(7)不断重复步骤(6),直到找不到出度为零的顶点为止,此时图中剩余的尚未标记的所有顶点即为构成环的顶点。

(8)给出该图有无环的判定结果。若为有向无环图,则输出其拓扑序列;若图中存在环,则列出环中的所有顶点。

编写程序并运行多次,若输入如图 11-12 所示的无环图,则应提示该有向图中不存在环,并输出其拓扑序列为 *ABCDEJFGHI*(不唯一,只要输出其中一个即可);若输入如图 11-13 所示的有环图,则应提示存在环,并列出环中的所有顶点 *CDFJ*。

3. 设计要求

(1)从文件输入图的数据,并验证操作后的输出结果。

(2)需要先后输入存在环和不存在环的两个图,输出是否存在环的判定结果。

(3)若有多个同学选做此题,要求使用不同的存储结构。

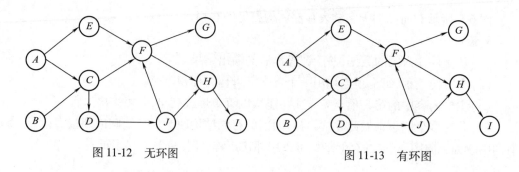

图 11-12　无环图　　　　　　　　　图 11-13　有环图

课题 15　求 AOE 网的关键路径

1. 设计目的

(1)了解事件(顶点)和活动(弧)的相关概念。

(2)掌握 AOE 网(即边带权值的图)的存储方法。

(3)掌握 AOE 网关键路径的求法。

(4)理解关键路径的相关含义。

2. 主要内容

结合 6.6.2 节中关键路径的知识,求图 6-30 所示 AOE 网的关键路径。

算法步骤如下:

(1)输入 AOE 网的顶点总数和所有顶点标识。

(2)输入 AOE 网的弧数,并利用循环输入所有弧的信息(弧尾顶点标识、弧头顶点标识,以及该弧的权值),建立该 AOE 网的十字链表存储结构。

(3)从 AOE 网的起始顶点 A 开始(规定其最早发生时间为 0),沿弧的指向顺序依次求出各个事件(即顶点)的最早发生时刻,直到终止顶点 I。

(4)规定终止顶点 I 的最晚发生时刻等于其最早发生时刻,然后再从终止顶点 I 开始,沿弧的逆向顺序依次求出各个顶点的最晚发生时刻,直到开始顶点 A 为止(顶点 A 的最早和最晚发生时刻应该都为 0)。

(5)弧尾顶点的最早发生时刻即为该弧(即活动)的最早开始时刻,弧尾顶点的最晚发生时刻即为该弧的最晚开始时刻;弧头顶点的最早发生时刻即为该弧的最早完成时刻,弧头顶点的最晚发生时刻即为该弧的最晚完成时刻。

(6)弧的富余时间 = 弧的最晚完成时刻 − 弧的最早开始时刻 − 该弧的权值,依此计算出所有弧的富余时间;然后从起始顶点 A 开始,依次找出该 AOE 网中的所有关键活动(即富余时间为零的弧),这些弧(活动)即构成该 AOE 网的关键路径(可能不止一条)。

(7)输出该网的所有关键活动即为 AOE 网的关键路径。

注意:输入的 AOE 网为仅有一个起始顶点且仅有一个终止顶点的有向无环网。

提示:该 AOE 网的弧代表活动,顶点代表事件。事件发生,以该顶点为弧尾的所有活动即可开始;只有指向某顶点的所有弧(活动)都完成,该顶点代表的事件才会发生。每个事件都有最早发生时刻和最晚发生时刻;每个活动都有相应的最早开始时间、最晚开始时间、最早完成时间和最晚完成时间。

弧的富余时间即为该弧在不影响整个工程工期的前提下允许其拖延的最大时间,富余时间为零的所有弧即构成关键路径。

3. 设计要求

(1) AOE 网的存储,要求采用十字链表存储法。

(2) 从文件输入 AOE 网的数据构造十字链表存储结构,求其关键路径并输出。

课题16 求有向图的强连通分量

1. 设计目的

(1) 掌握有向图(或网)的邻接矩阵、邻接表或十字链表存储结构及其遍历。

(2) 了解有向图强连通和弱连通的概念。

(3) 掌握有向图强连通分量的求法。

2. 主要内容

(1) 输入有向图的顶点总数和所有顶点标识。

(2) 输入图的弧数,并依次输入各条弧的信息,建立该图的存储结构。

(3) 输入一个顶点,求出图中该顶点所在的强连通分量,并输出。

对于图 11-14 所示的有向网,若输入顶点标识 A,则输出 A 所在的强连通分量 A、B、C;若输入 F,则输出 F 所在的强连通分量 F、G。

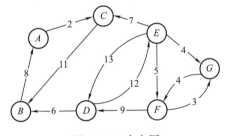

图 11-14   有向网

3. 设计要求

(1) 从文件输入图的数据,并验证操作后的输出结果。

(2) 若有多个同学选做此题,要求使用不同的存储结构。

课题17 求无向网的最小生成树

1. 设计目的

(1) 掌握无向图(或网)的邻接矩阵、邻接表或邻接多重表存储结构。

(2) 掌握基于不同存储结构无向图(或网)的遍历方法。

(3) 进一步掌握利用 Prim 或 Kruskal 算法求解最小生成树的过程。

2. 主要内容

(1) 输入给定无向网的顶点总数和所有顶点标识。

(2) 输入无向网中边的总数,并利用循环依次输入各条边的端点标识及权值,建立该无向网的存储结构。

(3) 用 Prim 或 Kruskal 算法求该无向网的最小生成树。

无向网存储结构的定义参见 6.2 节。

3. 设计要求

(1)无向网的所有数据,必须从文件输入。

(2)若有多个学生同时完成该课题,要求分别采用 Prim 和 Kruskal 算法;并可同时指定其使用的邻接矩阵、邻接表或邻接多重表存储结构。

(3)要求按算法中边的选取顺序,输出最小生成树的各条边。

课题 18 图的遍历生成树

1. 设计目的

(1)掌握无向图的邻接矩阵、邻接表或邻接多重表存储结构。

(2)掌握无向图的深度优先遍历方法。

(3)掌握一般树的孩子链表存储结构。

2. 主要内容

(1)输入无向图的顶点总数和所有顶点标识。

(2)输入无向图中边的总数,并利用循环依次输入各条边,建立其存储结构。

(3)实现 DFS 或 BFS 算法,对无向图进行遍历,输出所有顶点的遍历序列。

(4)输入一个起始顶点,以其为根结点,通过 DFS 或 BFS 算法的遍历过程生成一棵树,用孩子链表结构存储生成的一般树,并将该孩子链表以直观的方式输出。

(5)在遍历过程中,若顶点 B 是通过顶点 A 通过边(A,B)访问到的,则在构造的生成树中,顶点 A 即为顶点 B 的双亲。

3. 设计要求

(1)从文件输入无向图的数据,并验证操作后的输出结果。

(2)输入的无向图应为连通,若非连通,则应得到生成森林(选做)。

(3)若有多个同学选做此题,要求无向图使用不同的存储结构,或者生成树采用不同的存储结构,或者使用不同的遍历算法。

课题 19 Dijkstra 算法求最短路径

1. 设计目的

(1)复习图的存储结构和遍历方法。

(2)掌握并实现 Dijkstra 算法求单源最短路径的方法。

2. 主要内容

(1)从文件输入如图 11-15 所示有向网的顶点总数和所有顶点标识。

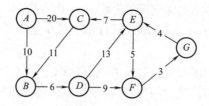

图 11-15 有向网

(2)输入有向网的各条边,建立其邻接矩阵、邻接表或十字链表等存储结构。

（3）输入网中任意一个顶点的标识,作为源点。

（4）利用 Dijkstra 算法,求出源点到其他所有顶点的最短路径及其路径长度,并输出。

3. 设计要求

（1）图中顶点的个数最多可达 20 个。

（2）若有多个学生同时完成该课题,要求采用不同的存储结构,也可将有向网改为无向网。

课题 20 求二值图像中的连通面积

1. 设计目的

（1）复习图的相关概念,掌握图的存储结构。

（2）学会从现实案例中合理地抽象出图的结构。

（3）掌握经典的求最短路径的 Dijkstra 算法,并能将该算法变形后应用于解决实际问题。

2. 主要内容

BMP 是常见的图像存储格式。如果用来存黑白图像(颜色深度 =1,即每个颜色点用一个二进制位来表示),则其信息比较容易读取。

BMP 文件格式的具体规定如下(以下偏移的参照均是从文件头开始):

（1）图像数据真正开始的位置——从偏移量 10 B 处开始,长度 4 B。

（2）位图的宽度(单位是像素)——从偏移量 18 B 处开始,长度 4 B。

（3）位图的高度(单位是像素)——从偏移量 22 B 处开始,长度 4 B。

（4）从图像数据开始处,每个像素用 1 个二进制位表示。从图片的底行开始,逐行向上存储。

Windows 规定图像文件中一个扫描行所占的字节数必须是 4 B 的倍数,不足的位均以 0 填充。例如,图片宽度为 45 像素,实际上每行会占用 8 B。

可以通过 Windows 自带的画图工具生成和编辑二进制图像。需要在"属性"中选择"黑白",指定为二值图像。可能需要通过"查看"→"缩放"→"自定义"把图像变大比例一些,更易于操作。将图片文件 in.bmp 用画图板打开,放大到 800 倍后的显示效果如图 11-16所示。

图像的左下角为图像数据的开始位置,白色对应 1,黑色对应 0。

我们可以定义:两个点距离如果小于 2 个像素,则认为这两个点连通。也就是说,以一个点为中心的九宫格中,围绕它的 8 个点与它都是连通的。

用"画图"板打开的 pp.bmp,将其放大并显示出网格,如图 11-17 所示。其左下角的点组成一个连通的群体;而右上角的点都是孤立的。

请根据给定的黑白位图,分析出所有独立连通的群体,输出每个连通群体的面积。所谓面积,就是它含有的黑色像素点的个数。

例如,若程序读入示例图片 in. bmp,则应输出 12、81、52、133。

该输出表示在图片 in. bmp 中共有 4 个连通群体,每个连通群体的面积(黑点的数量)分别为 12、81、52、133。

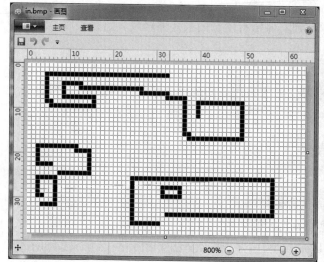

图 11-16　in. bmp 图片

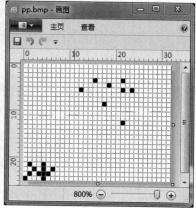

图 11-17　pp. bmp 图片

3. 设计要求

（1）测试时，要求读取不同的二值图像文件，作为测试数据来验证程序（可以用画图程序在新建的图片文件上随意画一些点，或截取二维码中的一小块，简单编辑后另存为二值图像）。

（2）连通面积的输出顺序可以随意，也可以将其排序后按序输出。

课题21　分块查找实现部首查字法

1. 设计目的

（1）了解常用的汉字编码，及其编码演变历史。

（2）掌握汉字查找表的构造方法和查找过程。

（3）学会根据实际问题的需要选用合适的逻辑结构和存储结构。

2. 主要内容

（1）选取部分常用汉字，构造一个汉语字典；为便于方便查找，尽可能提高查找效率，采用基于索引表的分块查找方法。

（2）汉字的关键字为其偏旁部首的笔画数，根据笔画数将所选汉字分块存储，并根据分块构造相应的索引表。

（3）输入一个汉字及其笔画数，则能根据笔画数快速查找到该汉字的信息，从而显示出该汉字的详细解释。

3. 设计要求

（1）选取汉字的数量应大于200，构造字典中的每个汉字应有较为详尽的解释；如果词典中的汉字比较多，可以考虑多级索引的方式。

（2）分块查找表的所有信息（索引表及所有块中的汉字信息），应存储在二进制文件中，并能在程序启动时加载到内存。

（3）能够对表中的汉字进行增加和删除，并能将修改后的结果保存到文件。

(4)需要进行查找性能相关的分析。

课题22　二叉排序树的恢复

1. 设计目的

(1)了解二叉排序树中序遍历的特点。

(2)掌握二叉树二叉链表存储结构的构造及其遍历。

(3)掌握二叉树的非递归遍历。

2. 主要内容

(1)输入一个整数序列,作为某二叉排序树的后序遍历序列,根据该后序序列恢复出该二叉排序树的二叉链表存储结构。

(2)对生成的二叉排序树,进行非递归先序遍历并输出。

若输入后序序列 3、8、14、11、5、22、19、16,则可恢复出如图 11-18 所示的二叉排序树。

因此,输出该二叉树的先序序列 16、5、3、11、8、14、19、22。

3. 设计要求

(1)二叉排序树的恢复可以用递归来实现。

(2)二叉排序树的先序遍历需要用非递归方式实现。

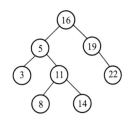

图 11-18　二叉树

课题23　二叉排序树转双向链表

1. 设计目的

(1)了解整个二叉树的直接前驱和直接后继的相关概念。

(2)掌握双向链表的存储结构,二叉链表的特点和构造过程。

(3)掌握二叉排序树转换为有序双向链表的方法。

2. 主要内容

(1)从文件输入一棵二叉排序树的先序序列,根据该先序序列构造该二叉排序树的二叉链表存储结构。

(2)将该二叉链表存储结构转换成一个有序的双向链表,并按顺序输出双向链表中各个结点的值。

若依次输入数值 52、59、73、28、35、77、11、31,将生成如图 11-19 所示的二叉排序树,转换得到的有序双向链表如图 11-20 所示。

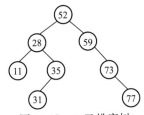

图 11-19　二叉排序树

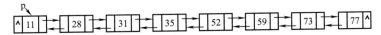

图 11-20　二叉排序树转换得到的双向链表

3. 设计要求

（1）应从不同文件,多次输入不同的先序序列,验证程序的输出结果。

（2）二叉链表转换为双向链表的过程中,不能创建任何新的结点,只能调整各个结点中指针的指向。

课题24　B树的实现

主要内容:

（1）熟悉 B 树的概念和特点。

（2）了解 B 树和平衡二叉树的区别和联系。

（3）用 3 阶 B 树（2 - 3 树）实现一个查找表,并分析其查找效率和适用范围。

（4）如果有多个学生同时完成该课题,要求其分别实现 4 阶 B 树（2 - 3 - 4 树）或 5阶 B 树。

课题25　B + 树的实现及其查找效率分析

主要内容:

（1）熟悉 B + 树的概念和特点。

（2）了解 B + 树和 B 树的区别和联系。

（3）用 B + 树实现一个查找表,并分析其查找效率和适用范围。

课题26　哈希查找的实现与分析

1. 设计目的

（1）掌握哈希函数的构造原则及哈希表的生成方法,并灵活运用。

（2）掌握哈希查找的基本过程及其适用场合。

（3）巩固散列查找时解决冲突的方法,并比较各种方法的优缺点。

2. 主要内容

（1）以某选修课所有同学的学号或姓名为关键字,构造一个合适的哈希函数。

（2）从文件输入所有学生数据,根据哈希函数值依次将其插入到哈希表。

（3）用拉链法解决冲突。

3. 设计要求

（1）根据实际问题自行构造合理的哈希函数,要求采用拉链法解决冲突。

（2）严格按照哈希表构造的一般原则进行编程（不能简单地将文件中的数据读到一个数组里,再从数组里完成相应的查找功能）。

（3）如果有多个学生同时完成该课题,可将数据更改为某小区所有居民,关键字是居民的姓名或身份证号等。

课题27　通用类型数据先进排序算法的实现

1. 设计目的

（1）掌握常用排序算法的过程及特点。

（2）掌握文件读写的基本方法。

2. 主要内容

(1) 实现快速排序、堆排序、希尔排序、归并排序等 4 种排序算法。

(2) 4 种排序算法应能适用于任意数据类型的任意关键字。

(3) 对 4 种排序算法的前提条件、时间复杂度、效率、适用场景等进行分析。

3. 设计要求

(1) 快速排序和归并排序,要求采用非递归方式。

(2) 可将所有排序算法封装为 .lib 的静态链接库或 .dll 的动态链接库,以便在其他程序中链接或加载后直接使用。

课题 28　求两个字符串的扩展距离

1. 设计目的

(1) 了解并掌握动态规划算法的本质,灵活使用动态规划算法解决实际问题。

(2) 比较动态规划算法和贪心算法的异同,并尝试分析动态规划算法的时间和空间复杂度。

2. 主要内容

对于长度相同的两个字符串 A 和 B,其距离定义为相应位置字符的距离之和。两个非空格字符的距离是它们 ASCII 码之差的绝对值;空格与空格的距离为 0,空格与其他字符的距离为一个定值 k。

在一般情况下,字符串 A 和 B 的长度不一定相同。字符串 A 的扩展是在 A 中插入若干空格字符所产生的字符串。在字符串 A 和 B 的所有长度相同的扩展中,有一对距离最短的扩展,该距离称为字符串 A 和 B 的扩展距离。对于给定的字符串 A 和 B,设计一个算法,计算其扩展距离。

3. 设计要求

(1) 分析所采用算法的时间复杂度,算法的时间复杂度要尽可能低。

(2) 除了所采用的算法,进一步分析该类问题可以采用哪些算法来求解。

课题 29　求最大长度的对称子串

1. 设计目的

(1) 掌握字符串的特点和相关操作。

(2) 掌握字符串相关算法的分析和设计。

2. 主要内容

输入一个字符串,输出该字符串中最长的对称子串,及该对称子串的长度。

若输入字符串 " google ",由于该字符串里最长的对称子字符串是 " goog ",因此输出 goog 和 4;又如输入字符串 "level",由于该字符串全部对称,因此输出 level 和 5。

可以从字符串中的每一个字符开始,向两边扩展,依次查看两边的各个字符是否构成对称,此时可分如下两种情况:

(1) 对称子串长度是奇数时,以当前字符为对称轴向两边扩展比较。

(2) 对称子串长度是偶数时,以当前字符和它右边的字符为对称轴向两边扩展。

3. 设计要求

（1）如果输入字符串中存在多个长度相同的最长对称子串，则应输出所有的最长对称子串。

（2）分析算法的时间和空间复杂度。

课题 30　速查电话簿

1. 设计目的

（1）掌握顺序表的插入、删除、修改、查找。

（2）掌握速查的字符串匹配方法。

（3）掌握反查表的设计与使用。

2. 主要内容

（1）定义联系人结构体类型，至少包括：姓名、电话号码（字符串）等成员；并使用该结构体，以顺序表形式构造一个电话簿。

（2）可以按指定格式从文本文件中批量添加联系人到电话簿；也可将电话簿数据导出为文本文件。

（3）电话簿数据的保存应为二进制文件，如 phoneBook. dat；程序启动时，若该文件已存在，则应将其加载（读取）到电话簿。

（4）可以对电话簿中的联系人信息进行增、删、改、查（按姓名、电话号码）。

（5）能够实现姓名的速查，按照输入的字符串的前缀进行快速匹配。

例如，若电话簿中有如下联系人：

张三 15912312×××

李小美 13681821×××

张大伟 18955661×××

张大千 13812559×××

则输入"张"时，将筛选出候选联系人列表：

张三 15912312×××

张大伟 18955661×××

张大千 13812559×××

当输入"张大"时，将筛选出候选联系人列表：

张大伟 18955661×××

张大千 13812559×××

当输入"张大伟"时，将筛选出联系人：

张大伟 18955661×××

（6）构造反查表，实现电话号码的速查，能够根据输入的数字，快速筛选出前缀相同的候选号码。

参 考 文 献

［1］陈元春,王中华,张亮,等.实用数据结构基础［M］.4 版.北京:中国铁道出版社,2015.

［2］谭浩强.C 程序设计［M］.2 版.北京:清华大学出版社,2013.

［3］严蔚敏,吴伟民.数据结构(C 语言版)［M］.北京:清华大学出版社,2011.

［4］严蔚敏,吴伟民.数据结构题集(C 语言版)［M］.北京:清华大学出版社,2012.

［5］黄国瑜,叶乃菁.数据结构(C 语言版)［M］.北京:清华大学出版社,2001.

［6］胡学钢.数据结构算法设计指导［M］.北京:清华大学出版社,1999.

［7］苏光奎,李春葆.数据结构导学［M］.北京:清华大学出版社,2002.

［8］陈明.实用数据结构基础［M］.北京:清华大学出版社,2002.

［9］佟维,谢爽爽.实用数据结构［M］.北京:科学出版社,2003.

［10］王士元.数据结构与数据库系统［M］.天津:南开大学出版社,2000.

［11］李强根.数据结构:C＋＋描述［M］.北京:中国水利水电出版社,2001.

［12］黄保和.数据结构:C 语言版［M］.北京:中国水利水电出版社,2001.

［13］殷人昆,徐孝凯.数据结构习题解析［M］.北京:清华大学出版社,2007.

［14］李春葆.新编数据结构习题与解析［M］.2 版.北京:清华大学出版社,2019.

［15］张世和.数据结构［M］.2 版.北京:清华大学出版社,2007.

［16］徐士良,马尔妮.实用数据结构［M］.3 版.北京:清华大学出版社,2011.

［17］率辉.数据结构高分笔记之习题精析扩展［M］.3 版.北京:机械工业出版社,2016.

［18］陈守孔.算法与数据结构考研试题精析［M］.4 版.北京:机械工业出版社,2020.